国外地质模型与油藏管理丛书

实用地质统计学
——SGeMS 用户手册

［英］Nicolas Remy　Alexandre Boucher　Jiangbing Wu　著
刘　烨　郭　超　肖忠祥　程国建　译

石油工業出版社

内 容 提 要

本书主要为实用地质统计学的 SGeMS 软件的相关内容，对石油工业、环境工程以及采矿业的从业者来说是一本重要的用户指南手册，此外对于遥感、地理、生态学、水资源等相关领域的研究生、教师、科研人员具有十分重要的参考价值。

图书在版编目（CIP）数据

实用地质统计学：SGeMS 用户手册 /（英）尼古拉斯·里米（Nicolas Remy）等著；刘烨等译. — 北京：石油工业出版社，2018.1

（国外地质模型与油藏管理丛书）

书名原文：Applied Geostatistics with SGeMS：A User's Guide

ISBN 978-7-5183-1961-9

Ⅰ.①实… Ⅱ.①尼… ②刘… Ⅲ.①地质统计学-应用软件 Ⅳ.①P628-39

中国版本图书馆 CIP 数据核字（2017）第 214848 号

Applied Geostatistics with SGeMS：A User's Guide, 1st edition（978-1-107-40324-6）by Nicolas Remy, Alexandre Boucher, Jianbing Wu first published by Cambridge University Press 2009

出版发行：石油工业出版社
（北京安定门外安华里 2 区 1 号　100011）
网　址：www. petropub. com
编辑部：（010）64523562
图书营销中心：（010）64523633
经　　销：全国新华书店
印　　刷：保定彩虹印刷有限公司

2018 年 1 月第 1 版　2018 年 1 月第 1 次印刷
787×1092 毫米　开本：1/16　印张：13.75
字数：330 千字

定价：60.00 元
（如发现印装质量问题，我社图书营销中心负责调换）

《国外地质模型与油藏管理丛书》
编　委　会

译者前言

随着高新技术的发展及管理理念的更新，进入21世纪的油气工业面临诸多挑战，如从定性地质构造观察到定量建模描述、从微观结构分析到油藏三维可视化展布、从历史拟合到油藏自动监测、从分散管理到集成式优化管理、从单一数据源到多异构数据体的大规模集成应用等。这些转型的根本目标还是油气生产率的提升以及对安全环保等因素的考量，为了应对这些挑战，西安石油大学组织专家、学者翻译了8本相关外文原版专著，形成《国外地质模型与油藏管理丛书》，本套丛书各分册为《集成油藏资产管理——原理与最佳实践》《油藏流线模拟——理论与实践》《实用地质统计学——SGeMS用户手册》《地球科学中的不确定性建模》《石油地质统计学》《岩石物理特性手册》《油藏模拟——历史拟合及预测》《油藏监测》，本丛书受到西安石油大学出版基金，陕西省工业攻关计划项目“致密油藏压裂水平井关键技术研究”(2013K11-22)，陕西省工业科技攻关项目“鄂尔多斯盆地致密砂岩储层微观尺度智能化表征”(2015GY104)，陕西省自然科学基础研究计划资助项目“盐水层二氧化碳封存潜力评估方法研究”(2014JQ5193)，西部低渗—特低渗油藏开发与治理教育部工程研究中心和陕西省油气田特种增产技术重点实验室联合资助。

此分册《实用地质统计学—SGeMS用户手册》大部分内容由刘烨博士翻译，程国建与肖忠祥两位教授对全书进行了统稿及校对。由于译者专业知识及外文水平所限，难免在原文理解、语义阐释、文字表达方面不够准确，甚至出错，诚恳希望读者朋友多提宝贵意见和建议。联系方式：西安石油大学数字油田研究所，dofi@ xsyu. edu. cn。

译者

《实用地质统计学——
SGeMS 用户手册》简介

Standford Geostatistical Modeling Software（SGeMS）是一个用于解决空间相关变量中所涉及问题的开源计算机软件包。它为地球统计学从业者提供了一个用户界面友好、交互式 3D 可视化以及可供广泛选择的多样算法。SGeMS 在不到两年时间内取得了超过 12000 次下载数量，在多个研究组以及公司中使用。

本书通过一步一步的导航来教会我们如何使用 SGeMS 算法。其中还会解释基本理论、讨论它们的潜在限制、并帮助用户从多个算法中理性选择自己需要的算法。用户还能够通过嵌入的脚本语言来完成一个复杂的任务，并且还能通过 SGeMS 的插件机制来开发与集成新的算法。SGeMS 是第一个能够提供多点统计学的软件，本书还会对地质统计学算法的相关理论及应用进行最新的讨论。

本书合并了整个 SGeMS 软件，对环境工程、采矿业以及石油工业的从业者来说是一本重要的用户手册；此外，对于遥感、地理、生态学、水资源等相关领域的研究生以及教师来说也十分重要。新用户或高级用户都能够在本书中学会如何使用软件以及更普遍的地质统计学相关的实践信息。SGeMS 软件导航请访问 www. cambridge. org/9781107403246。

Nicolas Remy 在法国南锡的国立高等矿业学校获得学士学位，随后在斯坦福大学获得了石油工程硕士学位以及地质统计学博士学位。目前，他在 Yahoo! 公司作为高级统计分析师，带领了 Yahoo! Media，Yahoo! Communications 以及 Communities business units 的数据挖掘组与用户行为建模组。他的研究领域包括多点地质统计学、机器学习、图像理论以及数据挖掘。

Alexandre Boucher 在加拿大蒙特利尔综合理工学院获得地质工程专业的工科学士学位，并在澳大利亚布里斯班的昆士兰大学获得哲学硕士学位，随后在斯坦福大学获得博士学位。他目前在斯坦福大学的环境地球系统科学系中教授地质统计学课程，并在美国与日本教授一些短期课程。他的研究领域包括地质统计学、数据集成、遥感技术、不确定性建模、机器学习以及失控现象的概率性建模。

Jianbing Wu 于 2007 年在斯坦福大学获得石油工程博士学位，他的机械工程硕士以及学士学位均在中国科学技术大学取得。他目前是 ConocoPhillips 的应用油藏工程组的油藏工程师。而他的研究主要集中于静态和动态油藏建模，他还是 SPE，IAMG 以及 SEG 会员。

原书序

地质统计学是一门科学而不是一门艺术。

地质统计学并不仅是简单地将统计学方法应用于地质驱动空间分布中，从地球科学这种往往不完整的数据到数据关系中，地质统计学还提出了一个概念化框架来对其作出推论。

有些人可能会说，地质统计学中大多数问题都是反演问题，该数据意义在于推论出先验模型的参数。然而，在反演问题与地质统计学问题之间存在有一个鸿沟：反演问题建模时，面对的观测数据往往是信息密集的，而先验模型往往非常简单（或者过分简单）；在地质统计学问题中，数据直接与模型参数相关，这将会允许我们能够去处理包含有实际地球属性的这种先验模型，这种模型中有时可能会带有惊人的实际因素。这个鸿沟实际并不算巨大，但是在近期发展中是不会消失的。暂时，我们仍然要尽量在两个领域中尝试做到最好。

大多数地质统计学的求解方法中都涉及随机函数，但随着高斯模型的最初使用，随机函数在很长一段时间被滥用。斯坦福大学团队推动了许多非高斯方面的最初发展，很多现在都已经成为标准概念。他们目前着重于研究多点地质统计学概念与其相关算法，我们能够使用它们来定义一个真实复杂的随机函数。

如果一个画家没有画笔或者没有画板，那么他（她）们就无法完成艺术作品。这里也是一样：为了处理复杂问题中所需要的复杂先验信息并规划出实际解决方案，我们需要一个计算机软件。地质统计学中的公式可以写在纸上，但是即使是最简单的应用也需要专业的计算机软件。这也是斯坦福大学 Geostatistical Modeling Software（SGeMS）的出众之处。通过本书，读者可以学会如何使用该软件来解决此类重大的问题。

在斯坦福大学与油藏预测中心中诸位同仁相处的这段日子弥足珍贵，其中还有我的好友，也是本书的作者 André Journel。有这本书在我身边就好像我仍然在斯坦福大学一样。

Albert Tarantola
于 Pasadena 市

原书前言

本书并不是一本地质统计学以及其理论的介绍书。而仅仅是回顾一些地质统计学的要素，文中假定读者对于地质统计学主要概念具有一定的认识水平：随机函数概念、稳态性或者变差函数这些词汇并不会让其感到疑惑。

本书的主要目标在于支持 Stanford Geostatistical Modeling Software（SGeMS），并且希望读者能够依靠本书来增强对于地质统计学的理解，并不仅局限于其理论，而是能够将其推广到多样性应用中。在这个观点下，重点就会落在实际应用方面（在什么环境下，算法的执行会脱离理论，在算法执行中，其假设条件与应用限制究竟是什么）。本书也并不是一本 SGeMS 编程的参考手册，它并不包含有任何 SGeMS 源代码相关细节或 API。如果你对于学习 SGeMS 代码有兴趣，请参阅 SGeMS 的网站 http：//segms. sourceforge. net，其中会描述 SGeMS 的 API 与一些向导。

SGeMS 作为一个地质统计学工具，为了面对诸多不同的问题而被设计为具有足够的灵活性。伴随而来的大量控制参数会令初学者望而却步。不要害怕！大多数高级参数直接使用默认值即可，了解这些参数最好的方法是重复运行实例并靠试验来测试它们。

虽然 SGeMS 中大多数的工具都基于经典地质统计（克里金、高斯模拟、指示模拟等），但是本书的一大部分内容确实在介绍多点统计学的概念。多点统计学属于一个新兴的、有前途的地质统计学领域，其基本理论可通过文中对其细节的表述而得到阐释，本书中将会详细描述两个多点统计学算法。

本书的酝酿期较长。伴随着一个简单的展示软件，通用地质统计学编程库（GsTL 库）的概念能够追溯到 2011 年，与 École Nationale supérieure de Géologie（法国）的 Arben Schtuka 教授合作开展，并由斯坦福大学的 Jef Caers 教授支持。所谓的简单软件却会陷入一个非常复杂的编程工作。SGeMS 现在已经是一个完全成熟的软件，它能够为地质统计学的新发展提供一个现代的、便利的以及强大的平台。感谢 Jef Caers 与 André Journel，使得 SGeMS 能够在斯坦福大学油藏预测中心（SCRF）得到发展，还要感谢工业上的合作伙伴以及其他的合作大学。

感谢 André Journel 的支持，他不知疲倦的引领、专注的监督以及严格的校正工作都对本书起到了重要的作用。还要感谢 Mohan Srivastava 博士、Ricardo Olea 博士以及 Pierre Goovaerts 博士，他们都仔细审阅了早期的手稿并细致地查询了其中的不一致问题以及软件 bug。Sébastien Strebelle 博士、Sanjay Srinivasan 教授与 Guillaume Caumon 教授对最终版的手稿进行了细致的审阅，在此，一并致谢。最后，我们非常感激 Jef Caers 教授，是他最初起动了 GsTL 项目并始终非常信任它，没有他的支持，SGeMS 是无法完成的。

在设计中，SGeMS 并非一个静态而且完整的软件。我们可以增加新的算法，其基本 API 也可以改变。我们欢迎对于软件的意见、bug 报告、能够增强软件功能的想法或源代码。你可以在 SGeMS 的邮箱列表中提出意见并参考 http：//sgems. sourceforge. net 来获取更新以及代码文件。

目　　录

程序列表

勘探数据分析

估　计

模　拟

用　途

符 号 表

cdf	累积分布函数
E-type	对模拟的实现进行点策略平均所获得的条件期望估计
EDA	基础数据分析
FFT	快速傅里叶变换
GSLIB	地质统计学软件库（Deutsch and Journel，1998）
IK	指示克里金
KT	趋势克里金
LVM	带局部变化均值的克里金
M-type	条件中值估计
MM1	马尔科夫模型 1
MM2	马尔科夫模型 2
mp	多点
OK	普通克里金
P—P plot	概率—概率图
pdf	概率密度函数
Q—Q plot	分位数—分位数图
RF	随机函数
RV	随机变量
SGeMS	斯坦福大学地质统计学建模软件
SK	简单克里格
Ti	训练图像
$\perp$	正交
$\forall$	Whatever
α，β，γ	方位角、倾角和斜角的旋转角度
$\gamma(\boldsymbol{h})$	稳态半变差模型
$\gamma(Z(\boldsymbol{u}_\alpha),Z(\boldsymbol{u}_\beta))$	任意两个随机变量 $Z(\boldsymbol{u}_\alpha)$ 与 $Z(\boldsymbol{u}_\beta)$ 间的半变差值
$\gamma^*(\boldsymbol{h})$	实验半变差函数
$\gamma^{(l)}$	一个嵌套的半变差函数模型的第 l 个部分
$\gamma_{ij}(\boldsymbol{h})$	任意两个随机变量 $Z_i(\boldsymbol{u})$ 与 $Z_j(\boldsymbol{u}+\boldsymbol{h})$ 交叉半—变差函数模型
γ_α，$\gamma_\alpha(\boldsymbol{h})$	与基准位置 ua 相关的克里金权值，该权值用于位置 $\boldsymbol{u}$ 的估计。当需要区分不同类型的克里金时，可在上标标注（SK），（OK），（KT）
Γ	克里金权值矩阵

Λ	缩放矩阵
$\lambda n(\boldsymbol{u})$	克里金权值的矩阵列
Θ	旋转矩阵
v_i	第 i 个属性的 nu 参数
ω	一个冥函数的参数或一个伺服系统的因子
$\Phi_{\text{lti}}(\cdot)$	低尾部外推函数
$\Phi_{\text{uti}}(\cdot)$	高尾部外推函数
$\rho(\boldsymbol{h})$	稳态相关图 $\in[-1,+1]$
σ^2	方差
$\sigma_{\text{SK}}^2(\boldsymbol{u})$	$Z(\boldsymbol{u})$的克里金方差，当需要区分不同类型的克里金时，可在上标标注（SK），（OK），（KT）
T_J^g	第 g 层多层网格的扩展搜索模板
τ_i	第 i 个属性的 tau 参数
T_J	J 个节点的搜索模板
$\overline{C}_{BB'}$，$\overline{C}(V,\ \overline{V})$	块到块协方差模型
$\overline{C}_{PB},\overline{C}(\boldsymbol{u},V(s))$	点到点协方差模型
$\boldsymbol{h}$	坐标偏移因子或者迟滞因子
$\boldsymbol{h}_j$	第 j 个节点在搜索模板中距其中心的偏移量
$\boldsymbol{D}n(\boldsymbol{u})$	冗余数据 $n(\boldsymbol{u})$的矩阵列 $z(\boldsymbol{u}_\alpha)$
$\boldsymbol{D}_i$	i 个复合数据位置$\{D_i=d_i,\ i=1,\ \cdots,\ n\}$所涉及的数据向量
$\boldsymbol{K}$	数据到数据平方协方差矩阵
$\boldsymbol{k}$	数据到未知的协方差矩阵
prot	一个分类变量的原型
$\widetilde{A}$	非-A
$\boldsymbol{u}$	坐标向量
$\boldsymbol{u}_\alpha$，$\boldsymbol{u}_\beta$	数据位置
$\boldsymbol{V}$	体积块，或一个点集合
α	变程参数
$\alpha_{\text{i}}(\boldsymbol{u})$	趋势模型中成分数量 k 的系数
$\boldsymbol{B}$	块数据
$\boldsymbol{B}(\boldsymbol{V}_\alpha)$	小写一个体积块 $\boldsymbol{V}_\alpha$ 中的线性平均值
$\boldsymbol{B}_V(s)$	一个以位置 $\boldsymbol{s}$ 为中心的块 V 中的线性平均值
$C(0)$	分割向量 $\boldsymbol{h}=0$ 的协方差值。同样是随机变量 $Z(\boldsymbol{u})$的稳态方差
$C(\boldsymbol{h})$	分割向量为 $\boldsymbol{h}$ 的两个变量 $Z(\boldsymbol{u})$和 $Z(\boldsymbol{u}+\boldsymbol{h})$之间的协方差
c_l	第 l 个嵌套的半—协方差模型的方差贡献
C_R	误差方差矩阵
$C_{ij}(\boldsymbol{h})$	由向量 $\boldsymbol{h}$ 所分割的任意两个随机变量 $Z_j(\boldsymbol{u})$和 $\boldsymbol{h}$ 间的交叉协方差
$c_{\min}$	模式重复次数的最小值

dev	局部条件数据事件
dev_J	由搜索模板 T_J 所寻找到的局部条件数据事件
$E\{\cdot\}$	期望值
$\mathrm{Exp}(\cdot)$	指数的半—变差函数
F	过滤器的数量
$f(\boldsymbol{h}_j)$	与第 j 个模板节点相关的过滤器权值
$F(\boldsymbol{u}, z)$	随机变量 $Z(\boldsymbol{u})$ 的累积分布函数
$F(z)$	RV 的累积直方分布
$f(z)$	概率密度函数或直方分布
$F^{-1}(p)$	反累积分布函数或概率值 $p\in[0,1]$ 的分位数函数
f_x, f_y, f_z	$x/y/z$ 每个方向上的缩放因子
F_Z	随机函数 Z 的边缘 cdf
$G(\cdot)$	标准正态累积分布函数
$G^{-1}(p)$	标准正态分位数函数，如 $G(G^{-1}(p))=p\in[0, 1]$
h_x, h_y, h_z	$x/y/z$ 方向上的变差函数变程值
$I(\boldsymbol{u}; z_k)$	位置 $\boldsymbol{u}$ 处对于截断值 z_k 的二进制指示随机函数
$i(\boldsymbol{u}; z_k)$	位置 $\boldsymbol{u}$ 处对于截断值 z_k 的二进制指示数
$I^*(\boldsymbol{u}; z_k)$	截断值 $\boldsymbol{u}$ 的指示估计 z_k
$i^*(\boldsymbol{u}; z_k)$	截断值的指示克里金估计值
$I^*_{SK}(\boldsymbol{u})$	类别指示器 $I_k(\boldsymbol{u})$ 的指示克里金估计器
$I_k(\boldsymbol{u})$	位置 $\boldsymbol{u}$ 处对于类别 k 来说的二进制指示随机函数
$i_k(\boldsymbol{u})$	位置 $\boldsymbol{u}$ 处对于类别 k 来说的二进制指示值
K	类别的数量
L_α	一个已知的线性平均方程
M	一个 RF 的中值
m	一个随机变量的中值
$m(\boldsymbol{u})$	位置 u 处的中值函数；随机变量 $Z(\boldsymbol{u})$ 的期望值；或分解 $Z(u)=m(u)+R(u)$ 的趋势成分模型，其中 $R(\boldsymbol{u})$ 是成分模型的冗余
$m^*(\boldsymbol{u})$	位置 $\boldsymbol{u}$ 处趋势成分或局部变化均值的估计
$N(\boldsymbol{h})$	由向量 $\boldsymbol{h}$ 所分割的数据对数量
$n(\boldsymbol{u})$	以 $\boldsymbol{u}$ 为中心的邻域中所能找出的 n 个条件数据
n_k	中心具有特定值 k 的模式数量
P	点数据
p	概率值
P^c_k	到当前为止所模拟类别 k 的比例
P^t_k	类别 k 的目标比例
P_0	事件发生的先验概率
pat	训练模式
$\mathrm{Prob}\{\cdot\}$	概率函数

$prot$	连续变量的原型
$q(p)=F^{-1}(p)$	概率值 $p\in[0,1]$ 的分位数函数
$R(\boldsymbol{u})$	在分解缺中位置 $\boldsymbol{u}$ 处的冗余随机函数模型，其中 $m(\boldsymbol{u})$ 为趋势成分模型
$r(\boldsymbol{u})$	位置 $\boldsymbol{u}$ 处的冗余值
r^i	旋转区域 i 的倾角旋转角度
$r_s(\boldsymbol{u})$	位置 $\boldsymbol{u}$ 处所模拟的冗余值
S	一组位置 $\boldsymbol{u}$ 的集合，或一个沉积体
$S_T^k(\boldsymbol{u})$	由搜索模板 T 所寻找到的模式 $pat(\boldsymbol{u})$ 的第 k 个过滤器分数值
$Sph(\cdot)$	球型半—变差函数
$t(\boldsymbol{u})$	训练图像中位置 $\boldsymbol{u}$ 处的节点值
V，$V(\boldsymbol{u})$	以位置 $\boldsymbol{u}$ 为中心的一个块
$\mathrm{Var}\{\cdot\}$	方差
x_i	tau 模型中所使用的给定概率值的先验距离
$Z(\boldsymbol{u})$	位置 $\boldsymbol{u}$ 处的一般随机变量，或位置 $\boldsymbol{u}$ 处的一个一般随机函数
$z(\boldsymbol{u})$	位置 $\boldsymbol{u}$ 处的一般变量函数
$z(\boldsymbol{u}_\alpha)$	位置 $\boldsymbol{u}_\alpha$ 处的 z 基准值
$Z^*(\boldsymbol{u})$	$Z(\boldsymbol{u})$ 的克里金估计器。当需要区分不同类型的克里金时，可在上标标注（SK），（OK），（KT）
$z^*(\boldsymbol{u})$	值 $z(\boldsymbol{u})$ 的估计
$z_E^*(\boldsymbol{u})$	条件期望，或 E—类型，对多个实现 $z_E^*(\boldsymbol{u})$ 进行点策略算数平均获取
$z_M^*(\boldsymbol{u})$	M—类型估计值，其中 $z_M^*(\boldsymbol{u})$ 有 50%的概率高于（或低于）实际未知值
$z_{Ks}^*(\boldsymbol{u})$	从模拟值 $z_s^*(\boldsymbol{u})$ 中建立的克里金估计
$z_{LVM}^*(\boldsymbol{u})$	位置 $\boldsymbol{u}$ 处的局部变化均值克里金估计
$z^{(l)}(\boldsymbol{u})$	随机函数 $Z(\boldsymbol{u})$ 的第 l 个实现
$z_V^{(l)}(\boldsymbol{u})$	通过对第 l 个点支持实现 $z^{(l)}(\boldsymbol{u})$ 进行平均所得到的块 V 的模拟值
z_k	连续属性 z 的第 k 个阈值
$Z_{cs}(\boldsymbol{u})$	位置 $\boldsymbol{u}$ 处随机模拟所得到的随机变量
$z_{cs}(\boldsymbol{u})$	位置 $\boldsymbol{u}$ 处随机模拟所得到的值

1 引　言

SGeMS——斯坦福大学地质统计学建模软件，是斯坦福大学所开发的一套能够执行多个地质统计学算法建模的软件，用于建立地球系统模型以及建立更普遍的空间—时间分布现象模型。它根据两个基本思想设计。第一，面向终端用户，为其提供一个用户界面友好、能够广泛应用的地质统计学工具：能够实现常见的地质统计学算法，甚至包括最近发展的如多点统计模拟算法。SGeMS 的图形用户界面为用户带来灵活顺畅（non-obtrusive）体验，具有极大的友好性。图形界面还能够为用户提供一个在完整三维互动环境下对数据集和结果的直接可视化能力。

第二，设计一个满足大用户需求的软件。在 SGeMS 中，虽然大多数操作采用图形接口方式实现，但此类操作也可采用自动方式执行。所支持的集成 Python 脚本语言能够使我们创建简单的宏，通过一个独立图形界面来实现应用程序的嵌套。新功能可以通过插件系统方便地添加到 SGeMS 中，这些新功能指那些不能单独运行但却能对主程序起到补充作用的程序。在 SGeMS 中，插件可用于添加新地质统计学工具、添加新网格数据结构（例如地层断层网格）或定义新输入/输出文件过滤器。SGeMS 是 Stanford Center for Reservoir Forecasting（SCRF）作为地质统计学的开发平台。

（1）本书结构。

第 2 章首先通过简明教程，让读者大致了解一个简单的地质统计学研究所涉及的主要步骤。教程目的是提供 SGeMS 的功能概述并指导读者按照需求在不同章节寻找更进一步的详细介绍。第 2 章的第 2 部分给出本书中常规应用方法，例如：如何定义 3D 椭球体、笛卡儿网格与数据文件格式细节。

第 3 章回顾了本书中所使用的地质统计学基本原理和概念。除了经典地质统计学（例如变差函数和克里金）之外，还在 8.2 节通过两个主要算法对多点统计的概念进行了介绍。

第 4 章对本书其余部分所使用的主要数据集进行介绍。在对数据集进行具体描述的同时，还对基本数据研究的一些工具进行了简要介绍：直方图、散点图、分位数—分位数图和概率—概率图。在第 5 章中将会单独介绍地质统计学中非常重要的变差函数，其主要内容包括计算实验变差函数的工具以及建立变差函数模型的详细过程。

第 6 章到第 9 章为 SGeMS 地质统计学算法的参考手册。我们将会对每个算法的应用情况以及注意事项进行概述，其中包括有输入参数的详尽描述以及简要的运行实例。推荐读者针对每个算法，使用实例中的参数来进行试算，这样能够帮助更好地熟悉算法应用以及参数设置。第 6 章介绍了 SGeMS 参数输入的主要图形界面，比如克里金、序贯高斯模拟和直接序贯模拟中所输入的变差函数和搜索椭球体参数，在该章中会对这三种算法的参数输入界面进行描述。

第 7 章介绍了 SGeMS 中所采用的估计算法：简单克里金、普通克里金、趋势克里金或局部变化均值、指示克里金和协克里金。本章会对每个算法背后的理论进行简要回顾，并会对应用中的注意事项等方面问题进行讨论。所有的控制参数都会有详细的描述。实际应用中的注意事项会单独列于灰色背景框内。

第 8 章分为两个主要部分。8.1 节介绍了基于变差函数的模拟算法：序贯高斯模拟、序贯指示模拟、直接序贯模拟等以及它们的协模拟变式。第 8 章的第二部分（8.2 节）介绍了两个新开发的模拟算法：SNESIM 和 FILTERSIM。这两个算法均基于多点统计学，在第 3 章中有详细介绍。因为这两个算法是较新的研究成果，该章中大部分文字都用于描述其最佳的应用方式以及输入参数对于运行性能及最终结果质量的影响。

第 9 章中介绍服务算法，也被称为应用工具（utilities），该算法能够为估计及模拟算法准备输入数据，并且对输出的结果进行分析。

最后一章（第 10 章）指导高级用户如何使用其系统 *commands*（命令）或嵌入的 Python 脚本语言实现 SGeMS 的任务自动化。若想要详细介绍 Python 语言，可以另外单独写一本书了。因此，本章仅介绍 Python 语言如何与 SGeMS 配合，并且指导想学习 Python 的读者寻找外部资源。SGeMS 的一个重要特点将在最后进行介绍：支持 *plug-in*（插件）机制，该机制能够增强 SGeMS 的功能，例如允许添加新地质统计学算法或添加新网格类型。与 Python 语言一样，C++和 SGeMS 插件的开发超出了本书范围，因此本书仅为高级用户提供了几种在线资源。

（2）光盘内容简介。

本书的内容分布在光盘上 4 个文件夹内：

①SGeMS 可执行文件与相应的源代码。

②用于本教程第 2 章的数据集、参数文件和脚本。

③在第 4 章中介绍并且贯穿全书始终的数据集。

④生成本书所包括大部分数据的脚本文件。每个子文件夹对应书的一个章节并包含一个脚本，该脚本通过 SGeMS 运行时，将会创建出该章节中的图表。

（3）源代码和编译。

SGeMS 目前适用于 Linux 和微软 Windows 两种平台。虽然它也成功地在其他 Unix（例如 BSD 和 Solaris）和 Mac OSX 上编译成功，但是目前还没有适用于这些操作系统的二进制文件。代码在 GNU General Public License（GPL）中公布，关于 GPL 更多的信息，请参考 http://www.gnu.org/copyleft/gpl.html。

源代码和微软 Windows 可执行文件在附带的光盘中，也可以从以下网址下载：http://sgems.sourceforge.net。

编译 SGeMS，需要以下的第三方库：

①GsTL（Geostatistics Template 库）。

②Qt（GUI 库）版本 3.x（版本 4 和更高的尚不支持）。

③Coin 3D（OpenInventor 库），版本 2.x。

④SoQt（OpenInventor 绑定的 QT），版本 1.x。

⑤SimVoleon（Coin3D 体积渲染扩展），版本 2.x。

一个能够正确支持 C++模板（如成员模板和模板特殊化）的编译器也是必需的。SGeMS 已经可以成功应用如下编译器：gcc-2.96，gcc-3.34，gcc4，Intel C++编译器，Visual C++ 2003 和 Visual C++ 2005。

2 概　　述

2.1　用户 GUI 图形界面一览

SGeMS 的图形用户界面分为 3 个主要部分（图 2.1）：

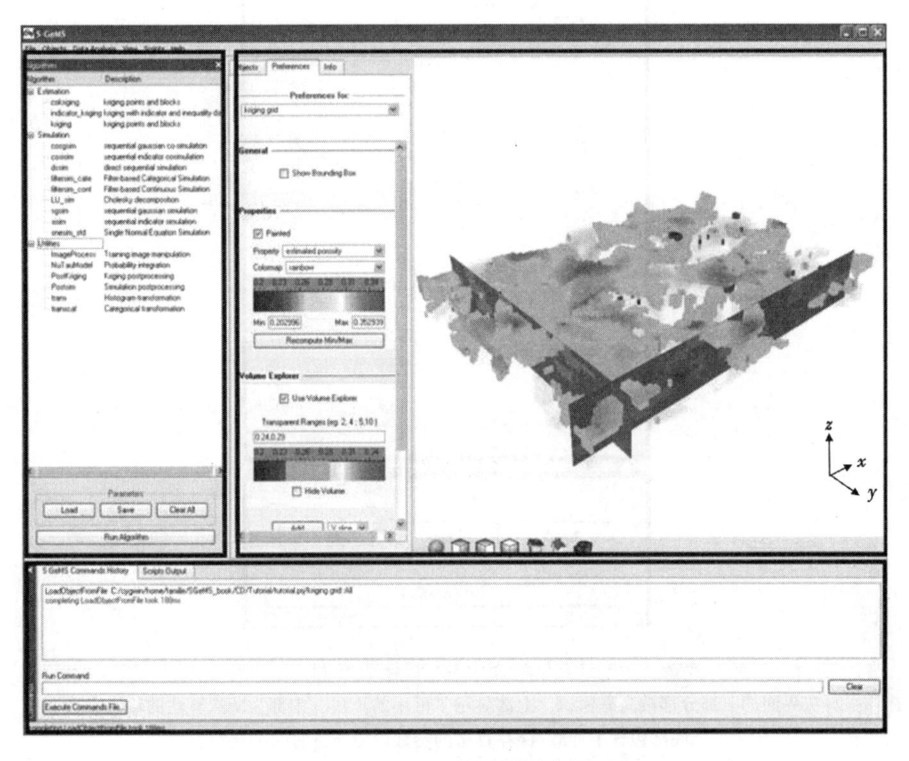

图 2.1　SGeMS 的图形用户界面

3 个主要面板都被高亮标示，左上部分是算法界面，右上部分是可视化界面，底部是命令界面

（1）算法界面 The Algorithm Panel。在该界面中，用户能够对地质统计学工具进行选择并输入所需的参数（图 2.2）。该面板的上部为可用算法，如克里金、序贯高斯模拟等。当其中的某个算法被选中时，下方将会出现相应的参数输入列表。

（2）可视化界面 The Visualization Panel。该界面为交互式 3D 环境，可以显示单个或者多个对象，如笛卡儿网格和点集。彩色图像等可视化选项可在面板中设置。更多可视化面板细节如图 2.3 所示。

（3）命令界面 The Command Panel。该界面提供命令行代替 GUI 来控制软件。之前执行过的所有命令历史会被显示在界面中，并且还能够通过输入字段来键入新的命令（图

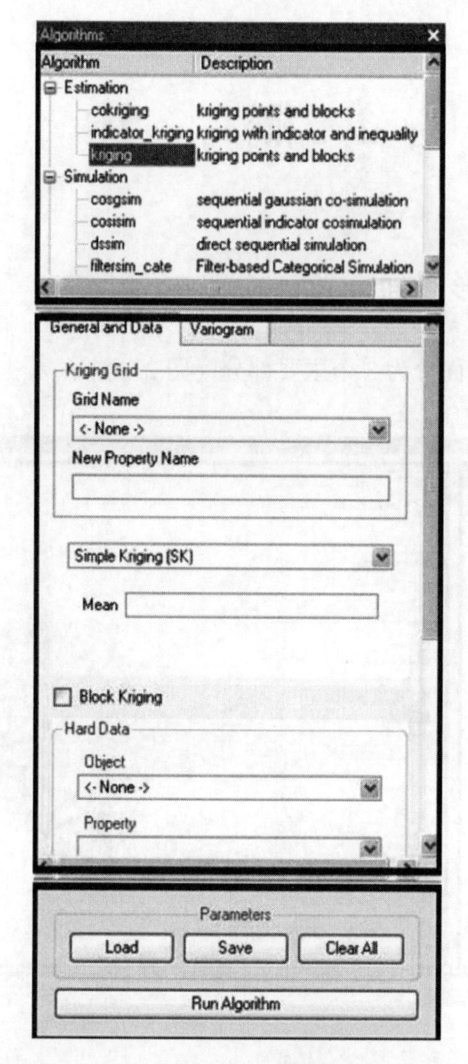

图 2.2　SGeMS 的算法界面

算法界面的三部分都被高亮标识，上部显示了可用的算法，中部为所选算法的输入参数，底部包含了加载/保存算法的参数以及所选算法的运行

2.4)。在指南教程第 2.2 节和第 10 章中会对命令界面进行更详细的介绍。注意命令界面不是默认显示的，需要在启动 SGeMS 后，从视图菜单选择命令界面才会显示。

2.2　使用 SGeMS 进行的一个典型地质统计学分析

这个简短教程是 SGeMS 的功能概述，可以作为一个“入门指南”。但它节奏过快，一些初学者会感觉学习它很困难。如果这样的话，建议读者先浏览一遍整个说明书后，再回来学习本段实例。本段 SGeMS 实例中将会使用“简单克里金”算法对若干未采样位置的岩石孔隙度变量进行估计。

本例中使用的数据集来自于一个油藏储层（模拟合成），该储层的砂岩河道沿南北向

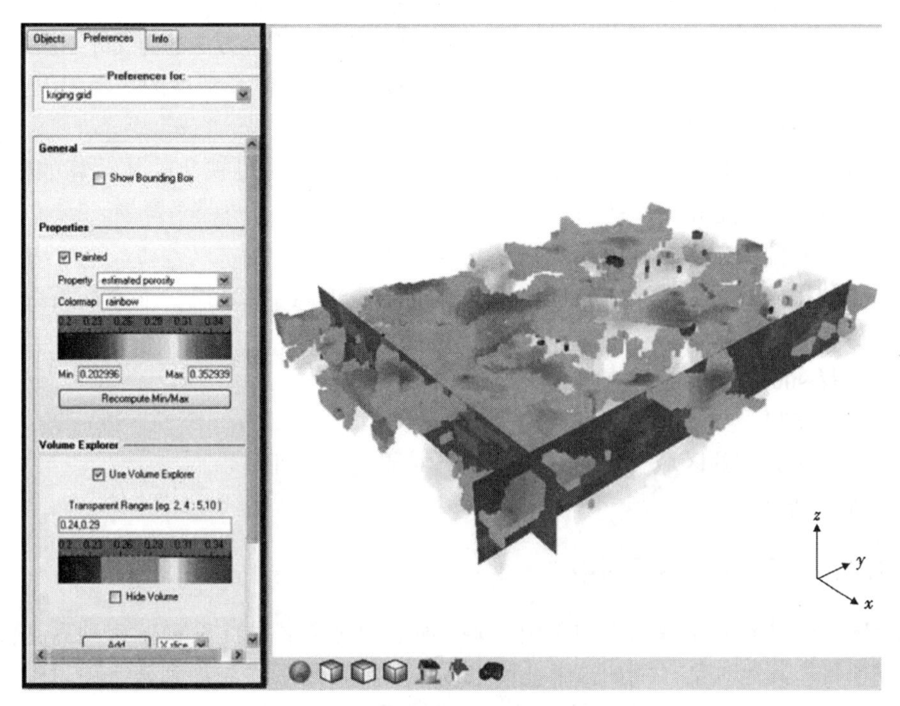

图 2.3　SGeMS 的可视化界面

左边可以控制右边窗口中显示的对象（例如网格），也可以设置显示效果，比如使用哪个彩色图形

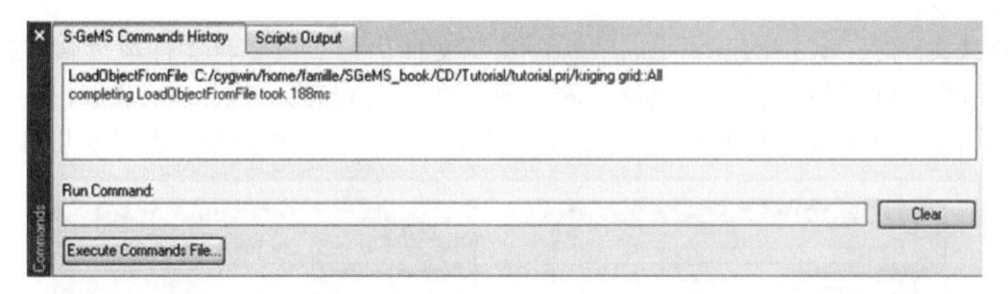

图 2.4　命令界面

展布，砂岩含量为 33%（总净毛比）。该储层模型在 x 方向、y 方向和 z 方向方向上分别离散化为 100×130×10 个平行六面体块（*cells*）网格。在整个书中，这种离散化类型都为笛卡儿网格。每个网格块内的岩石孔隙度变化被认为可忽略，因此每个网格块中各个位置的孔隙度估计问题便可被简化为网格中心位置（*cell-centered grid*）的孔隙度估计问题。

图 2.5 展示了油藏参考模型的 3D 图像显示，其中河道砂体用黑色表示。

图 2.5　油藏参考模型的 3D 图像

SGeMS 提供了若干种估计工具，其中大部分

基于克里金（kriging）算法。在本示例中采用简单克里金（simple kriging）算法来估计河道砂体的孔隙度。不熟悉简单克里金方法的读者，可查阅 3.6 节：克里金方法的简要介绍及参考文献。

在此，基于 563 个砂体孔隙度采样点，估计河道砂体整体孔隙度的步骤如下：

（1）在 SGeMS 中加载 563 个样本数据集。

（2）基本数据分析：对实验分析得到的孔隙度分布进行可视化，并计算如四分位数、实验数据的均值与方差等统计结果。

（3）计算孔隙度的实验变差函数并建立其模型。

（4）创建用来执行克里金方法的笛卡儿网格。对每个网格来说，不论其是否属于河道砂体，都要估计其孔隙度。

（5）选择 simple kriging 工具，输入必要的参数。

（6）显示结果。

（7）仅对感兴趣的区域（河道砂体）进行结果的后处理。

（8）保存结果。

2.2.1 加载数据到 SGeMS 项目中

SGeMS 能够从其对象数据库中调用 *project* 所需的对象集。当 SGeMS 启动后，会默认创建一个空项目。其他对象（例如笛卡儿网格或者点集）随后将添加到该空项目中。光盘上的文件夹 sample data. gslib 中包含有 x，y，z 坐标系和 563 个随机样本的孔隙度。它是一个 ASCII 文件，遵循 GSLIB 格式。关于 GSLIB 文件格式的描述和其他可用的数据文件格式可参考 2.3 节。

加载文件时，单击 *Object→Load Object* 浏览文件位置（或者将文件拖放到可视化面板）。由于 GSLIB 格式文件并不支持 SGeMS 所需要的所有信息，因此届时会弹出一个提示向导来引导用户完成信息的添加（图 2.6）。在对某个对象（如点集或者笛卡儿网格）信

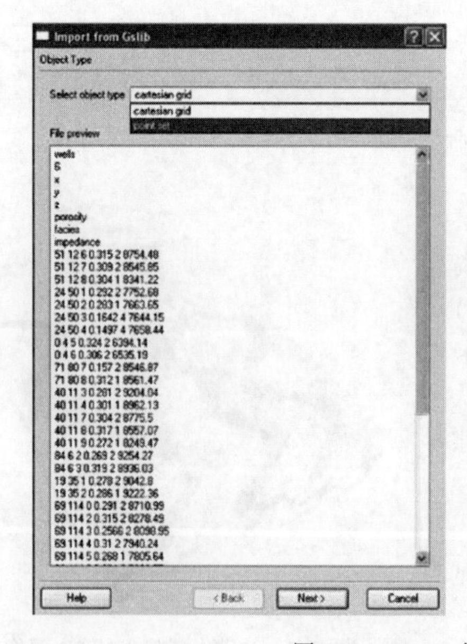

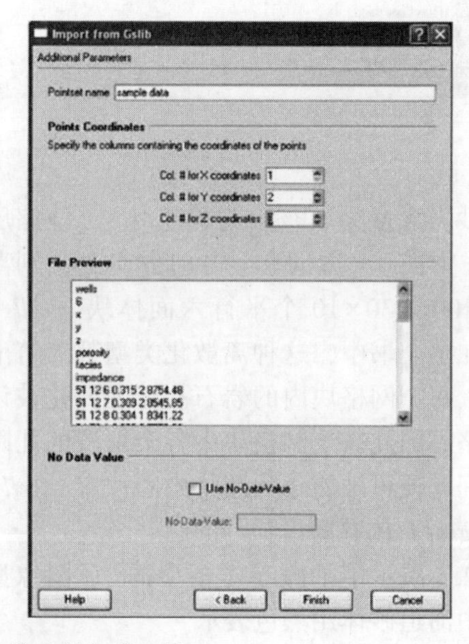

图 2.6 GSLIB 点集文件加载向导

息添加时所弹出的向导中，第一个页面的提示为文件描述，选择“Point set”并且点击“Next”，第二个页面中包括点集的名称（例如 sample data）以及设置网格的间隔和包含点集的 x，y，z 坐标的列数据（在该实例中，分别位于列 1、列 2 和列 3）。

一旦对象被成功加载，可视化面板的 Objects 部分将会出现一个名为 sample data 的新条目，如图 2.7 所示。

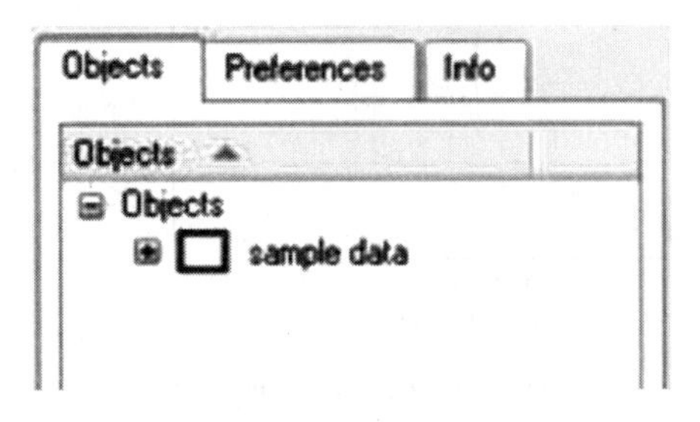

图 2.7　数据集加载后的对象列表

单击点集名称前面的小正方形可以显示它。如果一个对象被显示了，它名称前面的矩形中会出现一只眼睛符号。矩形前面的加号表示对象中包含有其他属性。单击这个加号会显示所包含的属性列表。点击属性前面的小矩形可以用选中的属性将对象描绘出来（图 2.8）。

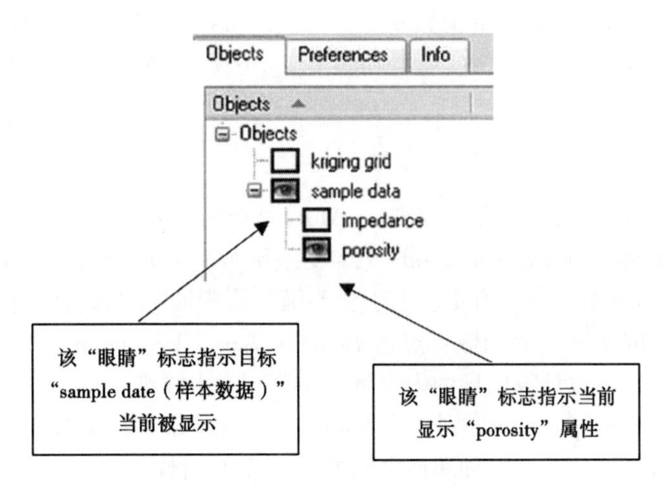

图 2.8　显示/隐藏一个对象或属性

2.2.2　勘探数据分析（EDA）

SGeMS 提供若干种勘探数据分析工具，例如直方图、散点图和分位数—分位数图。在数据分析菜单中可以选择使用这些工具。4.2 节提供了用 EDA 对若干数据进行分析的一个实例，也能展现出 SGeMS 数据分析工具的一些细节。

样本孔隙度的直方图如图 2.9 所示。

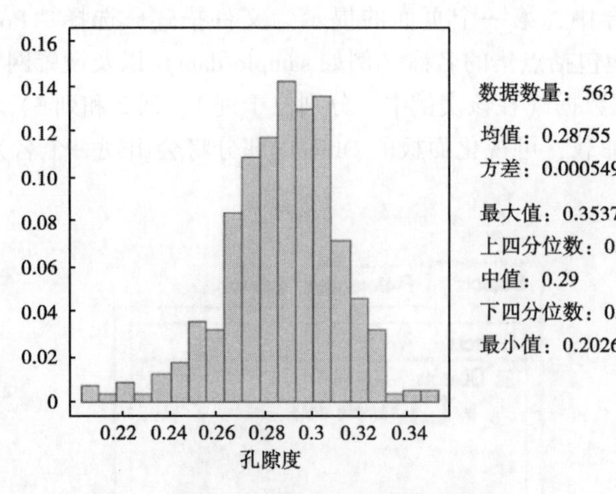

图 2.9　样本孔隙度直方图

2.2.3　变差函数建模

用简单克里金方法估算孔隙度，需要了解孔隙度变量的平均值和半变差函数。半变差函数可以根据由 sample data 中的 563 个样本点计算得到实验变差函数进行建模而获取。

半变差函数可以测量两个变量之间的平均相异性。例如，假设数据稳态，在位置 $\boldsymbol{u}$ 和位置 $\boldsymbol{u}+\boldsymbol{h}$ 之间的孔隙度，半变差函数 $\gamma(Z(\boldsymbol{u}),\ Z(\boldsymbol{u}+\boldsymbol{h}))$ 仅取决于迟滞（lag）矢量 $\boldsymbol{h}$：$\gamma(Z(\boldsymbol{u}),\ Z(\boldsymbol{u}+\boldsymbol{h}))=\gamma(\boldsymbol{h})$。根据实验得到的半变差函数 $\gamma(\boldsymbol{h})$ 根据下面公式计算：

$$\gamma(\boldsymbol{h})=\frac{1}{2N(\boldsymbol{h})}\sum_{\alpha=1}^{N(\boldsymbol{h})}\left[z(u_{\alpha})-z(u_{\alpha}+\boldsymbol{h})\right]^{2}$$

其中，$Z(\boldsymbol{u})$ 是位置 $\boldsymbol{u}$ 处的值（即孔隙度），$N(\boldsymbol{h})$ 是被矢量 $\boldsymbol{h}$ 分离开的数据对数量。

在后文中，更精确的 *semi-variogram*（半变差函数）术语会被替换为 *variogram*（变差函数）。本书 3.5 节和第 5 章中有更多关于变差函数的背景介绍和引用内容。

要计算孔隙度的实验变差函数：点击 *Data Analysis→Variogram*，打开变差函数计算与建模向导。关于变差函数计算向导的内容将会在第 5 章中详细介绍。

选择 sample data 和 porosity 分别作为 *head*（头）和 *tail*（尾）属性。为头和尾分别选择两种不同属性后，可计算这两种属性之间的交叉变差函数。在下一个页面使用 *Load Parameters* 按钮从文件 variogram. par 中加载变差函数参数。点击 *Next*，SGeMS 会计算孔隙度的变差函数，其中包括与正北夹角为 0°以及 90°的两个方向，以满足全方位变差函数的需要。本书第 5 章中将会具体讨论这些参数。

在向导的最后一个页面中（图 2.10）显示了变差函数建模的结果，并且为用户提供能够交互式控制变差函数模型的功能。左上角图形中显示了全部 3 个变差函数实验。每个变差函数都有自己的独立显示窗口，右边界面中的控件将会交互更新每个窗口中变差函数模型的拟合结果，并覆盖在每个图形上。

下面提供了一个可运行实例来展示克里金的估计过程，设置一个各向同性椭球体变差函数，其参数中变程为 20，门槛值为 0.00055。

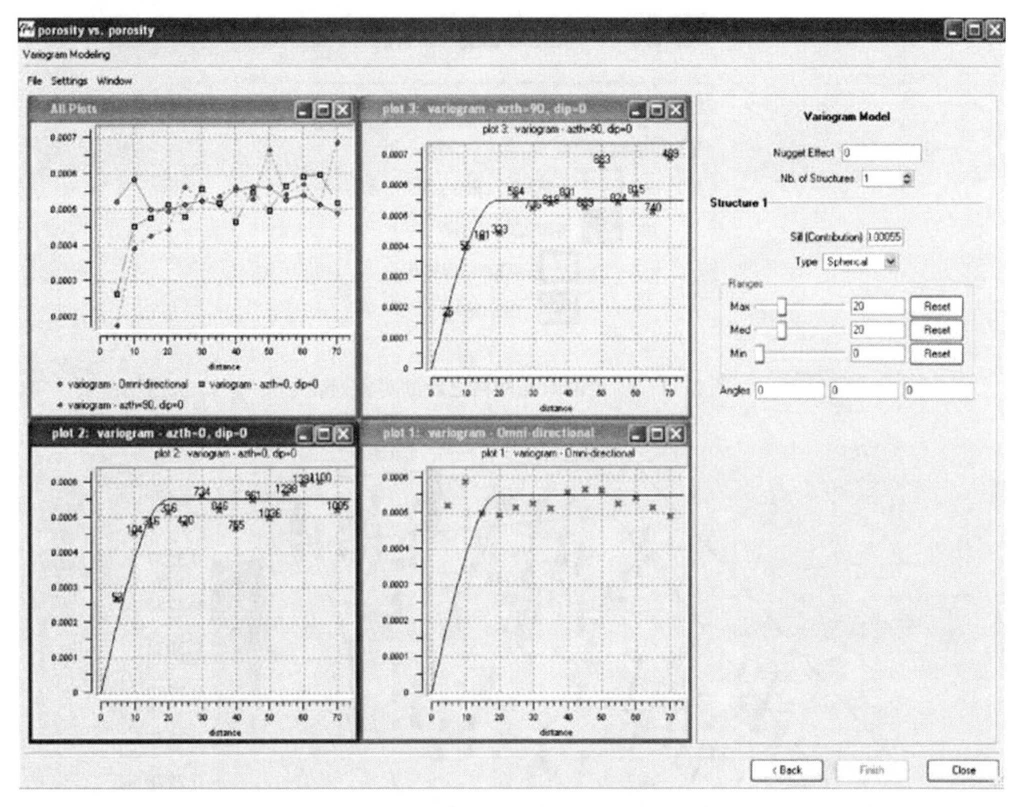

图 2.10 变差函数建模向导尾页

2.2.4 创建网格

下一步是为实现简单克里金算法创建一个网格。在这个实例中，创建一个 3D 笛卡儿网格，其尺寸为 100×130×10。SGeMS 中的笛卡儿网格是规则的 3D 网格，即所有的单元格都是边缘正交的并且尺寸也相同。网格由 9 个参数来完全确定（更多细节参见 2.3 节）。

（1）x 方向，y 方向和 z 方向上的单元格数量；

（2）x 方向，y 方向和 z 方向上的单元格尺寸；

（3）x 方向，y 方向和 z 的原点。

点击 *Objects→New Cartesian Grid* 打开网格创建对话框。输入网格体尺寸、每个网格的尺寸、坐标原点（本实例中原点为（0，0，0））等参数。为新网格体命名，例如 kriging grid，点击 *Creat Grid*。一个名为 kriging grid 的新条目出现在可视化面板的 Object 界面，如图 2.11 所示。

对象数据库目前包含两个对象：一个包含岩石孔隙属性（以及其他属性）的点集体，和一个没有任何附加属性的笛卡儿网格体。

图 2.12 给出了 563 个样本数据点以及 *kriging grid* 网格轮廓线。

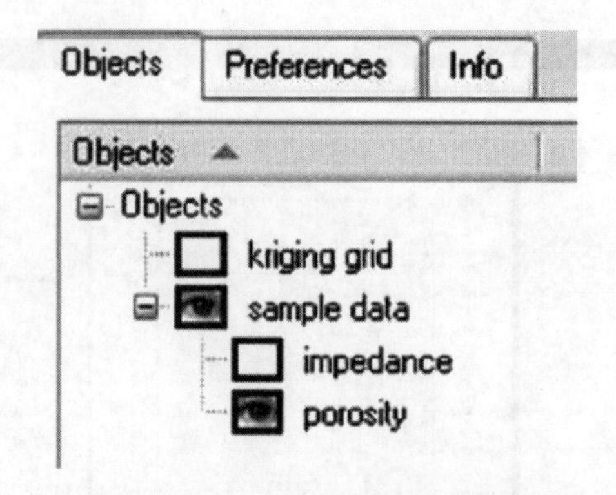

图 2.11 创建笛卡儿网格之后的对象列表

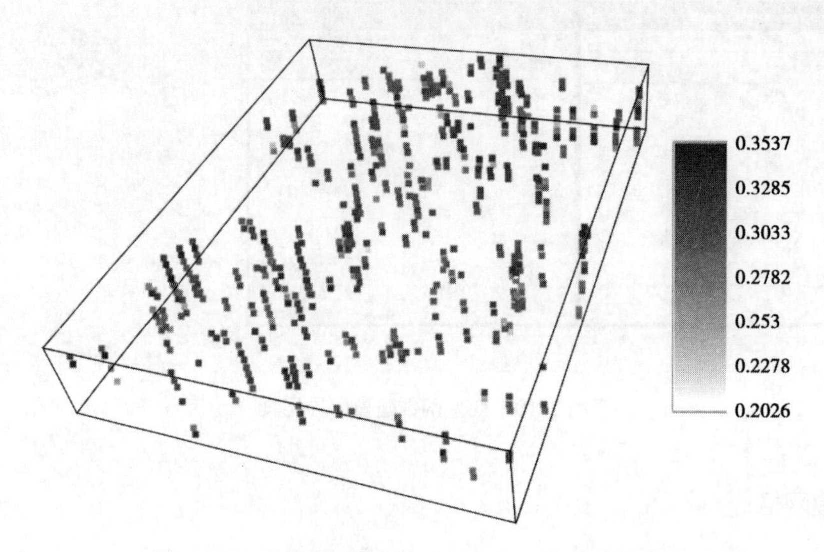

图 2.12 563 个样本数据点和 *kriging grid* 网格轮廓线

2.2.5 运行一个地质统计学算法

此时，运行简单克里金算法的准备工作都已就绪：样本数据和工作网格都可供 SGeMS 调用，并且变差函数模型也已经成功创建。

从算法面板的列表中选择克里金工具。在算法列表的下方将会出现一个提示输入参数的表单。简单克里金所需的参数如下：

（1）工作网格的名称，在本例中为 kriging grid。

（2）包含克里金结果的属性名称。

（3）简单克里金的均值，使用 EDA 中所计算的样本均值 $m^* = 0.2875$，见图 2.9。

（4）对象的名称，其中包括样本数据：sample data，porosity 属性。

（5）椭球体尺寸（用来在其中搜索条件数据）：在半径为 80、变程值超过变差函数两倍的球体内搜索条件数据。搜索椭球体在 SGeMS 需要有 6 个参数，包括 3 个变程值和 3 个角度：方位角、倾角、斜角（参见 2.5 节）。对于半径为 80 的球体，可将 3 个变程都设置为 80，并将角度设置为 0°。

（6）变差函数模型：各向同性球形变差函数的变程为 20，块金值设为 0，门槛值为 0.00055。

第 7 章和第 8 章提供了 SGeMS 中所有可用地质统计学工具的描述与它们所需要的参数。3.6 节对克里金理论进行了简要回顾，7.1 节则详细介绍了 SGeMS 中所用的克里金工具。

参数可以手动输入或者从文件加载。在算法界面（图 2.2）的底部点击 *Load* 按钮从参数文件夹中浏览并选择 kriging.par 或者直接将参数文件拖拽至算法界面。参数文件是 ASCII 文件的 XML（eXtended Markup Language）格式，如图 2.13 所示。关于 XML 和 SGeMS 参数文件的更多细节参见 2.4 节。

当所有参数输入完毕，单击算法界面底部的 *Run Algorithm* 按钮运行算法。如果有参数设置不正确，则会红色高亮；如果鼠标左键在错误参数上停留几秒，可以看到对于错误的描述。修正错误之后可以重新点击 *Run Algorithm* 按钮。

如果按照图 2.13 所示的参数运行克里金算法，kriging grid 现在包含有两个新属性；estimated porosity 和 estimated porosity_krig_var 联合克里金方差。

```
<parameters><algorithm name="kriging"/>
<Grid_Name value="kriging grid"/>
<Property_Name value="estimated porosity"/>
<Kriging_Type type="Simple Kriging (SK)"/>
<Property mean="0.27"/>
</Kriging_Type>
<Hard_Data grid="sample data" property="porosity"/>
<Search_Ellipsoid value="80 80 80 0 0 0"/>
<Min_Conditioning_Data value="0"/>
<Max_Conditioning_Data value="20"/>
<Variogram nugget="0" structures_count="1">
<structure_1 contribution="0.003" type="Spherical">
<ranges max="38" medium="38" min="38"/>
<angles x="0" y="0" z="0"/>
</structure_1>
</Variogram>
</parameters>
```

图 2.13 克里金参数文件

2.2.6 显示结果

克里金算法的结果保存在 estimated porosity 属性中。点击对象列表中 kriging grid 条目前面的加号，显示网格附加属性的列表，点击 estimated porosity 前面的小矩形以显示新的属性。图 2.14 显示了 kriging grid 网格体以及其 estimated porosity 属性的俯视图。

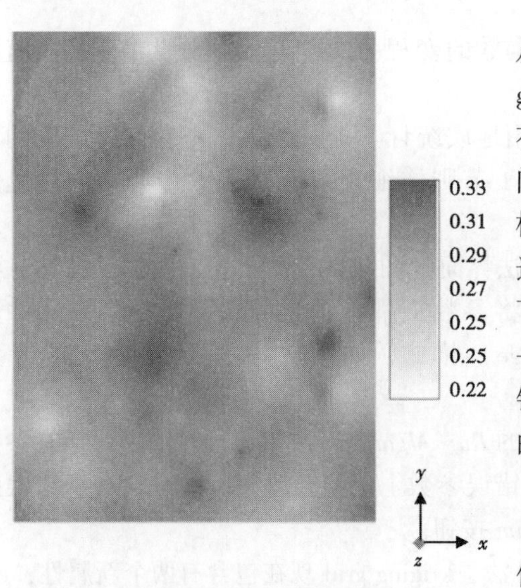

图 2.14　克里金结果（俯视图）

可视化界面是一个 3D 交互式环境，可以从不同视角来显示对象（例如网格 kriging grid），实现放大或缩小操作。这个环境就像有一台摄像机，可以在静止目标对象的周围空间中自由移动。可视化界面操作有两种不同的模式：相机模式，用鼠标控制摄像机的运动；选择模式，用鼠标选择显示对象。在相机模式下，鼠标光标看起来就像两个弧形箭头形成的一个圈；而在选择模式下，鼠标是一个标准指针箭头。*Escape* 键可以用于实现两种模式之间的切换。

相机的运动由鼠标来控制。

（1）旋转 Rotation：按住鼠标左键并且向任意方向拖动来“旋转”对象（事实上相机是向相反方向移动的，看起来好像是对象向着鼠标移动的方向转动）。

（2）平移 Translation：点击中键（或者 Shift+鼠标左键）并拖动来平移对象。

（3）变焦 Zoom：鼠标滚轮（或 Shift + Ctrl +左键点击）拖动可以放大或缩小对象。

可视化面板底部的按钮提供了相机的进一步控制功能（图 2.15）：

按钮①设置相机位置，使所有显示对象可见；

按钮②将相机与 x 轴对齐；

按钮③将相机与 y 轴对齐；

按钮④将相机与 z 轴对齐（俯视图）；

按钮⑤将相机放在预先设置的位置（按钮 6）；

按钮⑥保存相机的当前位置；

按钮⑦保存当前视图快照，图片可被保存为多种格式，例如 PostScript，PNG 或者 BMP，所捕获图片为当前视图中所显示的内容。

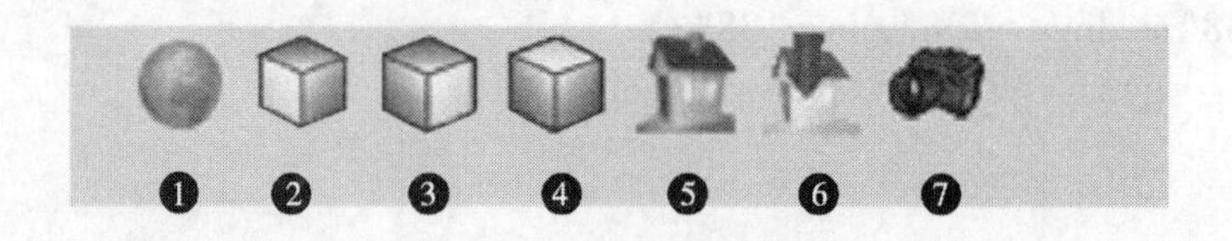

图 2.15　相机控制按钮

可视化界面的首选项标签包含了几种定置显示对象的控制方式。*Preference for* 下拉列表可供用户选择设置哪个对象为预设（图 2.16）。在 SGeMS 对象数据库中，就像<General>预设界面显示的一样，每个当前加载的对象都有一个入口。

<General>预设界面可以控制：

（1）放大 Z 轴的比例尺。

（2）更改透视图模式：在 *Perspective* 视图中，正方体的前正面看起来比背面大一些，

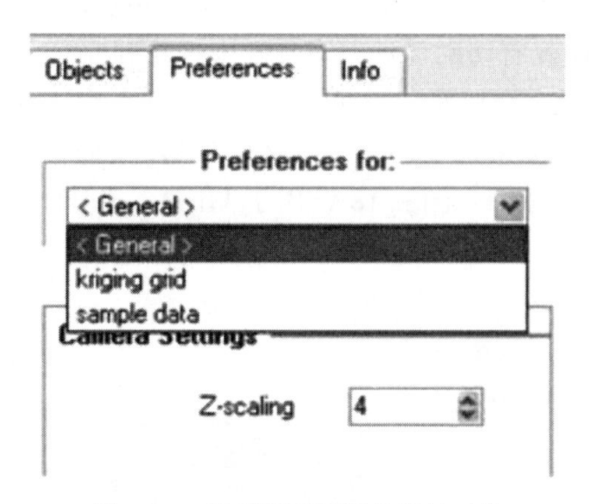

图 2.16　选择需要预设参数的对象

在 *Orthotropic* 视图中，距离和角度是正常的。

（3）切换背景颜色为白色或黑色。

（4）显示当前目标所用的色标；尽管它能在同一时间显示若干对象，但是色标同时只能使用一个；默认情况下，色标位于视图的右边并且可以通过 Alt+方向键进行移动，并通过 Ctrl+方向键调整大小。

对简单克里金的运行结果进行可视化时，默认只显示网格的外表面。然而，在 kriging grid 的预设界面中可以选择显示网格的切面或者部分网格（使用 volume rendering）。从 *Preferences for*（预设）列表中选择 kriging grid，其预设界面分为 3 部分：General，Properties 和 Volume Explorer。Volume Explorer 部分如图 2.17 所示。

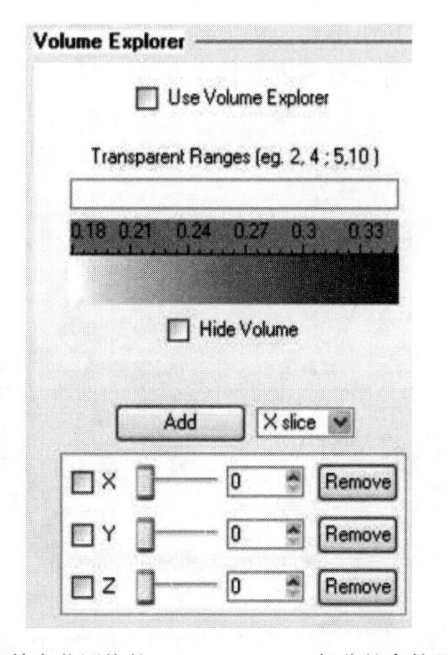

图 2.17　笛卡儿网格的 Volume Explorer 部分的参数预设界面

我们首先通过切面方式对网格体进行浏览。显示 kriging grid 并选择 *Use Volume Explorer*，勾选 *Hide volume*，可使仅有切面可见。当我们未选择显示任何切面时，视图中显示空白。默认状态下会同时显示 3 个切面，即垂直于直角坐标系中 *X* 轴，*Y* 轴和 *Z* 轴的 3 个切面。勾选紧挨着切面的复选框来显示切面，用光标来移动切面。如果需要显示更多切面，选择正交的轴线并点击 *Add* 按钮。图 2.18 给出了 kriging grid 的 4 个切面，两个垂直于 *X* 轴，一个垂直于 *Y* 轴，一个垂直于 *Z* 轴。

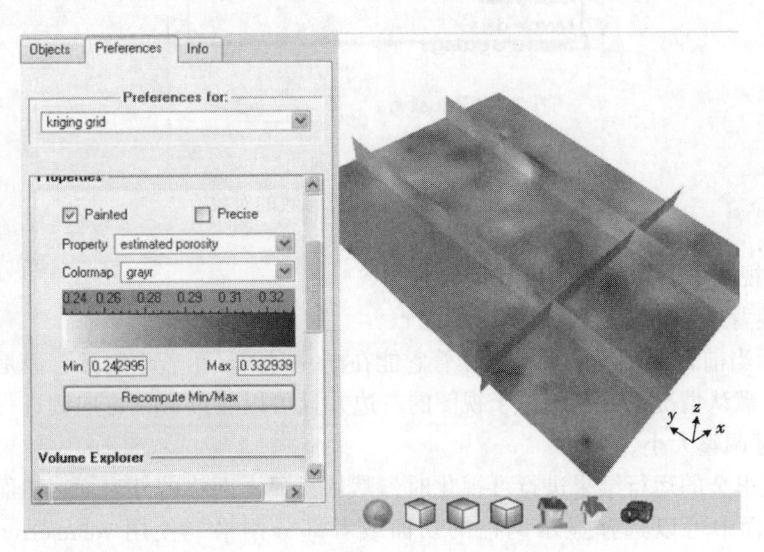

图 2.18　kriging grid 的 4 个切面

三维体浏览器的另一个用途是可以隐藏部分网格。例如，它可用来仅将孔隙度极值的网格单元显示出来，同时隐藏其他单元。将 *Hide Volume* 选项勾去掉，在 *Transparent Range* 线上输入间距 0.255，0.303。那么孔隙度数值在 0.255 和 0.303 之间所有的网格单元都会被隐藏，如图 2.19 所示。

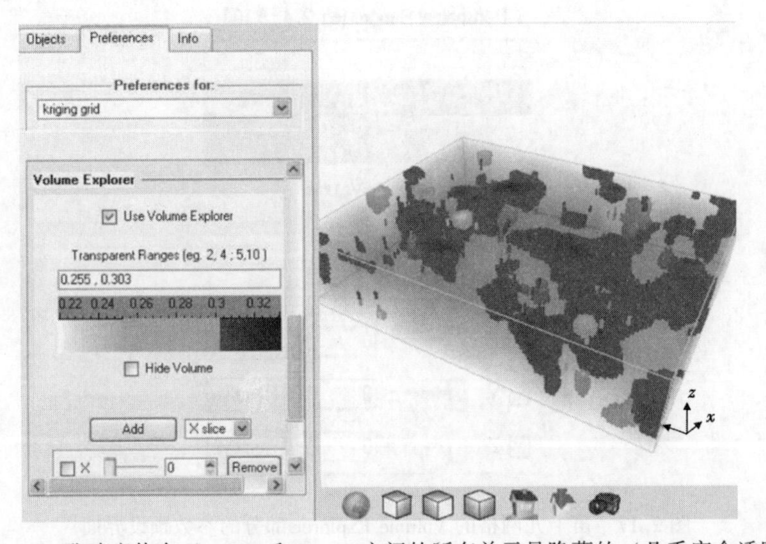

图 2.19　孔隙度值介于 0.255 和 0.303 之间的所有单元是隐藏的（几乎完全透明）

可以输入多个间距，每个间距用分号隔开。例如 0.2，0.25；0.3，0.35。程序将会隐藏孔隙度值介于［0.2，0.25］和［0.3，0.35］之间的单元。

2.2.7 用 Python 进行结果的后处理

我们并非对所有 kriging grid 的网格单元都感兴趣。kriging grid 的储层模型由两个主要的岩石类型特征予以表征：沿南北方向展布的河道砂体以及页岩背景（图 2.5）。所有 563 个数据点都是砂体的样本，被用来估计河道砂的孔隙度。本节将要示范如何应用遮罩（mask）并且从 kriging grid 中将除河道砂之外的单元移除。

文件 mask. gslib 中包含了遮罩（mask）数据：这是一个 GSLIB 格式的笛卡儿网格，每个单元格都附加单一属性。如果这个单元格在河道砂体中，则属性为 1，否则为 0。点击 *Objects→Load Object* 浏览遮罩（mask）文件的位置（或者拖放该文件至可视化界面）。由于 GSLIB 文件格式不能提供 SGeMS 所需的所有信息，因此会弹出一个提示添加信息的向导。向导的第一个页面中需要设置对象类型，在本例中是笛卡儿网格。第二个页面中，为该网格体命名，例如 mask，并需设置网格体中的单元格数（100×130×10）、每个单元格的尺寸（1×1×1）以及网格体的起点（0，0，0）。关于 SGeMS 中用于表征笛卡儿网格的参数方面更多信息请参考 2.3 节。

应用遮罩（mask）的时候，SGeMS 需要：

（1）对 kriging grid 中所有的网格单元 $\boldsymbol{u}_1$，…，$\boldsymbol{u}_n$ 进行循环；

（2）对于一个给定的网格单元 $\boldsymbol{u}_k$，检查其在 mask 中对应的网格中的相（facies）属性是否为 0；

（3）如果为 0，从网格单元 $\boldsymbol{u}_k$ 中将孔隙度值移除；SGeMS 用值-9966699 作为无数据值的代码。

编写一个脚本是很容易完成的。SGeMS 可以执行 Python 编写的脚本（Pythgon：一个非常流行和强大的编程语言，www. python. org 提供了 Python 的背景以及教程）。尽管在本书 10.2 节简要介绍了 Python 语言，我们仍旧建议读者参考 www. python. org 的文档部分以更多地学习如何写 Python 脚本。

点击 *Scripts→Show Scripts Editor* 启动脚本编辑器。从脚本编辑器中加载文件 apply mask. py。脚本复制如下：

```
1 import sgems
2
3 mask=sgems. get_property（' mask'，' facies' ）
4 porosity=sgems. get_property（' kriging grid','  estimated porosity' ）
5
6 for i in range（len（mask）)：
7 if mask［i］= = 0：
8 porosity［i］ = -9966699
9 sgems. set_property（' kriging grid','  estimated porosity', porosity)
```

以下是脚本的逐行解释：

第 1 行：Python 加载 SGeMS 特定命令（参见 10.2 节），例如 sgems. get property 和

sgems. set property（设置属性）；

第3行：将 mask 网格体的相（facies）属性转换成为一个 mask 数组；

第4行：将 kriging grid 的 estimated porosity 属性转换成为一个数组，取名为 porosity；

第6行：创建一个循环，*i* 值从0循环到数组的最大值，即 mask-1；

第7行：测试第 *i* 个单元在网格体中是否为位于页岩背景处；

第8行：如果第 *i* 个网格是页岩，利用 SGeMS 的无数据代码-9966699 对该网格赋值来放弃该网格的孔隙度估计值。

第9行：将 porosity 数组转换成 kriging grid 网格体的 estimated porosity 属性，并覆盖先前 estimated porosity 的属性值。

按下编辑器底部的 *Run* 按钮来执行该脚本，脚本的任何信息或者错误会输出在编辑器的下半部分，标题为 *Script Output Messages*。

注意，SGeMS 脚本编辑器并不是必须使用的，用户能够在功能更丰富的编辑器中完成脚本编辑，并通过命令 *Scripts→Run Script* 来执行该脚本。

图2.20给出了 apply mask. py 脚本的运行结果。

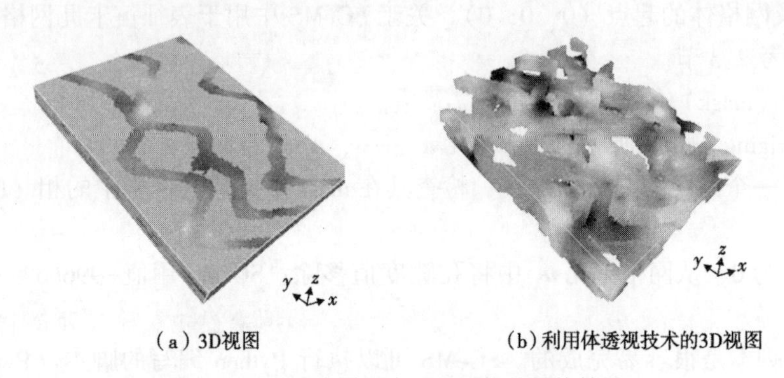

（a）3D视图　　（b）利用体透视技术的3D视图

图2.20　应用遮罩后克里金网格的最终结果

2.2.8　存储结果

File→Save Project 将项目保存在文件夹中，扩展名为 . prj，例如 tutorial. prj。其文件夹中包含对应于项目中每个对象的单一文件，该文件按 SGeMS 格式保存（参见2.3节描述的 SGeMS 对象文件格式）。这个项目稍后可以通过 *File→Open Object* 加载到 SGeMS 中，或者直接拖拽项目文件到可视化界面中。

对象也可以单独保存：点击 *Object→Save Object*，提供文件名称、对象名称（例如 kriging grid），和文件格式来供用户选择。

2.2.9　任务的自动化处理

在先前简单克里金算法的运行中，SGeMS 使用最多不超过20个条件数据来估计网格体中每个网格单元的孔隙度（参见7.1节克里金的 Max_ Conditioning_ Data）。例如不断改变条件参数的数量，测试从10到100且增量为5的克里金结果，这样的方法通常在研究参数对克里金结果的影响方面使用。当然，这样执行19次简单克里金的过程是枯燥乏味的。

SGeMS 通过其命令行接口提供了一个这个问题的解决方法。在 SGeMS 中，大多数的行为都能够通过鼠标点击执行或者在命令界面键入命令两种方式来实现。例如，在本教程的步骤 1 中加载数据集，可以通过键入以下命令（假设文件存储在 D：/tutorial）：

Load Object From File D：/Tutorial/stanfordV_ sample_ data. gslib : : All

每个命令的格式如下：

（1）命令的名称，例如 Load Object From File。

（2）一个参数列表，用两个冒号“::”隔开。在前面的例子中提供了两个参数：所要加载的文件名称和文件格式 All（意味着 SGeMS 会尝试所有支持的文件格式）。

在 SGeMS 中执行的每个命令，不论键入命令或者利用鼠标点击操作的过程，都会被记录在命令界面的“Commands History”部分和一个叫做 sgems history. log 的文件中。因此，如果忘记一个命令名，可以使用 GUI 在命令历史中来执行相应的行为并核对命令名称与语法。

可以把几个命令合并到一个文件中并让 SGeMS 按顺序执行所有命令。在敏感性研究的实例中，可以编写一个包含 19 次克里金运算循环的 *macro* 宏文件，每次循环都会改变 Max_Conditioning_ Data 参数。文件 sensitivity_ analysis. py 是此类脚本的一个例子，其内容复制如下：

```
1 import sgems
2
3 for i in range (0, 19):
4 sgems. execute (' RunGeostatAlgorithm
5 kriging : : /GeostatParamUtils/XML : : <parameters>
6 <algorithm name="kriging"/>
7 <Grid_ Name value="kriging grid"/>
8 <Property_ Name value="titi"/>
9 <Kriging_ Type type="Simple Kriging (SK) ">
10 <parameters mean="0. 27"/>
11 </Kriging_ Type>
12 <Hard_ Data grid="sample data" property="porosity"/>
13 <Search_ Ellipsoid value="80 80 80 0 0 0"/>
14 <Min_ Conditioning_ Data value="0"/>
15 <Max_ Conditioning_ Data value="' + str (10+5 * i) +' "/>
16 <Variogram nugget="0" structures_ count="1">
17 <structure_ 1 contribution="0. 003" type="Spherical">
18 <ranges max="38" medium="38" min="38"/>
19 <angles x="0" y="0" z="0"/>
20 </structure_ 1>
21 </Variogram>
22 </parameters>' )
```

虽然这段代码看起来很长，其实这个脚本仅包含 3 条语句：import 导入语句、for 循环语句以及 executesRunGeostatAlgorithm 的调用语句。在单行代码中给出克里金算法所需要的参数，紧随其后的是 RunGeostatAlgorithm 命令，其文件格式为 XML（参见 2.4 节中对 SGeMS XML 参数文件的详细描述和 7.1 节中关于参数的更多细节）。我们感兴趣的是第 15 行，条件参数数量 Max_Conditioning_Data 等于（10+5 * i）：Python 计算函数 10+5 * i 并把结果转换为字符串，它可以用+运算符连接参数的其他部分。

2.3 数据文件格式

在 SGeMS 中，笛卡儿网格由 9 个参数确定：

（1）n_x，n_y 和 n_z 方向上的单元格数量；

（2）x_{size}，y_{size}，z_{size}上的网格尺寸；

（3）坐标系的原点。

如图 2.21 所示。

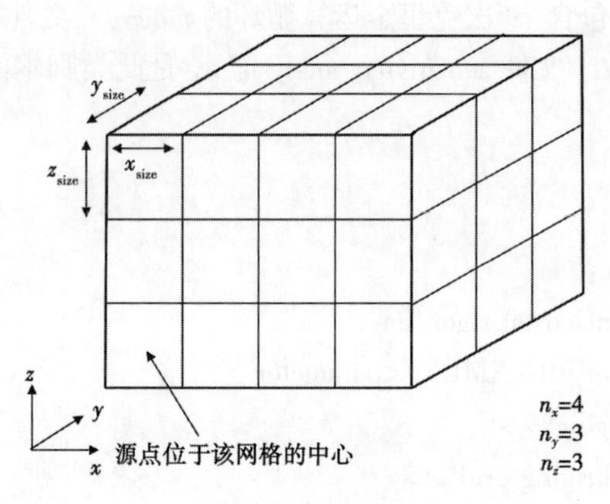

图 2.21　表征一个笛卡儿网格的参数

默认情况下，SGeMS 支持两种描述网格和点集的文件格式：GSLIB 格式和 SGeMS 二进制格式。

（1）GSLIB 格式。

这是一个 GSLIB 软件使用的简单 ASCII 格式（Deutsch 和 Journel，1998，p.21）。它由这些行组成：

①第一行给出一个标题，一般 SGeMS 忽略这一行；

②第二行是数字 n，表示对象中属性的数量，也就数据的列数；

③n 下面的行包含了每个属性的名字（每行有一个属性名）；

④剩余的每行中包含每个属性的值（每行有 n 个值），并且被空格符或 Tab 分隔开；属性值的排序对应前面属性名的顺序。

注意，用来描述点集和笛卡儿网格的格式是相同的。当一个 GSLIB 文件被加载到 SGeMS 中时，用户必须补充文件本身所缺少的所有信息，比如对象的名称或者一个笛卡儿网格在每个方向上单元格的数量等。

在笛卡儿网格文件中，每点的 x，y，z 坐标都是隐藏的。属性的第一行对应原点处的网格，位于网格左下角的底部。以 i 为变量的节点位于 x 轴，以 j 为变量的位于 y 轴，以 k 为变量的位于 z 轴（原点位置 $i=0$, $j=0$, $k=0$），属性节点（i, j, k）位于 $k \times n_x \times n_y + j \times n_x + I$，$n_x$，$n_y$，$n_z$ 分别是 x 方向、y 方向和 z 方向的单元格数量。如图 2.22 所示。

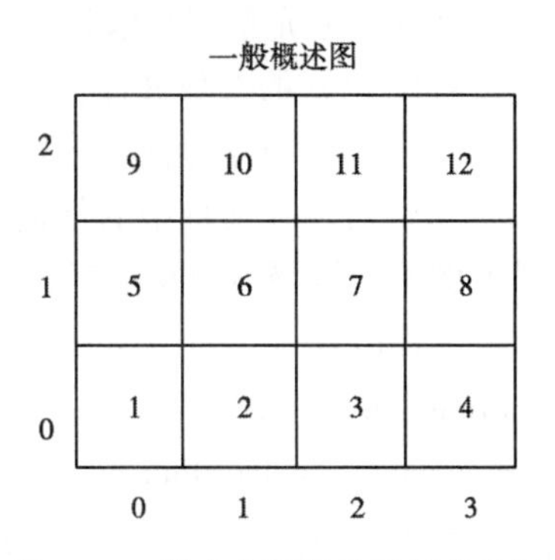

图 2.22　笛卡儿网格的隐节点坐标
这是一个 4 × 3 网格。
边缘的数字是 x 和 y 坐标。
每个单元格中的数字表明节点的属性位于第几行

（2）SGeMS 二进制格式。

SGeMS 使用一个未压缩的二进制文件格式来存储对象。相对于 ASCII 文件，二进制文件主要有两个优势：占用磁盘空间更少与更快地加载、保存速度。缺点是，通过文本编辑器对二进制文件进行编辑较为复杂。SGeMS 二进制格式中包含了全部信息，因此加载此类文件时，用户不需要提供任何额外的信息。

2.4　参数文件

当用户从算法界面选择一个算法时（见教程 2.2 中步骤 3），会有若干参数需要用户填写。SGeMS 可以将这些参数保存到一个文件中，并在后面的操作中随时恢复这些参数。

SGeMS 中参数文件的格式基于 eXtended Markup Language（XML），XML 是 World Wide Web Consortium 的一个标准格式语言（www. w3. org）。图 2.13 展示了这样一个参数文件。

在参数文件中，每个参数都由 XML 元素来表示。一个元素包含一个开启和关闭标签，例如<tag>和</tag>，以及单个或若干个属性特征。下面是一个名为 algorithm 的元素例子，其包含有一个单独属性“name”：

```
<algorithm name="kriging"> </algorithm>
```

元素本身也可以包含其他元素：

```
<Variogram nugget="0.1" structures_count="1">
<structure_1 contribution="0.9" type="Spherical">
<ranges max="30" medium="30" min="30"> </ranges>
<angles x="0" y="0" z="0"> </angles>
</structure_1>
</Variogram>
```

这里的 Variogram 元素包含一个 Structure_1 元素，它又包含了另外两个元素：ranges 和 angles。每一种元素都有其各自的属性：Variogram 元素有一个 nugget 和 structures_count 属性，在这里分别设置为 0.1 和 1。注意，如果一个元素只包含属性，也就是它没有嵌套的元素，那么便可以省略关闭标签；在前面的示例中，元素 range 只包含属性，那么便可写为：

```
<ranges max="30" medium="30" min="30"/>
```

序列显示元素的结尾。SGeMS 参数总是包含以下两种元素：

（1）元素 parameters，它是根元素，即它包含所有其他元素；

（2）元素 algorithm，它包含有一个属性 name，其中给出了指定参数的算法名称。

所有其他元素都是依赖于算法的，将会在第 7 章和第 8 章介绍。

XML 格式的参数文件优点如下：

（1）可以根据任何顺序输入元素；

（2）可以在文件中的任何地方插入注释。一个注释块以<! --开始，以-->结束。如以下例子，注释可以跨多行：

```
<! -- An example of a comment block spanning
multiple lines -->
<parameters> <algorithm name = " kriging" />
<! -- the name of the working grid -->
<Grid_Name value = " working_grid" />
    </parameters>
```

2.5 定义一个 3D 椭球体

在 SGeMS 中，许多算法要求用户定义一个 3D 椭球体，例如通过 3 个各向异性方向以及相关系数表征一个搜索体。SGeMS 的 3D 椭球体由 6 个参数来确定其在空间中的定位：3 个半径 r_{max}，r_{med} 和 r_{min} 与 3 个角度 α, β 和 θ（图 2.23 至图 2.25）。

让（x, y, z）作为笛卡儿坐标系统中的 3 个正交轴。这个位置的椭球体能够通过 3 个连续旋转获得。首先，在任何旋转之前，椭球体的主轴 y' 与 y 坐标轴对齐，中轴 x' 与 x 轴对齐，短轴 z' 与 z 轴对齐，如图 2.23 所示。

关于 z' 的第一次旋转：椭球体首先以角度 $-\alpha$ 对 z' 轴进行旋转，α 通常被称为方位角（图 2.24）。从 z' 轴方向看，方位角是沿着逆时针方向旋转。

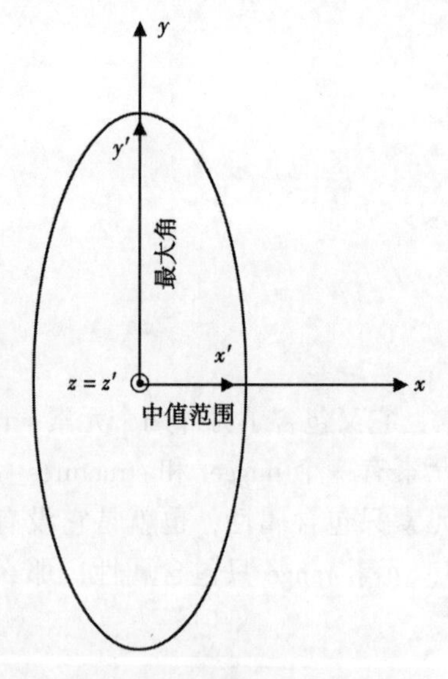

图 2.23　笛卡尔坐标系中获得 3D 椭球体连续旋转的起点

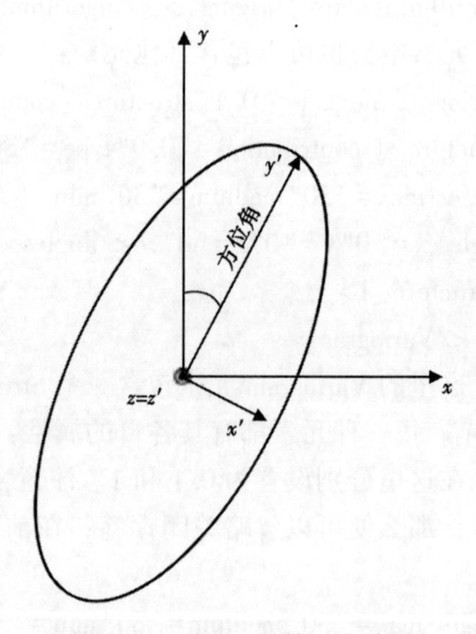

图 2.24　关于 z' 的第一次旋转

关于 x' 的第二次旋转：椭球体随后以角度 $-\beta$ 对 x' 轴进行旋转，β 通常称为倾角（图 2.25）。从 x' 轴方向看，倾斜角是沿着逆时针方向旋转。

关于 y' 的第三次旋转：最后一次，椭球体是以角度 θ 对 y' 轴进行旋转，θ 通常称为斜角。从 y' 轴方向看，斜角是沿着顺时针方向旋转。

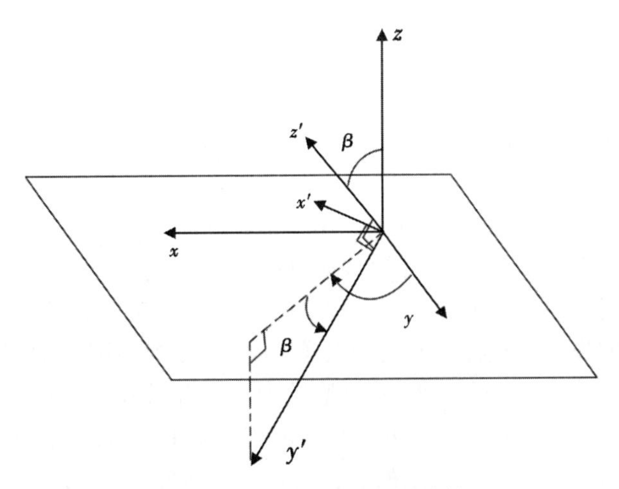

图 2.25　关于 x' 的第二次旋转

最后 3 次旋转结果的变换矩阵如下：

$$\boldsymbol{T}=\begin{bmatrix}\cos\theta & 0 & -\sin\theta\\ 0 & 1 & 0\\ \sin\theta & 0 & \cos\theta\end{bmatrix}\begin{bmatrix}1 & 0 & 0\\ 0 & \cos\beta & \sin\beta\\ 0 & -\sin\beta & \cos\beta\end{bmatrix}\begin{bmatrix}\cos\alpha & \sin\alpha & 0\\ -\sin\alpha & \cos\alpha & 0\\ 0 & 0 & 1\end{bmatrix}$$

注意，执行旋转的顺序是很重要的。在 SGeMS 参数文件中，6 个参数（3 个半径和 3 个角度）定义的椭球体必须按照如下顺序旋转：r_{max}，r_{med}，r_{min}，α、β、θ。r_{max} 是主轴的尺寸，r_{med} 是中间轴的尺寸，r_{min} 是小轴的尺寸。

3　地质统计学：概念回顾

本用户手册不专门介绍地质统计学理论。有兴趣的用户可以参考以下诸多优秀的书籍与相关论文：Journel 和 Huijbregts（1978）；Isaaks 和 Srivastava（1989）；Cressie（1993）；Wackernagel（1995）；Goovaerts（1997）；Deutsch 和 Journel（1998）；Chilès 和 Delfiner（1999）；Olea（1999）；Lantujoul（2002）；Mallet（2002）。本章中主要回顾一些基本概念以及 SGeMS 算法中所采用的地质统计学基本原理。由于多点地质统计学理论先前受到的关注较少，因此，在近年来反而取得了更大程度的发展。目前，工程领域表现出向着多严格而少主观直觉的方向发展。这样的发展表现也指明了 SGeMS 中所编写程序的发展方向。

参考文献注意事项：我们仅引用了少量最为相关并较易查阅的参考文献。对于 Goovaerts（1997），Deutsch 和 Journel（1998）以及 Chilès 和 Delfiner（1999）这 3 本书，本文仅给出页码。对于其余大量的参考文献列表，读者可以转而查阅 Cressie（1993）以及 Chilès 和 Delfiner（1999）所建议的书单列表。

3.1 节介绍了利用随机变量描述单变量不确定性的概念。并在在 3.2 节中对这一概念进行扩展，利用随机函数描述空间分布中多个相关变量的联合不确定性。随机变量或随机方程的多样化结果受控于以可用数据为条件所生成的概率分布函数；与 3.3 节所讨论的相同，模拟结果也因此可由这些条件分布中提取。反过来，一组模拟结果也能够定义一个视为某种算法驱动的随机函数，这里所指的算法就是用于生成这些结果的具体算法。所以，任意随机函数的核心都是一个结构模型，这个模型能够指出多种随机变量互相之间以及与数据之间如何关联。如 3.4 节所论，此类结构模型的推论必须先对其平稳性进行判断。在 3.5 节中，我们可以看出结构模型能够限制到一个关系中，这个关系来自于任意两个或两个以上变量间变差函数类型的关系。在随后的例子中，相应的多点统计学推论则需要一个训练图像。第 3.6 节介绍了克里金范式，无论是对于估计还是模拟，该范式是大多数地质统计学算法的起源。第 3.7 节介绍了多点统计学算法的理论基础。第 3.8 节介绍了以传统变差函数为基础的模拟算法 SGSIM，DSSIM 和 SISIM。第 3.9 节介绍了两个多点统计学模拟算法 SNESIM 和 FILTERSIM。第 3.10 节给出了不同数据事件的条件概率混合分布中所使用的 nu/tau 表达。这种虽未普遍应用但却较准确的完全条件概率表达式，为数据信息内容和数据冗余提供了一个可用的分离方法。

3.1　随机变量

地质统计学理论以及所有统计、概率理论的本质概念模型就是随机变量与随机函数。这个模型允许对未知的属性或变量做不确定性的评估。

一个确定性的变量只有一个结果，那么对于确定性变量来说结果只有已知和未知两种状态，这种简单的方案在不确定性问题中缺乏灵活性。相反，若随机变量（RV）是一个变量，便可产生一系列可能的结果，每个变量都有一定的发生概率或发生频率（Goovaerts，1997，p. 63；Deutsch 和 Journel，1998，p. 11；Jensen 等，1997）。随机变量常用大写字母 Z 表示。与之相应的小写字母表示其可能的结果，如 $\{z_i, i=1, \cdots, n\}$ 表示一个离散变量的 n 个结果，或者 $\{z_i \in [z_{\min}, z_{\max}]\}$ 表示界于最大值和最小值之间的连续变量值。

在离散情况下，每一结果 z_i 都会被附加一个概率值：

$$p_i = \text{Prob}\{Z = z_i\} \in [0, 1], \quad \sum_{i=1}^{n} p_i = 1 \tag{3.1}$$

在连续的情况下，概率值的分布可采取的形式有：

（1）累积分布函数（cdf），作为一个累积柱形统计图，提供随机变量值低于给定阈值 z 的概率，见图 3.1（a）所示。

$$F(z) = \text{Prob}\{Z \leqslant z\} \in [0, 1] \tag{3.2}$$

（2）概率密度函数（pdf），显示为柱形图，定义为先前累积分布函数（cdf）在值 z 处的导数或斜率。注意这里的函数 F 是可微的：$f(z)= \mathrm{d}F(z)/\mathrm{d}z$。

从 pdf 或者 cdf 中可以推出概率区间，如图 3.1（b）所示。

$$\text{Prob}\{Z \in (a, b)\} = F(b) - F(a) = \int_a^b f(z)\,\mathrm{d}z \tag{3.3}$$

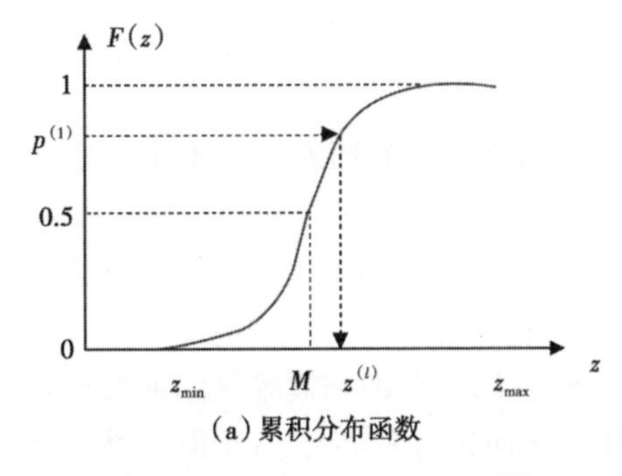

(a) 累积分布函数

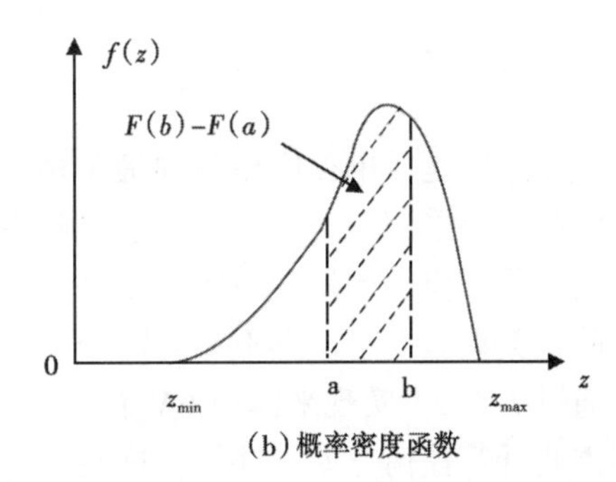

(b) 概率密度函数

图 3.1　概率分布函数

一个变量 z 的概率解释核心在于构建其相应随机变量 Z 的分布函数，cdf 或 pdf。注意分布函数的构建并不意味必须拟合 cdf 或者 pdf 函数的参数，一个有效的分布函数应当由一系列带有概率值的类型（classes）所组建（Deutsch 和 Journel，1998，p. 16）。分布函数应当考虑所有可用信息；此外，还需要满足对于变量 z 的实际结果中关于不确定性的定量分析要求。比如：

（1）由式（3.3）可以推出概率区间；

（2）同样还可得到分位数值，如 0.1 分位数或首十分位数：

$$q_{0.10} = F^{-1}(0.10) = z - \text{outcome 值以致 Prob}\{Z \leqslant q_{0.10}\} = 0.10$$

（3）模拟值可以通过读取分位数值得出 $z^{(l)}$，这里分位数值对应于一系列均匀分布在 $[0, 1]$ 范围内的随机数 $p^{(l)}$，$l=1, \cdots, L$：

$$z^{(l)} = F^{-1}(P^{(l)})(l = 1, \cdots, L) \tag{3.4}$$

此过程被称作蒙特卡罗抽样，可确保由 L 个 $z^{(l)}$ 值的累积分布函数能够重构变量 Z 的分布函数 $F(z)$，如图3.1（a）所示（Goovaerts，1997，p. 351；Deutsch 和 Journel，1998，p. 154）。相反，可以通过 L 个模拟值 $z^{(l)}$ 来建立一个随机变量 Z 的模型，这些模拟值在一个由等概率均匀分布随机数 $p^{(l)}$ 所初始化的处理过程中产生：这就是由算法驱动随机变量的概念，请参阅紧接着的部分内容与3.3节（Deutsch，1994）。

从 Z 分布中，可以推导出特定的矩（moments）或特征值，例如：

（1）随机变量 RV Z 的均值 m 或期望是未知值 z 在最小均方根误差意义上的估计。依据 m 的 cdf 和 pdf 为连续变量 Z 赋予均值，或者当 RV 定义为式（3.5）时，也可以由 L 个等概率实现 $z^{(l)}$ 的算术平均来代表均值：

$$m = E\{Z\} = \int_{z_{\min}}^{z_{\max}} z\mathrm{d}F(z)\mathrm{d}z = \frac{1}{L}\sum_{l=1}^{L} z^{(l)} \tag{3.5}$$

（2）中值（或0.5分位数 $q_{0.50}$）是指结果值有50%大于该值而50%小于该值［图3.1（a）］。中值也可以被用作未知的 z 值的另一种估计，最小绝对误差意义上的最佳估计。

$$M = q(0.50)\text{：值相当于 } \mathrm{Prob}\{Z \leqslant M\} = 0.50 \tag{3.6}$$

（3）方差是描述数据在均值 m 附近分布不确定性的一个单独总结：

$$\sigma^2 = \mathrm{Var}\{Z\} = E\{(Z - m)^2\} = \int_{z_{\min}}^{z_{\max}} (z - m)^2 f(z)\mathrm{d}z = \frac{1}{L}\sum_{l=1}^{L}(z^{(l)} - m)^2 \tag{3.7}$$

要注意的是，单独依靠两种最常用的矩（monents），均值和方差，不足以定义一个分布，因此需要采用与式（3.3）同样的方法来定义概率区间。通常采用高斯分布来解决信息缺失问题。但与测量设备所产生直接误差完全相反的是，空间插值中的多样数据集合处理中的相关误差几乎从来不是高斯分布的，这是目前面临的一个问题。

通过 L 个 $z^{(l)}$ 实现来模拟 RV 有一个明确的优势，那就是多个概率区间能够被直接定义而不需要计算任何方差。并且，这些概率区间独立于所留存的特定估计值之外，这点与方差［式（3.7）］这种对均值估计 m 具有特殊意义的量值来说截然相反。如果承认任何未知没有一个“绝对最好”的估计值，那么概率区间和不确定性的测量确实应当独立于所留存的特定估计值之外（Srivastava，1987；Goovaerts，1997，p. 340；Isaaks 和 Srivastava，1989）。

算法驱动的随机变量：

有人可能会争辩，所有可预测的地质统计学信息都能够合并为一个确定性的概率分布模型，这个模型包含了有关未知值 Z 的所有（*all*）可用信息。除非采用一些双参数分布模式，否则，分布模型不能简化为均值与方差；因此我们可能会疑惑，若多种留存结果并不合适这种分布类型时，为什么还需要更仔细地确定均值和方差。因此，现代地质统计学放弃求取未知变量可能结果的均值和方差，而采用建立过程（算法）来对未知变量的数据环境进行模仿；这样的算法能够产生未知变量的许多（L 个）不同结果，当然可能不包含全部的结果。但这 L 个模拟实现 $z^{(l)}(l=1, \cdots, L)$ 能够将未知变量的概率分布区间补充完整，也因此定义了算法驱动的随机变量，这与无需等于均值的估计值一样（Journel，1994；

Deutsch，1994）。

实现的数量 L 大小受处理能力所控制（Deutsch 和 Journel，1998，p. 133；Chilès 和 Delfiner，1999，p. 453）。需要注意的是，L'个实现的不同集合（有可能 $L=L'$）事实上定义了不同的随机变量。L 的数值与留存的 L 个具体实现仅是所定义算法的一部分。

这本书与 SGeMS 软件提供了不确定性模型构建的工具。其细节主要落在“如何”构建与结果的表现上，当然，这里的表现大多数以图形（图）的方式给出。

要注意的是，不确定性模型仅仅只是一个模型而已，同样的原始信息（数据）在不同的方式下，还能够产生其他的模型，其中每一个都为未知变量提供一个可能结果，这些结果都是未知的不同估计。因此，不确定性模型没有唯一解，而且最为头疼的是，不确定性模型既没有“最佳”模型，也没有完全客观的模型。我们将会重复这样一个观点，地质统计学在面对所有概率理论共存的问题时，只能使其与先前的模型保持一致，因此必然会带有部分主观性，不能提供完全客观的决定（Goovaerts，1997，p. 442；Chilès 和 Delfiner，1999，p. 22；Matheron，1978；Journel，1994；Dubrule，1994）。

3.2 随机函数

在地球科学中，地质统计学的大多数应用都涉及映射，其表明变量在空间或时间中多个位置之间的联合考虑。一些变量通过抽样直接获取，而其他大多数是未知的，并且具有不同程度的不确定性，因此，应当将其作为随机变量而建立模型。然而，我们的目的并不在于脱离周围的其余变量而独立去评价某个变量；而是希望了解所有位置变量的联合空间分布，即评估它们在空间位置上的关联性和连通性。因此，不确定模型必须同时考虑所有未知变量，而随机函数的概念则刚好符合这个要求。

一个随机函数（RF），表示为 $Z(\boldsymbol{u})$，为一组 *dependent*（非独立）的随机变量$\{Z(\boldsymbol{u}),\ \boldsymbol{u}\in\mathbf{S}\}$，每个随机变量会以一个坐标向量 $\boldsymbol{u}$ 为标记，该坐标向量能够跨越一个工区或研究区 $\mathbf{S}$。这样的工区通常表现为一个三维体，其中 $\boldsymbol{u}=(x,\ y,\ z)$ 为 3 个矢量笛卡儿坐标；垂直坐标以及变量中的通用符号（z）通常不会造成任何问题。变量还可以为时间，即 $\boldsymbol{u}=t$，或者同时包含时间与空间，比如大气压力为 $\boldsymbol{u}=(x,\ y,\ z,\ t)$。

如同单随机变量 Z 可由连续变量的 cdf$F(z)$这样的分布函数所表征，一个 RF$Z(\boldsymbol{u})$也可由多元分布函数所表征。

$$\mathrm{Prob}\{Z(\boldsymbol{u})\leqslant z,\ \boldsymbol{u}\in\mathbf{S}\} \tag{3.8}$$

这是一个多参数函数，在集合 $\mathbf{S}$ 中，任意数量 N 个位置 $\boldsymbol{u}$ 与其相应的阈值 z 都随着位置的变化而不同。

这种多元分布的解析表达式对一个大尺寸网格来说是不实际的；一个 3D 网格中可以包含有数以百万计个位置。例外情况是所定义的分布解析表达式仅包含极少的参数，例如高斯相关的分布（Anderson，2003；Goovaerts，1997，p. 265；Chilès 和 Delfiner，1999，p. 404）。但是这类少参分布具有非常特殊的属性，也因此具有很强的限制性。最后，而且相当重要的是，当工区 $\mathbf{S}$ 包括数据的位置和值时，除非这些数据与先前 RF 的一致（与实际中不同），否则，解析法定义所带来的所有优势都会减少。将实际采样得到的随机变量加入 RF$Z(\boldsymbol{u})$的处理过程就是“数据条件化”。

3.2.1 模拟的实现

正如单 RV 可由一组有限模拟实现定义一样，RF $Z(\boldsymbol{u})$的显示和使用也是通过其实现$\{Z^{(l)}(\boldsymbol{u}),\ \boldsymbol{u}\in\mathbf{S}\}$（$l=1,\cdots,L$）来完成的（Lantuèjoul，2002；Goovaerts，1997，p. 369；Chilès 和 Delfiner，1999，p. 449；Deutsch 和 Journel，1998，p. 119）。实际中，这些实现的形式为有限数量 L 个模拟图，每个图为未知的“真实”图 $Z(\boldsymbol{u})$，$\boldsymbol{u}\in\mathbf{S}$ 提供了一个可供选择的、等概率的表现［图 3.2（a）］。任何一个这种具体的实现可表示为 $z^{(l)}(\boldsymbol{u})(\boldsymbol{u}\in\mathbf{S})$，其中上角标 l 表示实现的数量。一个实现可以被看做 z 值在空间中可能分布的一个数值模型。该数值模型可以用于不同目的，包括可视化与作为一些传递函数的输入，这些传递函数代表了研究中的一些处理技术，例如挖掘 z–阶数值。

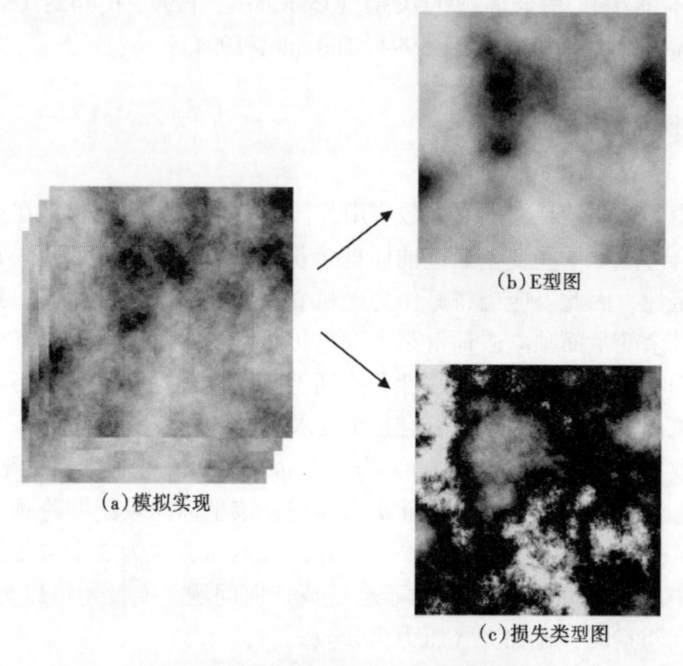

图 3.2 模拟实现以及不同的估计图

（a）随机函数替代等概率的实现；（b）使局部方差最小化的 E 型估计图；（c）使局部误差的具体损失函数最小化的估计图

理想情况下，我们希望在访问 RF 时，它的某个实现值能够确定真实值 $z(\boldsymbol{u})$，的实际分布 $\boldsymbol{u}\in\mathbf{S}$；但若 $\mathbf{S}$ 包含数以百万计或甚至仅有成千上万的未知的值 $z(\boldsymbol{u})$时，这种理想情况是难以实现的。在实际对这些未知值的进行任意处理过程中，对于其中随之而来的不确定性来说，如果可用的 L 个实现能够给予其合理的评估，那么，这后一种限制就不再是我们所关注的问题了。回顾先前警告，RF 模型只是一个模型，询问该模型是否包括未知的某个现实是天真的。

正是由于采用了这样 L 个模拟实现的集合，而不是任何单一的实现，才能够提供一个研究区中 z 值在空间分布中的不确定性评估。从一组 L 个实现中，我们可以得出下面几点：

（1）对于任意特定位置 $\boldsymbol{u}$ 的未知量 $z(\boldsymbol{u})$，其概率分布可从相同位置 $\boldsymbol{u}$ 的 L 个模拟实现值中恢复出来。即使附加一个误差方差，这也超出了单纯 $z(\boldsymbol{u})$ 的估计范畴，因为误差的方差不足以指定一个误差分布。在空间插值设置中，通过交叉核实 L 个模拟误差的 cdf 累积分布函数，很容易发现误差的 cdf 拥有各种形状，这些形状取决于位置 $\boldsymbol{u}$ 上的数据环境，并且这些形状可能是相当“非高斯”的。

（2）两个邻近未知值 $z(\boldsymbol{u}')$ 和 $z(\boldsymbol{u}')$ 同时大于给定阈值 z_0 的可能性可以通过 L 个实现中这两个位置处同时表现出高模拟值现象所出现的比例来评估。

一般来说，读者应该确信这样的结果从以下两个累积分布函数中是不可能得到的：

$$F(\boldsymbol{u},\ z_0)=\text{Prob}\{z(\boldsymbol{u})\leqslant z_0\}\ \text{和}\ F(\boldsymbol{u}',\ z_0)=\text{Prob}\{Z(\boldsymbol{u}')\leqslant z_0\}$$

确实，涉及两个邻近值 $z(\boldsymbol{u})$ 和 $z(\boldsymbol{u}')$ 的不确定性通常并不独立，因此，这两个随机变量 $z(\boldsymbol{u})$ 和 $z(\boldsymbol{u}')$ 既非相互独立，并且它们的两个累积分布函数也不能直接结合。

（3）两个位置远隔的 $\boldsymbol{u}$ 和 $\boldsymbol{u}'$ 之间存在一个高 z 值连接路径的概率同样可以通过模拟实现（超过可用的 L 个实现范畴）的比例来评估，当然也可将连接路径显示出来。

SGeMS 软件的很大一部分在于处理并生成图 3.2（a）中的分类模拟实现，以及它们在评估空间不确定性方面的应用，即分析空间中多个不同位置的联合不确定性。

3.2.1.1 等概率实现问题

通过一元解析所定义的随机变量累积分布函数，我们可以定义任何作为输出的 z 值或类型概率。算法驱动的随机函数 RF 在实例中的表现更加脆弱，这是由于描述随机函数 RF 的解析多变量累积分布函数在大多数情况下不可用而造成的；因此在实际中，该函数在数据条件化后便不可用了。真实而又相当复杂的数据很少能够完美匹配所带的必要限制以及解析法所定义的随机函数模型，因此，将该模型进行条件化以匹配这些数据将会以一种不可预料的方式改变该模型，具体的改变情况取决于用于条件化处理的算法。

在绝大多数的实际应用中，随机函数是通过有限的 L 个模拟实现来定义的。如果任何数量 $n\leqslant L$ 的实现完全（exactly）相同，那么这 n 个实现可以整理成概率为 n/L 的一个实现。然而，在大多数实际应用中两个实现基本不可能完全相同，那么在这种情况下，所有的实现都是等概率的 $1/L$。

3.2.1.2 有多少实现

有多少实现应来自给定的随机函数模型（Chilès 和 Delfiner，1999，p.453；Deutsch 和 Journel，1998，p.133）。由于没有参考模型去处理，因此，应选择足够大数量的 L，以保证结果的稳定性，但同时也要足够小来允许进行 L 个模拟实现的预期处理。

当把“结果”看做是由任一模拟实现所建立的具体函数时 $\varphi(z^{(l)}(\boldsymbol{u}),\ \boldsymbol{u}\in\mathbf{S})$ 时。L 个实现值的数量应该足够大，以使得诸如 L' 值方差这样的统计参数稳定地从 L' 增加到 $L\{\varphi z^{(l)}(\boldsymbol{u}),\ \boldsymbol{u}\in\mathbf{S}\},\ l=1,\ \cdots,\ L'$。

3.2.2 估计图（Estimated maps）

在实际应用中可能存在以下情况，不论 $\boldsymbol{u}$ 和 $\boldsymbol{u}'$ 的位置多近，每次处理的一个 $z(\boldsymbol{u})$ 值与下一 $z(\boldsymbol{u})'$ 值间仍可能相互独立。虽然我们能够证明这种情况出现的概率非常小；但考虑例如成本和（或）可及性等原因，在要求严格的采矿业或者周围无影响的单值 $z(\boldsymbol{u})$ 仍然必

须计算邻近值 $z(\boldsymbol{u}')$ 的影响（Journel 和 Huijbregts，1978；Isaaks 和 Srivastava，1989）。因此需要推导每个未采样位置 $\boldsymbol{u}$ 处的一元值估计 $z^*(\boldsymbol{u})$。

由于任意一个未采样的单随机变量（RV）$z(\boldsymbol{u})$ 的 L 个模拟实现是等概率的，因此，它们的逐点算术平均值也提供了一个估计值，这样一种最小平方误差的类型值也被称为 E 型估计值，这里的 E 是 "expected value 期望值" 的简称，更准确的说法是 "conditional expection 条件期望"（Goovaerts，1997，p. 341；Deutsch 和 Journel，1998，p. 81）：

$$z_E^*(\boldsymbol{u}) = \frac{1}{L}\sum_{l=1}^{L} z^l(\boldsymbol{u}) \tag{3.9}$$

图 3.2（a）中为 L 个实现，其 E 型估计图显示于图 3.2（b）中。对比任意一个 L 个模拟的实现时，要注意估计图中 "smoother 平滑工具" 使用的多少。估计图中缺少超出多个变量（$Z(\boldsymbol{u})$，$\boldsymbol{u} \in \mathbf{S}$）间通用共享数据之外的联合依赖关系。远离数据位置的两个估计值应当呈现典型的相同性；在简单克里金的实例中，它们等于数据的均值（Isaaks 和 Srivastava，1989；Goovaerts，1997，p. 130，p. 369）。显然地质或物理上的异质性并非消失，只是由于附近缺少数据而显示出均质性！

因此，附近的两个未知值 $z(\boldsymbol{u})$ 和 $z(\boldsymbol{u}')$ 同时大于任何给定的阈值 z_0 的概率无法由估计图来评估。通常情况下，尤其针对于稀疏数据的估计，不应基于估计图来对多个位置进行同时估计或者评价。并且，这种稀疏数据现象在地球科学应用中非常多见。

根据严密性要求，每组估计值将以表格形式表现而不是以图示方式；示意图能够使用户弄清楚不同位置的估计值 z^* 之间的联系，但它们可能无法完全反映实际 z 值之间的联系。只有模拟值 $z^{(l)}(\boldsymbol{u})$ 应当以图示方式表现，这是因为一个模拟实现是随机函数在随机变量 $z(\boldsymbol{u})$（$\boldsymbol{u} \in \mathbf{S}$）联合分布空间中的一个具体表现。注意，若一个估计图是唯一的，并当任意给定的数据集有多个可选的等概率模拟实现时，模拟工作流会要求用户去面对并解决 L 个模拟实现所表示出的不确定性问题。

可选估计标准。

取代定义表达式（3.9）中 E 型估计图的均值，转而保留每一点 $\boldsymbol{u}$ 的 L 个模拟值 $z^{(l)}(\boldsymbol{u})$ 的中值 $z_M^*(\boldsymbol{u})$ 来定义 E 型估计图，这将定义一个 M 型估计图，其每个估计值 $z_M^*(\boldsymbol{u})$ 都有 50% 的几率高于（或低于）实际的未知值。结果证明 M 型估计图是在最小绝对误差意义上的 "best 最好"。在任意需要单一位置评估值的具体应用程序中，并不存在有任何先验推论来帮助实现最小化平方误差（e^2）或最小绝对误差（$|e|$）；人们可能希望面向应用的损失函数 $\phi(e)$ 最小，例如，在环境应用程序中使用的非线性函数，当出现对致命污染估计不足时，将要对其进行惩罚；而出现过度估计时，则要减少惩罚。利用 L 个模拟图 $\{z^{(l)}(\boldsymbol{u}),\ \boldsymbol{u} \in \mathbf{S}\}$（$l=1, \cdots, L$）可估计具体损失函数，见图 3.2（c）（Rivastava，1987；Goovaerts，1997，p. 340）。

克里金与 E 型估计图相似但不完全相同，能够提供直接和更快的估计图，但它无法灵活考虑其他类型的估计。此外，当不存在有误导时，对比来自于 L 模拟图 $\{z^{(l)}(\boldsymbol{u}),\ \boldsymbol{u} \in \mathbf{S}\}$（$l=1, \cdots, L$）的分布，克里金方差图是一个不确定性的不完整测量；这个问题会在 3.6.1 小节中讨论，或参考 Goovaerts（1997，p. 180），Journel（1986）以及 Chilès 和 Delfiner（1999，p. 178）。

3.3 条件分布和模拟

如前所述，任何概率评价的主要任务都是为了建立一个未知量的概率分布模型，单一目标可由图 3.1（b）形式的柱状图表示，或将多个目标组合直接以图 3.2（a）的一组模拟实现来表示。任何单一未知量的不确定性或多个未知量的联合不确定性必然取决于已知数据的类型、数量以及它们与未知量之间的假设关系。在位置 $\boldsymbol{u}$ 设置一个未采样连续变量作为例子，以 $n(\boldsymbol{u})$ 这样一组数据来表达。评估未采样值 $z(\boldsymbol{u})$ 不确定性的相关累积分布函数（cdf）主要针对位置 $\boldsymbol{u}$ 与数组 $n(\boldsymbol{u})$ 而写为下式（Chilès 和 Delfiner，1999，p. 380；Goovaerts，1997，p. 69）：

$$F(\boldsymbol{u};\ z)\,|\,n(\boldsymbol{u}) = \text{Prob}\{Z(\boldsymbol{u}) \leqslant z\,|\,n(\boldsymbol{u})\}$$

总之，未知 $Z(\boldsymbol{u})$ 值小于给定阈值 z 的概率值是以数组 $n(\boldsymbol{u})$ 为条件的。

条件概率的计算如式（3.10），式中分子为 $Z(\boldsymbol{u})\leqslant z$ 的事件与数据事件 $z(\boldsymbol{u})$ 的联合概率，而分母为数据事件发生的单独概率：

$$\text{Prob}\{Z(\boldsymbol{u}) \leqslant z\,|\,n(\boldsymbol{u})\} = \frac{\text{Prob}\{Z(\boldsymbol{u}) \leqslant z,\ n(\boldsymbol{u})\}}{\text{Prob}\{n(\boldsymbol{u})\}} \tag{3.10}$$

式（3.10）明确指出累积分布函数依赖于位置 $\boldsymbol{u}$，更精确地说，依赖于所保留的 $z(\boldsymbol{u})$ 位置关系。更严谨地，我们还应明确类型、位置和每个构成数组 $n(\boldsymbol{u})$ 的值。事实上，如果该数据集有任何方面的变化，那么式（3.10）的分布也会随之改变。

式（3.10）中的分布称作特定随机变量 $Z(\boldsymbol{u})$ 的条件累积分布函数（ccdf）。当许多未知 $\{z(\boldsymbol{u}),\ \boldsymbol{u}\in\mathbf{S}\}$ 被共同涉及时，这个条件概率需要变为多变量的；写为（Goovaerts，1997，p. 372；Anderson，2003；Johnson，1987）：

$$\text{Prob}\{Z(\boldsymbol{u}) \leqslant z,\ \boldsymbol{u}\in\mathbf{S}\,|\,n(\boldsymbol{u})\} = \frac{\text{Prob}\{Z(\boldsymbol{u}) \leqslant z,\ \boldsymbol{u}\in\mathbf{S},\ n(\boldsymbol{u})\}}{\text{Prob}\{n(\boldsymbol{u})\}} \tag{3.11}$$

无法作为可用数据而产生条件参数的式（3.1）和式（3.2）类型概率分布几乎没有实际意义。同样，只有这些我们在实际中所感兴趣的条件分布才会在估计中使用。例如，条件累积分布函数的均值，应被用作为未知数 $z(\boldsymbol{u})$ 在点 $\boldsymbol{u}$ 处的最小均方误差估计，而不是式（3.2）定义的边缘分布 $F(z)$ 的均值，因为边缘分布不能说明位置 $\boldsymbol{u}$ 与数据之间的特定依赖性。

同样，如图 3.2（a）显示的 L 个实现 $\{z^l(\boldsymbol{u}),\ \boldsymbol{u}\in\mathbf{S}\}$ $(l=1,\ \cdots,\ L)$，只有当以研究区 $\mathbf{S}$ 中所有可用相关数据为条件（Goovaerts，1997，p. 372）的多变量概率分布［式（3.11）］作为输出时才是有用的。例如，L 个模拟值 $z^l(\boldsymbol{u})$ 在任意给定位置 $\boldsymbol{u}$ 的算术平均提供了一个该位置处未知数 $z(\boldsymbol{u})$ 的估计值；这 L 个模拟值的累积柱状图提供了其条件累积分布函数［式（3.10）］的离散表示，它本身是关于 $z(\boldsymbol{u})$ 的不确定性测量（Journel 和 Huijbregts，1978；Isaaks 和 Srivastava，1989；Goovaerts，1997，p. 180）。

考虑 $\mathbf{S}$ 中的一个特定区域或分块区 V；每个模拟图为 z 在 V 中的均值 $z_V^{(l)}$，提供了一个模拟值。随后这 L 个模拟值 $z_V^{(l)}$ $(l=1,\ \cdots,\ L)$ 的直方分布提供了未知均值 z_V 的不确定性度量值（Journel 和 Kyriakidis，2004）。应当取代单纯使用均值来描述整个 V 区域，转而考虑使用工区 **S** 中全部或部分 z 值的某些复杂的非线性函数。

3.3.1 序贯模拟

当面对如式（3.11）中所涉及的多个未知量以及多种可能的数据类型相互混合的情况时，我们如何来构建一个综合的分布？这的确是地质统计学所面临的最大挑战。面对如此艰难任务，“分而治之”是一种解决方案。

（1）把该问题分割成一系列简单的问题，一次仅涉及一个未知量，即将问题简单化处理，分次求取每个未知量 $z(\boldsymbol{u})$ 的条件累积分布函数（ccdf）［式（3.10）］。随后则可依赖于序贯模拟算法重组这些空间相关的基本条件概率（Deutsch 和 Journel，1998，p. 125；Goovaerts，1997，p. 390；Chilès 和 Delfiner，1999，p. 462；Rosenblatt，1952）。

（2）把由多种数据类型所组成的、具有大数据量以及复杂特征的数据集 $n(\boldsymbol{u})$ 分割成一组更小、更均质的数据集 $n_k(\boldsymbol{u})(k=1，\cdots，K)$，这样就可以将问题简单化，利用每个小数据集 $n_k(\boldsymbol{u})$ 来实现 K 个累积分布函数（ccdfs）Prob 的条件化。3.9 节中介绍的 nu/tau 模型能够将这 K 个累积分布函数以类型式（3.10）合而为一（Journel，2002；Krishnan，2004；Bordley，1982；Polyakova 和 Journel，inpress）。

我们将第一种分离范式用于位于 $z(\boldsymbol{u}_1)$，$z(\boldsymbol{u}_2)$，$z(\boldsymbol{u}_3)$ 3 个不同位置而相互依赖的未知数 $z(\boldsymbol{u}_1)$，$z(\boldsymbol{u}_2)$，$z(\boldsymbol{u}_3)$ 实例中。这 3 个相互关联的变量涉及 3 个不同的属性，看做 3 种不同金属（metals）的等级。对于 3 个以上未知数的泛化过程是即时的。以相同数据集（n）为条件的 3 个随机变量的联合概率密度函数可被分解为（Goovaerts，1997，p. 376）：

$$\left.\begin{array}{l}\text{Prob}\{Z(\boldsymbol{u}_1)=z_1,\ Z(\boldsymbol{u}_2)=z_2,\ Z(\boldsymbol{u}_3)=z_3\,|\,(n)\}=\text{Prob}\{Z(\boldsymbol{u}_1)=z_1\,|\,(n)\}\\ \text{Prob}\{Z(\boldsymbol{u}_2)=z_2\,|\,(n),\ Z(\boldsymbol{u}_1)=z_1\}\\ \text{Prob}\{Z(\boldsymbol{u}_3)=z_3\,|\,(n),\ Z(\boldsymbol{u}_2)=z_2,\ Z(\boldsymbol{u}_1=z_1)\}\end{array}\right\}\tag{3.12}$$

总之，这 3 个变量的联合密度函数能够被分解为 3 个单变量的条件概率密度函数，每个只涉及一个变量，第一 $z(\boldsymbol{u}_1)$，然后 $z(\boldsymbol{u}_2)$，最后 $z(\boldsymbol{u}_3)$，并且还增加了数据的条件作用。

倘若可用数据集（n）的条件作用问题可求解（见下文），那么这 3 个单变量的条件概率密度函数均可被确定。对式（3.12）进行分解后可使序贯模拟（Deutsch 和 Journel，1998，p. 125）处理更精确：

（1）$z(\boldsymbol{u}_1)$ 的值由第一个概率密度函数 $\text{Prob}\{Z(\boldsymbol{u}_1)=z_1|(n)\}$ 中提取，其模拟值为 $z_1^{(l)}$。

（2）接下来 $z(\boldsymbol{u}_2)$ 的值由第二个概率密度函数 $\text{Prob}\{Z(\boldsymbol{u}_2)=z_2\,|\,(n),\ Z(\boldsymbol{u}_1)=z_1^{(l)}\}$ 中提取，其值为 $z_2^{(l)}$。

（3）最后一个值 $z(\boldsymbol{u}_3)$ 由第三个概率密度函数 $\text{Prob}\{Z(\boldsymbol{u}_3)=z_3\,|\,(n),\ Z(\boldsymbol{u}_1)=z_1^{(l)},\ Z(\boldsymbol{u}_2)=z_2^{(l)}\}$ 提取，其值为 $z_3^{(l)}$。

这 3 个模拟值 $z_1^{(l)}$，$z_2^{(l)}$ 和 $z_3^{(l)}$，虽然是按顺序计算得出的，却同源于以数据集（n）为条件的三变量联合分布。

（4）如需另一组三模拟值，可以重复该过程，只需要在提取时选择不同的随机参数。

3 个变量 $z_1^{(l)}$，$z_2^{(l)}$ 和 $z_3^{(l)}$ 间的相互依赖关系，将会在以所有已模拟变量值作为条件参数来模拟每个新变量时被考虑。多个变量的联合模拟问题目前已得到解决，即采用同一时间只模拟一个变量的方案，但该方案又伴随有不断增多的条件数据集问题，从（n）到（n+1）然后（n+2）。实际上，由不断增加的条件数据集所引发的问题可以通过仅保留最接近或最相关的已模拟变量值来予以解决（Gómez-Hernández 和 Cassiraga，1994；Goovaerts，1997，p. 390，p400）。

并非所有已模拟的变量都要予以考虑，因此可以只保留最接近的数据 $n(\boldsymbol{u})$，通过式（3.12）的近似值对任意未知位置 $\boldsymbol{u}$ 进行赋值。另外，这样的做法还能够带来更为严格的局部模拟条件参数。仅保留最近已模拟值的一个重要作用在于序贯算法的按序节点访问特性。这样的过程被称为模拟路径，通常采用随机算法，以避免主观因素影响（Daly 和 Verly，1994）。

式（3.12）的联合概率密度函数使用$\{\boldsymbol{u}_1, \boldsymbol{u}_2, \boldsymbol{u}_3\}$顺序，并只使用单一的已模拟值作为原始变量$(n)$的条件参数，其中 $\boldsymbol{u}_2$ 比 $\boldsymbol{u}_1$ 更接近 $\boldsymbol{u}_3$。

$$\left.\begin{array}{l}\text{Prob}\{Z(\boldsymbol{u}_1)=z_1,\ Z(\boldsymbol{u}_2)=z_2,\ Z(\boldsymbol{u}_3)=z_3\,|\,(n)\}\approx \text{Prob}\{Z(\boldsymbol{u}_1)=z_1\,|\,(n)\}\\ \text{Prob}\{Z(\boldsymbol{u}_2)=z_2\,|\,(n),\ Z(\boldsymbol{u}_1)=z_1\}\\ \text{Prob}\{Z(\boldsymbol{u}_3)=z_3\,|\,(n),\ Z(\boldsymbol{u}_2)=z_3\}\end{array}\right\}\quad(3.13)$$

通过改变所用的正态随机数或改变访问模拟$\{\boldsymbol{u}_1, \boldsymbol{u}_2, \boldsymbol{u}_3\}$的序贯顺序，便能够获得另外的实现。

3.3.2 评估局部条件分布

序贯模拟中最为关键的步骤由沿模拟路径上每个位置 $\boldsymbol{u}$ 的条件参数分布估计所组成，这些参数由特定的条件化数据集$(n(\boldsymbol{u}))$给出。本质上来说，有两个途径求取条件概率分布函数（pdf）$\text{Prob}\{Z(\boldsymbol{u})=z\,|\,n(\boldsymbol{u})\}$以及单变量 $Z(\boldsymbol{u})$，这两者都需要一个多点 RF 模型。

（1）传统的两点统计学方法每次只考虑一个未知变量 $Z(\boldsymbol{u})$ 和一个基函数 $Z(\boldsymbol{u}_\alpha)$之间的关系。因此该方法永远不会涉及超过两个位置或两个变量。两点之间的关系通常表现为方差/相关或变差函数，这就是两点统计学的原理。随后请求的一个先验多点模型，只需要采用两点统计对其校准即可，先前的条件概率分布函数（pdf）$\text{Prob}\{Z(\boldsymbol{u})=z\,|\,(n)\}$通过某类克里金算法确定。随后可用两点统计学来对此类简单随机函数（RF）模型的实例进行校准，如下：

①以多元高斯模型为基础的序贯高斯模拟算法：（SGeMS 程序 SGSIM，8. 1. 2 小节），Goovaerts（1997，p. 380）；Anderson（2003）；Chilès 和 Delfiner（1999，p. 462）；Gmez-Hernndez 和 Journel（1993）。

②离散实例中确定性条件概率扩展的二阶截断，此类截断构成指示模拟算法的基础（SGeMS program SISIM），见式（3.12）的分解和 3.8.4 小节 Goovaerts（1997，p. 393），Journel 和 Alabert（1989）。

总之，一个两点统计方法的目的是将数据集(n)分成单位置或单变量。首先，建立每个单数据变量与单未知量（1+1=两点统计）之间的联系，然后这些基本结果通过克里金方法将一些简单的先验多点概率模型组合在一起。这些基本结果并不意味着比先验多点概率模型更好，但它是高斯相关或算法驱动的。

（2）第二种避免这种极端条件数据分割的方法，舍弃使用确定性的多点模型，转而由可视的确定性训练图像（Ti）中寻找 $n(\boldsymbol{u})$ 数据事件的重复次数，并从中提取 $n(\boldsymbol{u})+1$ 多点统计所需的必要参数（Guardiano 和 Srivastava，1993；Srivastava，1994；Strebelle，2000，2002；Zhang 等，2006）。这种由确定性的多点地质统计学方法得到的模型结果并不比先前使用训练图像 Ti 的好。但若训练图像是有效的，那么便能够将多点结构化信息利用起来，这样便会较使用训练图像 Ti 的变差函数来说更为先进。

训练图像表现了 z 个值在空间中是如何联合分布的（Farmer，1992；Strebelle，2002；Journel，2002；Zhang，2006）。训练图像本质上是 RF 模型 $Z(\boldsymbol{u})$ 的一个无条件实现，也是对 z 值空间分布的一个先验概念化描述，该描述不需要包含在 (n) 集中的任何数值的位置。未知值 $\{Z(\boldsymbol{u}),\boldsymbol{u}\in\mathbf{S}\}$ 在空间中的联合分布仅仅假设为“look like 看起来像”训练图像 Ti，实际中仍将匹配数据 (n)。多点模拟的角色是一个严格的条件约束方法，将图像 Ti 进行“morphing 变形”以生成条件数据 (n)。两点模拟的目的是为了生成一个符合条件数据以及变差函数的实现。而多点模拟的目的则是生成一个匹配数据与训练图像中多点结构特征的实现。

多点模型的必要性：我们需要明白，如果没有多点统计学来将所有未知变量联系起来，那么任何概率估计或者模拟都是不可能实现的（Journel，1994）。这些多点统计数据要么由多点分析模型或训练图像直接产生，要么通过所保留的特定模拟算法而间接提供。传统算法仅要求输入两点统计学参数（变差函数），其所采用隐式高阶统计参数内置于所保留的模拟算法中，并且大多数都具有高熵性质。过高或最大的熵导致超出输入变差函数模型的无序性最大化（Goovaerts，1997，p. 335；Journel 和 Alabert，1989；Journel 和 Deutsch，1993）。超出特定两点统计的无序性最大化隐式模型是一个如同训练图像的模型，由于其特殊（低熵）结构以及模式，使其远超单纯使用变差函数所能达到的地步。也可认为，由于地球科学应用中多个（大于两个）已知存在的空间位置处通常呈现复杂的曲线性结构，即使这些结构在限定局部数据中并不会立即显现出来，但也因此使得高熵模型通常不适合应用于地球科学中。基于两点统计学的实现与隐含最大熵的假设是一致的，这点超越了输入的变差函数模型。然而，如果能够获得存在确定结构或模式的暗示，这便是非常珍贵的结构信息，因为在建立真实图像的可选表现实例中，该信息必须要被作为局部数据之外的解释信息而加入（Journel 和 Zhang，2006）。但两点统计、协方差或变差函数，不足以表达这样的多点信息。

3.4 推断及平稳性

平稳性概念是所有概率推断的基础：尝试将任何未知值的环境（数据）与已知变量结果的“similar 类似”环境联系起来，根据这种联系，我们能够从已知结果中预测未知变量。关键的判断在于数据环境具有相似性，但即使定义了概率模型，该判断也并非完全客观，也因此会对所作预测造成较大影响（Goovaerts，1997，p. 70；Chilès 和 Delfiner，1999，p. 16；Deutsch 和 Journel，1998，p. 12；Wackernagel，1995；Journel 和 Huijbregts，1978）。

我们需要考虑推断未知单变量 z 可能结果的一个最基本问题，即推断相应随机变量 Z

的分布。更具体来说，在一个油藏中，z 为给定位置 $\boldsymbol{u}$ 的未采样孔隙度值，那么在该实例中，其相应的随机变量 RV 则表示为 $Z(\boldsymbol{u})$。此外许多其他决策，甚至带有部分主观性也是可行的。

（1）我们会将未知变量 $Z(\boldsymbol{u})$ 的环境与包含位置 $\boldsymbol{u}$ 的整个油藏 **S** 广泛联系；在这种情况下，不论采样位置 $\boldsymbol{u}_\alpha$ 是否属于位置 $\boldsymbol{u}$ 处的主力岩相，$Z(\boldsymbol{u})$ 的分布都可从 **S** 中所有可用采样点 $Z(\boldsymbol{u}_\alpha)$ 的直方分布推断出来。决策的平稳性也进而能够覆盖整个油藏。

（2）若已知未采样点属于砂体相，那么便能够将之前的直方分布约束到仅包含那些已知被收集于砂岩相中的采样点。而其推断的平稳性也就同样被限制到砂岩相中。但是有一点告诫：**S** 中应该有足够的砂体样品构成代表孔隙度的直方分布，如果不能满足这个条件，那么我们只能将所有不同岩相的数据集合在一起进行统计推断，或者采用可类比油藏 **S** 的其余油藏砂体孔隙度数据。因此，当在个别项目中以数据的可用性作为条件时，平稳性推断必然带有主观因素；该推断将会随着油藏 **S** 的开发成熟度变化而变化，在这个过程中，对于油藏的认识以及采样点都会不断增加。因此，具有不同平稳性的推断将会带来不同的模型概率、不同的数据以及不同的估计结果。客观存在的油藏 **S** 是不变的，改变的只是模型而已。

（3）比较有利的情况是，油藏 **S** 采样点数较为充足，有足够的砂岩孔隙度样品可以用来建立可靠的直方分布。那么，此时是否应当使用该直方分布作为特定位置随机变量 RV $Z(\boldsymbol{u})$ 的概率模型？在那些砂体采样点中，我们可能会想要赋予距离未采样位置 $\boldsymbol{u}$ 较近位置处 $\boldsymbol{u}_\alpha$ 的采样点 $Z(\boldsymbol{u}_\alpha)$ 以及孤立位置处的样品以更高的权重，同时减少样品聚集处的权重，以减少在某些区域中出现的过采样（数据聚集）对于分析结果的影响。若采用此类处理则建议以克里金概念为基础（Krige，1951；Matheron，1970；Journel 和 Huijbregts，1978）。在克里金方法应用过程中，任何两点（砂体）位置 $|\boldsymbol{u}-\boldsymbol{u}'|$ 之间的欧几里得几何距离由变差函数模型中读取的变差距离 $\gamma(\boldsymbol{u}, \boldsymbol{u}')$ 所代替，该模型由砂岩孔隙度样品中推测。该变差函数模型的推断要求将决策平稳性扩展到由近似距离的向量 $\boldsymbol{h}=\boldsymbol{u}_\beta-\boldsymbol{u}_\alpha$ 所分开的样品对 $z(\boldsymbol{u}_\alpha)$ 和 $z(\boldsymbol{u}_\beta)$ 中（Deutsch 和 Journel，1998，p. 43；Goovaerts，1997，p. 50）。一个仅用以保留向量 $\boldsymbol{h}$ 系数的均质模型实际上对应于平稳性决策的其他扩展，该扩展允许将具有相同分割距离 $|\boldsymbol{u}_\beta-\boldsymbol{u}_\alpha|$ 的样品对合并起来，这里的距离只是标量而不是带有方向的向量 $|\boldsymbol{u}_\beta-\boldsymbol{u}_\alpha|$。最后，不仅克里金方法很重要，用于实现克里金方法的一系列平稳性推断也很重要，在本次砂岩孔隙度实例中，平稳性（2 阶）能够保证变差函数模型推断的可行性，最后同样重要的是，局部平稳性用于决定离开位置 $\boldsymbol{u}$（在砂体中）距离多远，才能够定义位置 $\boldsymbol{u}$ 处的数据事件 $n(\boldsymbol{u})$。

在许多涉及地下沉积的应用中，局部数据是通常是稀疏的，此时推断变差函数特别困难，尤其平稳性决策将样品限制在一个特定的相、岩性或子区域中时。但是，如果没有了变差函数那么克里金也无从继续下去，从而传统地质统计学也就不存在了。因此在稀疏数据条件下，必要的变差函数往往能够从沉积或露头中借鉴，这样的方式类似于研究中的空间现象。除此之外，也可以简单的提取地质学家对于相关范围中地质认知的反应。问题是，许多地球系统内的空间变化特征并不能很好的与变差函数匹配：很多不同的的变化模式却有着相同的变差函数，参照图 3.3、图 3.4 和 Strebelle（2000）与 Caers（2005）。若要借鉴或提取变差函数来描述一个变量 $z(\boldsymbol{u})$，$\boldsymbol{u}\in\mathbf{S}$，的空间变化性，为何不选择借鉴或提取一个更为相关的概念图像变异性？相对于变差函数或协方差矩阵来说，地质学家认为他们的专业知识最好以图像、素描、卡通这些形式来表达，任何人打开一本构造地质学书时会发现这是显而易见的。我们可以考虑以露头照片或地质素描作为训练图像，借以完成一个随机函数模型的实现。相应的平稳性决策为，**S** 中未采样值 $z(\boldsymbol{u})$ 的实际数据环境拥有与训练图像近似的重复特征（Strebelle，2002；Journel 和 Zhang，2006）。

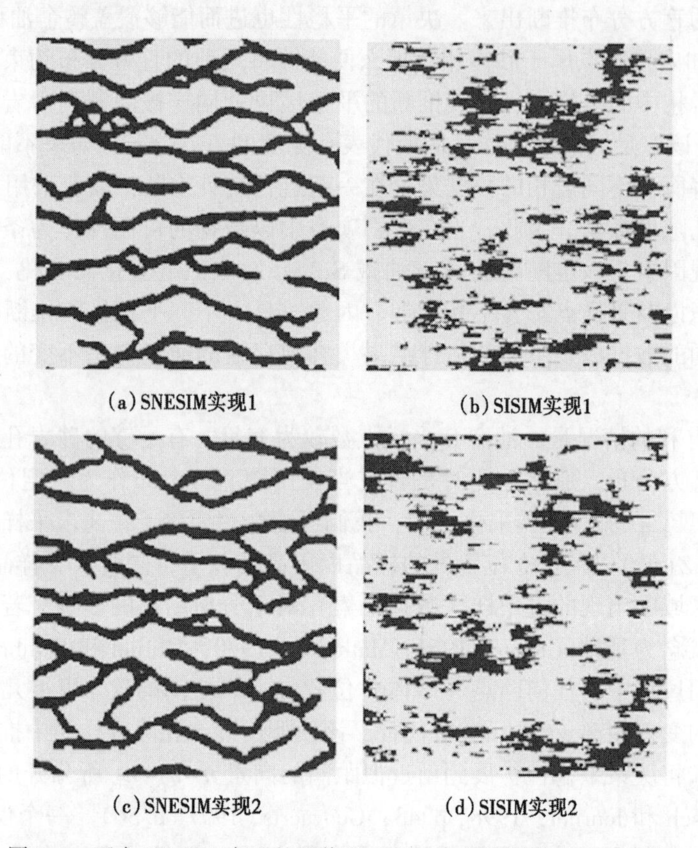

图 3.3　两个 SNESIM 产生的图像比 SISIM 生成的图像更具有连续和平滑性，但是它们共享同一变差函数模型

通过空间统计转换能够从理论上将平稳性定义为不变性（Goovaerts，1997，p. 70；Chilès 和 Delfiner，1999，p. 16），因此平稳性是一个建模决策而不是那些能够被测试的假设或数据属性，要接受这样一个事实需要一些努力（Matheron，1978；Journel，1986）。这种决策必然是主观的，并且只能在事件发生后通过对结果模型的评估，根据其是否能够帮助我们实现预定目标来进行评价。平稳性位于所有预测过程的开端，它定义了提供重复次数的反复过程；没有这样的反复就也没有推断的可能。除非先前的模型完全确定，否则，平稳性允许建立随机方程模型并推断其特征矩的必要决策。接受一个诸如独立模型、带协方差的高斯模型或者一个特殊的训练图像这样的完全定义模型意味着要面对其中不同的平稳性决策。

（1）在使用训练图像的实例中，训练图像的选择代表了平稳性的决策，通过对图像的扫描找出任意特定数据事件的重复数据，并检索由该数据事件所获得的中心值对应的重复

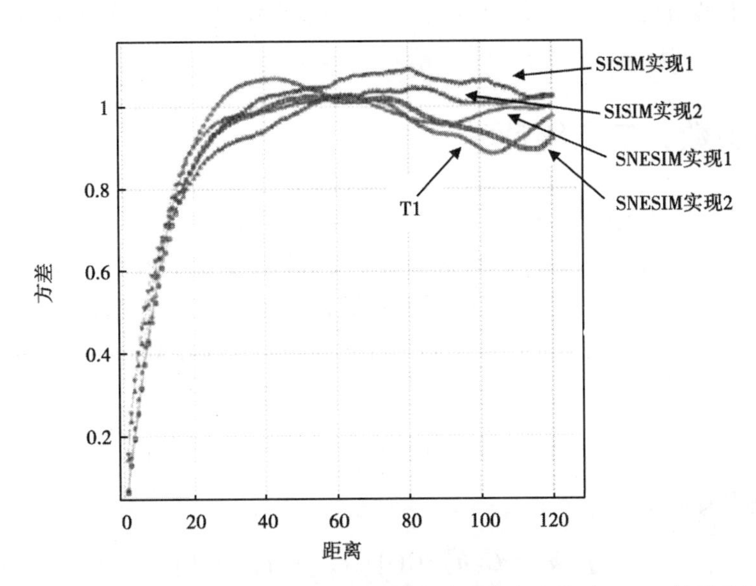

图 3.4 由图 3.3 中两个 SISIM 和两个 SNESIM 的生成图像产生的对 E—W 的训练图像方差图

数据。再由这些中心值的重复数据统计直方分布便可得到一个实际未知值的条件分布。这就是 SNESIM 多点模拟算法的推理过程；参见第 3.7 节，Guardiano 和 Srivastava（1993），Strebelle（2000）。

（2）利用高斯模型能够建立一个克里金系统实现的检索操作，当其满足特定的高斯条件分布时，检索便能通过两个条件矩（均值和方差）来实现；参见第 3.6 节和 Goovaerts（1997，p. 266），Anderson（2003）以及 Chilès 和 Delfiner（1999，p. 381）。

我们都知道一个决策并不一定比另外一个好，因此高斯模型、或任意所求解的系统性方程（克里金）、或者其他理论模型都不具备普遍性，这与扫描训练图像（Ti）中的重复数据这样一种繁琐工作是截然相对的。相反地，所保留的 Ti 中描述的模式可能并不与地下实际储层 **S** 相关。因此，采用错误的 Ti 可能导致严重的失误。更危险的是，我们会满足于一个与已知数据相符并且也符合地质构造变化先验认识（可能是错误的）的数字模拟结果 **S**。因此，不论拥有明确的训练图像或变差函数模型中固有的隐含模型中的任一一个，我们都需要坚持考虑另一种不同的结构模型；这些不同的结构模型应当能够反映空间变异性，也就是可能出现不同（地质的）情形的范围。

应当采用哪个模型，二点还是多点？

更好的模型，只是能够带来我们“deemed 所认为”更好的结果的模型：相比基于变差函数的地质统计学所得到的简单结构结果而言，训练图像模式是否能够得到一个“more 更”令人满意的结果？此外，对于最终结果质量的鉴别是必要的项目，并且也是依赖于应用程序的，当然这些工作也会带有部分主观性。

我们能够撇开一些不作为局部条件数据的全局关键数据，并将最终结果的数据表现 **S** 与“check 核对”数据进行对比，以寻找最匹配的结果。一些油气藏生产或矿产开采数据可能会作为核对与测试的数据，它们可能是一个环境应用中“ground truth 地面实际”数据的子集（Caers 和 Hoffman，2006；Goovaerts，1997，p. 105；Journel 和 Zhang，2006）。

软件中的工具箱包含了这两组算法，二点和多点统计学是互补的：SGeMS 证明了这一点。

3.5 变差函数，二点统计学

变差函数或与其等效的协方差是传统地质统计学以及大多数统计预测算法的主要工具。考虑平稳随机函数 $Z(\boldsymbol{u})$ 以及它的任意两个由向量 $\boldsymbol{h}$ 隔开的随机变量 $z(\boldsymbol{u})$ 和 $z(\boldsymbol{u}+\boldsymbol{h})$。这两个随机变量间的关系是由下面介绍的以距离向量 $\boldsymbol{h}$ 为函数的二点统计方法所描述（Anderson，2003；Goovaerts，1997，p. 28；Journel 和 Huijbregts，1978；Matheron，1970）：

协方差

$$C(\boldsymbol{h}) = E\{[Z(\boldsymbol{u}) - m][Z(\boldsymbol{u} + \boldsymbol{h}) - m]\} \tag{3.14}$$

相关图或相关系数

$$\rho(\boldsymbol{h}) = C(\boldsymbol{h})/C(0) \in [-1, \ +1]$$

变差函数

$$\begin{aligned} 2\gamma(\boldsymbol{h}) &= E\{[Z(\boldsymbol{u}+\boldsymbol{h}) - Z(\boldsymbol{u})]^2\} \\ &= 2[C(\boldsymbol{h}) - C(0)] \quad (\text{如果 } C(\boldsymbol{h}) \text{ 存在}) \end{aligned}$$

这里 $m=E\{Z(\boldsymbol{u})\}$，$C(0)=\sigma^2=\mathrm{Var}\{Z(\boldsymbol{u})\}$ 是稳态边界的单点统计数据。

这些两点矩中任何一个都可从相关的实验统计数推出，也就是数据对 $n(\boldsymbol{h})$ 到 $z(\boldsymbol{u}_\alpha+\boldsymbol{h})$，$z(\boldsymbol{u}_\alpha)$，$\alpha=1$，…，$n(\boldsymbol{h})$ 都具有近似的间距 $\boldsymbol{h}$。例如，实验变差函数由下式给出（Goovaerts，1997，p. 28；Wackernagel，1995；Isaaks and Srivastava，1989）：

$$2\gamma^*(\boldsymbol{h}) = \frac{1}{n(\boldsymbol{h})}\sum_{\alpha=1}^{n(\boldsymbol{h})}[z(\boldsymbol{u}_\alpha + \boldsymbol{h}) - z(\boldsymbol{u}_\alpha)]^2 \tag{3.15}$$

（1）建模。

实际上，可用信息只能够为极少量的距离 $|\boldsymbol{h}|$、沿极少的方向提供了足够数据对。连接所有未采样点位置 $\boldsymbol{u}$ 与其临近的基准位置 $\boldsymbol{u}_\alpha$ 的所有向量 $\boldsymbol{h}=\boldsymbol{u}-\boldsymbol{u}_\alpha$ 都需要这个统计数字 $\gamma(\boldsymbol{h})$。因此，有必要将实验统计数据进行内插或外推，使 $\gamma^*(\boldsymbol{h})$ 变为模型 $\gamma(\boldsymbol{h})$，这样便可用于所有的距离 $\boldsymbol{h}$。由于协方差和变差函数计算结果都是方差而且方差值都非负，因此不是所有的解析函数 $g(\boldsymbol{h})$ 都可以用作协方差或变差函数模型（Chilès 和 Delfiner，1999，p. 59；Goovaerts，1997，p. 87；Journel 和 Huijbregts，1978；Christakos，1984）。可用基本模型 $g(\boldsymbol{h})$ 的正线性组合仍然可用，这个特点允许将所有可用的协方差或变差函数模型组合起来用于满足更多实际研究需要。SGeMS 允许使用正线性组合中的 3 个最常见的基本变差函数模型，球形、指数型和高斯型，这将在第 5 章介绍（Deutsch 和 Journel，1998，p. 25）。

读者可根据 Goovaerts（1997，p. 87）和其他相关论文以及出版物（Matheron，1962，1962；David，1977；Journel 和 Huijbregts，1978；Journel 和 Froidevaux，1982；Chauvet，1982；Cressie，1993；Yao 和 Journel，1998）中的内容来建立实验变差函数，这是一个表现在各向异性、稀疏数据和先验非定量信息中的精细任务。

(2) 交叉变差函数。

在先前的式(3.14)和式(3.15)中,那两个随机变量 RVs 可能涉及两个不同属性,$Z_1(\boldsymbol{u})$是位置$\boldsymbol{u}$的孔隙度,$Z_1(\boldsymbol{u}+\boldsymbol{h})$是在位置$\boldsymbol{u}+\boldsymbol{h}$处测量的波阻抗。这种情况下所对应的两点统计是一个交叉差函数,定义为(Goovaerts,1997,p.46,Chilès 和 Delfiner,1999,p.328,Journel 和 Huijbregts,1978;Wackernagel,1995):

$$2\gamma_{12}(\boldsymbol{h})=E\{[Z_1(\boldsymbol{u}+\boldsymbol{h})-Z_1(\boldsymbol{u})][Z_1(\boldsymbol{u}+\boldsymbol{h})-Z_2(\boldsymbol{u})]\} \tag{3.16}$$

当只有两个不同属性Z_1和Z_2存在时,必须在正定性限制下,才能够模拟一个包含有4个(交叉)协方差函数的矩阵,$C_{11}(\boldsymbol{h})$,$C_{12}(\boldsymbol{h})$,$C_{21}(\boldsymbol{h})$,$C_{22}(\boldsymbol{h})$,或只有3个(交叉)变差函数$\gamma_{11}(\boldsymbol{h})$,$\gamma_{12}(\boldsymbol{h})=\gamma_{21}(\boldsymbol{h})$,$\gamma_{22}(\boldsymbol{h})$,见 Goovaerts(1997,p.108)。当存在N个不同属性Z_1,…,Z_N时,将会有N^2个(交叉)协方差函数或$N(N+1)/2$个(交叉)变差函数用于建模。地下数据量通常较少,即使只使用两点统计并且每次只涉及两个空间位置$\boldsymbol{u}$和$\boldsymbol{u}+\boldsymbol{h}$,但通常仍不足以满足同时超过$N=2$个属性的统计推理。

(3) 多点统计。

为了描述两种数据模式之间的关系,Z_1:$\{z_1(\boldsymbol{u}+\boldsymbol{h}_\alpha);\alpha=1,\cdots,n_1\}$属性中的$n_1$数据以及属性$Z_2$:$\{z_2(\boldsymbol{u}'+\boldsymbol{h}'_\beta);\alpha=1,\cdots,n_2\}$中的$n_2$数据,我们会需要互协方差或交叉变差函数之外的更多信息。并且需要保证(n_1+n_2)个随机变量$z_1(\boldsymbol{u}+\boldsymbol{h}_\alpha)$,$z_2(\boldsymbol{u}+\boldsymbol{h}_\beta)$;$\alpha=1,\cdots,n_1$;$\beta=1,\cdots,n_2$的严格联合分布。实验数据无论如何也无法满足这样多变量、多点的统计;更不必提及它们建模时的可怕之处了。这里有两种方式来解决这个问题。

① 假设一个少参随机函数模型$\{z_1(\boldsymbol{u}),z_2(\boldsymbol{u}')\}$完全由数据推断的一些低阶统计所定义。大多数情况下,这些模型与多元高斯模型相关,该模型由单一的协方差矩阵描述其特点$[C_{ij},i,j=1,\cdots,N]$,当$N=2$时即为上面的例子(Anderson,2003;Goovaerts,1997,p.265)。

②建立训练图像来描绘空间两个变量$z_1(\boldsymbol{u})$和$z_2(\boldsymbol{u}')$在空间中的关系。这些训练图像应当能够反映任何物理或地质信息,这些信息控制了这两个变量在空间中联合分布(Strebelle,2000;Arpat,2004;Zhang,2006;Journel 和 Zhang,2006)。

在这两种情况下,大多数用于估计或者模拟未知值的结构化(n点统计值)信息并非来自于数据而是模型,其中情况1中的模型为多元高斯模型,情况2则为训练图像。

有种观点尽管是普遍认识但却是天真的,那就是认为脱离上述两种策略中的模型仍能够进行建模,这种观点会带来一个严重的错误。原因是,每当使用估计值或模拟值的图时,我们必须从这些图中提取出较从数据中所建立的两点或低阶统计模型更多的信息;这个"much more(更多)"来自于随机函数模型的n点统计,也就是高斯相关或者基于训练图像这二者之一(Journel,1994)。

3.6 克里金范式

克里金法是地质统计学应用历史的源头(Krige,1951;Matheron,1970;Journel 和 Huijbregts,1978);它保留了一个主要数据的集成工具,并在大多数地质统计学估计和模拟算法中被使用。其中最简单的指示克里金只由一个单一(正态)方程式组成,该方程定义了贝叶斯关系以及条件概率（Journel，1983）。

克里金法在本质上是一个广义线性回归算法，通过非对角克里金矩阵把数据—未知量的相关性扩展到数据—数据的相关性上。这是一个非独立数据的回归：事实上克里金法包括如下两步，首先，通过定义原始数据的线性组合实现解相关操作，其中原始数据与给定协方差/变差模型正交；随后，对这些“independent 独立”的数据进行变换，实现一个传统的线性回归（Journel，1989）。

地质统计学在多样化地球科学领域中应用，引导出理论上严格但却最简单的“简单克里金”的多个变式。

3.6.1 简单克里金

因为克里金法是众多地质统计学算法的源头，所以这里值得简单回顾一下基本的简单克里金方法，然后是其多个变式（Goovaerts，1997，p. 127；Deutsch 和 Journel，1998，p. 77；Chils 和 Delfiner，1999，p. 154）。

考虑一个稳态工区 **S**，从 $n(\boldsymbol{u})$ 个邻域数据值 $z(\boldsymbol{u}_\alpha)$，$\alpha=1, \cdots, n(\boldsymbol{u})$，来估计未采样值 $z(\boldsymbol{u})$。若估计值 $z_{\mathrm{SK}}^*(\boldsymbol{u})$ 限定为为数据的线性组合，那么可以写成：

$$z_{\mathrm{SK}}^*(\boldsymbol{u}) - m = \sum_{\alpha=1}^{n(\boldsymbol{u})} \gamma_\alpha^{\mathrm{SK}}(\boldsymbol{u})\left[z(\boldsymbol{u}_\alpha) - m\right] = \boldsymbol{\lambda}^t \boldsymbol{D} \tag{3.17}$$

这里 $\boldsymbol{\lambda}$ 是 $n(\boldsymbol{u})$ 个克里金权重 $\lambda_\alpha^{\mathrm{SK}}(u)$ 的列向量，$\boldsymbol{D}$ 是 $n(\boldsymbol{u})$ 个由平稳性所建立的冗余（residual）数据值 $[z(\boldsymbol{u}_\alpha)-m]$ 的列向量，假设均值已知为 m。相比起原始的 Z-变量来说，我们更为关心冗余变量，因为它能够保证无偏性，即预期误差为 0：

$$E\{Z_{\mathrm{SK}}^*(\boldsymbol{u}) - Z(\boldsymbol{u})\} = 0 \tag{3.18}$$

3.6.1.1 备注

（1）无偏估计应理解为，当具有同样几何结构的 $n(\boldsymbol{u})$ 个数据适用于其他稳态区域时平均误差为零，因此，$n(\boldsymbol{u})$ 个数据的所有可能组合也一样具有无偏性。理论上，我们应确保数据值与数据配置（configuration）都具有无偏性条件，即：

$$E\{Z_{\mathrm{SK}}^*(\boldsymbol{u}) - Z(\boldsymbol{u}) \mid Z(\boldsymbol{u}_\alpha) = z(\boldsymbol{u}_\alpha),\ \alpha = 1, \cdots, n(\boldsymbol{u})\} = 0 \tag{3.19}$$

数据 $z(\boldsymbol{u}_\alpha)$ 所有可能组合的条件无偏性会引起如式（3.18）一样的无偏性，但不能反过来（Journel 和 Huijbregts，1978；Goovaerts，1997，p. 182；Deutsch 和 Journel，1998，p. 94）。SK 简单克里金，正如大多数如反距离等其他线性估计，确保了无偏性但不是条件无偏。无偏特性的限制是很多令我们失望的源泉（David，1977；Isaaks，2005；Isaaks 和 Srivastava，1989）。

（2）影响式（3.17）估计质量的关键决策是选择用于估计未采样位置 $\boldsymbol{u}$ 的保留数据 $n(\boldsymbol{u})$。用于推断协方差矩阵的平稳性决策的一致性，需要由整个 **S** 中所有可用采样点的相同数据集合（n）所估计的全部位置 $\boldsymbol{u} \in \mathbf{S}$。这样考虑“global 全局”邻域的克里金很少在实际中应用，这是由于与平稳性决策间的冲突所造成的（Deutsch 和 Journel，1998，p. 32；Goovaerts，1997，p. 178）。我们不仅必须决定收集 $n(\boldsymbol{u})$ 数据的邻域范围，而且还需要将如从 $\boldsymbol{u}$ 开始的最大连续方向这样的某个特定方向设置为优先（Deutsch 和 Journel，1998，

p. 33；Goovaerts，1997，p. 178）。

3.6.1.2 凸性问题

克里金法比起传统线性内插来说，其明确的优势在于它是非凸的：要求克里金估计需要在保留数据值的间隔中不被赋值（Goovaerts，1997，p. 177）。例如，SK 简单克里金估计的 $z_{SK}^*(\boldsymbol{u})$ 值可能大于数据的最大基准值 $\{z(\boldsymbol{u}_\alpha),\ \alpha=1,\ \cdots,\ n(\boldsymbol{u})\}$。

如果估计 $z_{SK}^*(\boldsymbol{u})$ 超出了 z 的物理边界，那么这种优势可能会带来麻烦，比如金属品级这样的正变量估计却产生了一个负值结果。能够解决凸性的一个方法（不是最好的）是确保克里金权值都为正的而且总和大于 1；对于普通克里金来说，只要求权重相加是 1，但并不需要全为正，见后文 3.6.2 小节，Barnes 和 Johnson（1984）以及 Rao 和 Journel（1996）。

3.6.1.3 简单克里金系统

如果估计的评判标准选择为“least squared error 最小均方误差”这样一个简便的常用决策方法，权重 $\lambda_\alpha^{SK}(\boldsymbol{u})$ 可由线性方程的克里金系统给出，该线性方程由协方差模型所建立（Luenberger，1969；Matheron，1970；Journel 和 Huijbregts，1978；Goovaerts，1997，p. 127）：

$$\boldsymbol{K\lambda} = \boldsymbol{k} \tag{3.20}$$

这里 $k^{\mathrm{T}}=[C(\boldsymbol{u}-\boldsymbol{u}_\alpha),\ \alpha=1,\ \cdots,\ n(\boldsymbol{u})]$ 是数据—未知量的行协方差向量，$k^{\mathrm{T}}=[C(\boldsymbol{u}_\alpha-\boldsymbol{u}_\beta),\ \alpha,\ \beta=1,\ \cdots,\ n(\boldsymbol{u})]$ 是数据—数据的对角协方差矩阵；这两个矩阵由先前的平稳性协方差模型构建：

$$C(\boldsymbol{h}) = \mathrm{Cov}\{Z(\boldsymbol{u}),\ Z(\boldsymbol{u}+\boldsymbol{h})\} = C(0) - \gamma(\boldsymbol{h}) \tag{3.21}$$

$C(0)=\mathrm{Var}\{Z(\boldsymbol{u})\}$ 是稳态方差，$2\gamma(\boldsymbol{h})=\mathrm{Var}\{Z(\boldsymbol{u})-Z(\boldsymbol{u}+\boldsymbol{h})\}$ 是相应的稳定性变差函数模型。

克里金对于估计的两个主要贡献如下（Journel 和 Huijbregts，1978）。

（1）变差函数距离 $\gamma(\boldsymbol{h})$ 的使用对于变量 $Z(\boldsymbol{u})$ 与稳态研究区域 **S** 来说具有特殊的意义，如反距离内插中所使用的那样，该距离与不明确的欧几里得距离 $\boldsymbol{h}$ 相反。变差函数距离可以是各向异性的，例如从被估计位置 $\boldsymbol{u}$ 处沿着具有较高连续性的方向所得到的优先数据。

（2）数据—数据的协方差矩阵 $\boldsymbol{K}$ 允许“data declustering（数据散布分布）”，与孤立数据相反，这样导致数据聚类中的冗余数据被赋予较少的权重。克里金法的这个特性允许修正由数据优先聚类所引起的地球科学中常见的偏离现象。

3.6.1.4 克里金方差

克里金法以及任意最小二乘回归通常伴随的一个副产品是估计方差或克里金方差，为期望的平方误差，其最小值引出了克里金系统［式（3.20）］（Goovaerts，1997，p. 179；Chilès 和 Delfiner，1999，p. 156）：

$$\sigma_{SK}^2(\boldsymbol{u}) = \mathrm{Var}\{Z(\boldsymbol{u}) - Z_{SK}^*(\boldsymbol{u})\} = C(0) - \boldsymbol{\lambda}^t\boldsymbol{k} \tag{3.22}$$

这个方差值经常错误地被用来估计 $z_{SK}^*(\boldsymbol{u})$ 测量的准确度。方差表达式（3.22）是值无关的；其值只取决于保留数据集 $n(\boldsymbol{u})$ 的空间配置和所采用的协方差模型；因此，它是数据配置中依赖协方差的排序指标，也是不同数据配置间相比较的重要指标，但它并不能够衡量估计的准确性（Journel 和 Rossi，1989）。相比起来，条件误差方差能够较好地测量估计 $z_{SK}^*(\boldsymbol{u})$ 相关的潜在误差，该方差值仍然由数据值 $z_\alpha(\boldsymbol{u})$ 决定（Goovaerts，1997，p. 180）：

$$\sigma_{SK}^2(\boldsymbol{u}) = \mathrm{Var}\{Z(\boldsymbol{u}) - Z_{SK}^*(\boldsymbol{u}) \mid Z(\boldsymbol{u}_\alpha) = z(\boldsymbol{u}_\alpha),\ \alpha = 1,\ \cdots,\ n(\boldsymbol{u})\}$$

可以看出，克里金方差［式（3.22）］是数据值 n（$\boldsymbol{u}$）在所有可能联合实现下的条件误差方差的均值，其数据配置是固定的（Goovaerts，1997，p. 180，p. 361）。一般情况下，我们不能忽视实际数值对于估计精度的影响。

一个值得注意的例外情况是由高斯随机函数模型所引起的，该模型假设 *all*（所有）随机变量 RVs $Z(\boldsymbol{u})(\boldsymbol{u} \in \mathbf{S})$，为联合高斯分布。在这样的情况下，先前的条件误差方差便成为一个真实数据，值无关并可确定克里金方差［式（3.22）］，这也是一个被称作同方差性（homoscedasticity）的属性（Goovaerts，1997，p. 82，p180；Anderson，2003）。

3.6.1.5 误差分布

即使克里金方差［式（3.22）］可以保留为一个典型的误差方差，仍然需要了解仅有的两个误差分布形式：每个无偏性中的零均值及克里金方差。这里必须假设一个双参数分布，如高斯型误差分布。很不幸，在这里使用高斯误差是不合理的；中心极限定理不能应用于空间插值误差，从本质上来说，这是由于数据和所得的误差之间并不相互独立所造成的。如果为了简便而假定某个分布是高斯的，我们应注意这个分布在尾部会出现快速衰减（小概率情况下会出现极端值），尤其当估计误差值较高的概率采用高斯分布更有可能产生这样的结果。

3.6.2 普通克里金及其变式

任何概率方法中最为严格的限制都是关于决策平稳性的（参见 3.6 节），这使得数据集的重复数据得以扫描，随后由结果的平均值能够推断出所需的统计值。例如，所需建立的任意克里金系统的协方差模型 $C(\boldsymbol{h})$，其推断需要汇集数据对为 $\{z(\boldsymbol{u}_\alpha),\ z(\boldsymbol{u}_\alpha+\boldsymbol{h})\}$，$\{z(\boldsymbol{u}_\beta),\ z(\boldsymbol{u}_\beta+\boldsymbol{h})\}$，随后要采用相同的向量 $\boldsymbol{h}$ 或由不同的位置 $\boldsymbol{u}_\alpha$ 和 $\boldsymbol{u}_\beta$ 将数据对近似地分割。一旦该协方差模型可用，那么平稳性决策这样一个严格条件就会随之引入。严格理论要求协方差模型和相应的稳态均值 m 在平稳性决策区域 $\mathbf{S}$ 中是不变的。然而在许多应用中，局部信息需要局部变量的均值，在有些方面可由协方差模型来计算，比如各向异性的方向值。对于先前介绍的简单克里金系统来说，开发其变式能够帮助支持这样的灵活性，所有这些相当于基于严格理论的一个偏差体。

在普通克里金（OK）中，若其协方差模型保持稳态，则随机函数的期望值可由局部数据的局部重复估计获得。普通克里金概念已经扩展到函数式趋势参数的局部估计中（KT 或趋势克里金）。能够将局部变化均值（LVM）直接输入表达式（3.17）中来代替稳态均值 m。

最初那些需要用于定义随机函数模型并推断其基本统计参数的平稳性决策，例如变差函数模型，意味着在所有这些克立金法的变式中对它们的要求被放松了。已经有许多努力用来尝试扩展原有随机函数理论，用以证明原来具有限制性的平稳性决定能够拥有更多的自由（Matheron，1970；Chilès 和 Delfiner，1999，p. 243；Goovaerts，1997，p. 143）。随机函数这个原始工具在合理限度内可以通过合适的文件进行修改。或许对于这种宽松要求的随机函数理论来说，最好的论点就是认识到不会有实际的地质统计学在局部变化均值的要求下能够脱离开普通克里金或者其他克里金方法，更好理解的说法是，如果没有克里金，我们将失去能够执行“work 工作”的代码。

3.6.2.1　普通克里金

简单克里金（SK）的表达式［式（3.17）］表现为从已知稳态均值 m 到未知偏离的估计。如果这该均值仅考虑局部变量，它便可以通过相同公式（3.17）中的局部数据$n(\boldsymbol{u})$来估计；相应的估计则使用普通克里金实现（Goldberger，1962；Matheron，1970；Goovaerts，1997，p.132；Journel 和 Huijbregts，1978）：

$$z_{\mathrm{OK}}^{*}(\boldsymbol{u})=\sum_{\alpha=1}^{n(\boldsymbol{u})}\lambda_{\alpha}^{\mathrm{OK}}(\boldsymbol{u})z(\boldsymbol{u}_{\alpha}) \tag{3.23}$$

这里的克里金权重总和为 1：

$$\sum_{\alpha=1}^{n(\boldsymbol{u})}\gamma_{\alpha}^{\mathrm{OK}}(\boldsymbol{u})=1$$

相应的克里金系统与简单克里金系统［式（3.20）］相似，此外还有一个拉格朗日参数和方程来处理上述普通克里金权值的限制。修饰词“oridinary 普通”非常合理，因为普通克里金确实比简单克里金常用，这点多亏了它的鲁棒性能够对抗原始平稳性决策中的局部背离。

3.6.2.2　带趋势的克里金

局部变化的未知均值$m(\boldsymbol{u})$可以通过坐标 $\boldsymbol{u}$ 的函数进行建模。这个函数称为趋势函数，为已知的形状或类型，但局部变量的参数未知；因此，在任何位置 $\boldsymbol{u}$ 的平均值 $m(\boldsymbol{u})$仍然未知。在空间域 $\boldsymbol{u}=(x,\ y,\ z)$的坐标系中，趋势函数通常是坐标的多项式函数，例如在$(x,\ y)$平面的趋势为线性的，但却可能在垂直方向上为二次函数，写作（Goovaerts，1997，p.141；Deutsch 和 Journel，1998，p.67）：

$$E\{Z(\boldsymbol{u})\}=m(\boldsymbol{u})=a_0(\boldsymbol{u})+a_1(\boldsymbol{u})x+a_2(\boldsymbol{u})y+a_3(\boldsymbol{u})z+a_4(\boldsymbol{u})z^2 \tag{3.24}$$

这 5 个参数 $a_i(\boldsymbol{u})$是未知的，但可从可用的局部数据 $n(\boldsymbol{u})$中估计。位置坐标 $\boldsymbol{u}=(x,\ y,\ z)$是已知的。

同样的，在时域中，时间序列 $Z(t)$可能表现为周期趋势，例如一个余弦函数拥有已知频率 ω 及未知相位、幅度 $a_0(t)$，$a_1(t)$可表示为：

$$E\{Z(t)\}=m(t)=a_0(t)+a_1(t)\cdot\cos(2\pi\omega t) \tag{3.25}$$

但是，这样的余弦趋势函数还无法在 SGeMS 程序中实现。

一旦未知参数 $a_i(\boldsymbol{u})$需要被估计（克里金的隐式形式），通过将每个位置 $\boldsymbol{u}$ 的常量稳态均值 m 替换为所得的均值估计值 $m^*(\boldsymbol{u})$，来应用一个式（3.17）类型的简单克里金。相应的估计称作趋势克里金（KT）模型，写作：

$$z_{\mathrm{KT}}^{*}(\boldsymbol{u})=\sum_{\alpha=1}^{n(\boldsymbol{u})}\lambda_{\alpha}^{\mathrm{KT}}(\boldsymbol{u})z(\boldsymbol{u}_{\alpha}) \tag{3.26}$$

类似于简单克里金，趋势克里金的权值 $\lambda_{\alpha}^{KT}(\boldsymbol{u})$ 由克里金系统给出［式（3.20），但是在克里金权值上增加了额外的限制条件（Goldberger，1962；Goovaerts，1997，p. 139；Journel 和 Huijbregts，1978）。

其实，普通克里金只是当趋势模型降低到单项 $a_0(\boldsymbol{u})$ 这种特殊情况下的趋势克里金。如果用对位置 $\boldsymbol{u}$ 周围两侧 $n(\boldsymbol{u})$ 个数的趋势函数进行插值，普通克里金将得出与趋势克里金非常接近的结果。特定的趋势函数类型，如线性或二次的，只在外推的情况下比较重要（Journel 和 Rossi，1989；Goovaerts，1997，p. 147）。

3.6.2.3 局部变化均值的克里金

有些应用实例中会带有一些次信息（不同于 z 数据），这些信息能够提供 *all*（所有）位置的局部变化均值，表示为 $m^*(\boldsymbol{u})$。随后便可将简单克里金的表达式（3.17）直接应用于这些局部变量均值的偏差中（Goovaerts，1997，p. 190）：

$$z_{\mathrm{LVM}}^{*}(\boldsymbol{u}) - m^{*}(\boldsymbol{u}) = \sum_{\alpha=1}^{n(\boldsymbol{u})} \lambda_{\alpha}^{\mathrm{SK}}(\boldsymbol{u})\left[z(\boldsymbol{u}_{\alpha}) - m^{*}(\boldsymbol{u}_{\alpha})\right] \tag{3.27}$$

3.6.2.4 非线性克里金

仅考虑数据线性组合的基本限制会带来一些主要偏离，此时，修饰克里金的限定词“non-linear 非线性”将具有误导性。大多数所谓的非线性克里金，包括用于程序 SGSIM 的正常的积分变换（Deutsch 和 Journel，1998，p. 75）、分离克里金（Matheron，1973）或指示克里金（Journel，1983）事实上都只是线性克里金应用于变量的非线性变换而已。例如，对数正态克里金只是应用于对数形态数据的克里金而已（Rendu，1979；Journel，1980）。

如果所定义的新变量变换具有以下特征，那么便可确保原始变量的非线性变换可行：

（1）如同指示变换一样，更加协调编址问题（见后续章节 3.6.5 小节）；

（2）更好的满足所用算法需要，例如正态分数变换能够满足序贯高斯模拟算法的需要（SGeMS 的代码 SGSIM，见 8.1.2 小节以及 Goovaerts，1997，p. 380），即使单变量为高斯分布的。

（3）表现出了更好的空间相关性。

3.6.2.5 备注

任何克里金插值结果的非线性反变换，如果不小心处理都可能会导致严重的偏差。与克里金估计反变换相关的非稳健性无偏相关性修正可能会抹去变量变换所带来的所有好处。这点对于对数正态克里金来说尤其真实，比如通过取对数所获得好处可能会通过求幂的反变换而失去（Journel，1980；Chilès 和 Delfiner，1999，p. 191；Deutsch 和 Journel，1998，p. 76）。请注意，指示克里金估计作为概率估计，没有任何反变换，见后文。同样，在序贯高斯模拟中会直接使用正态分数的克里金均值和方差来构建条件分布，这些克里金结果从来不进行反变换；它们的模拟值实际在最后才进行反变换，因此，反变换对尾部外推决策十分敏感（Deutsch 和 Journel，1998，p. 135；Goovaerts，1997，p. 385）。

变量的非线性变换无法突破克里金的大多数基本限制，即数据同时与未知量相关；可见，简单克里金系统中的协方差矩阵 $\boldsymbol{k}$ 的右半部分［式（3.20）］。然而，如果应用于两两相关、三三相关数据函数，并最终将其所有结合起来成为一个单多点事件，那么克里金仍然是估计的根本范式，参见第 3.6.5 小节和 3.7 节。

3.6.3 具有线性平均变量的克里金

这里给出一个使用线性平均变量的克里金的应用实例，利用从邻域数据中所包括的已采集块中心等级或平均等级数据来估计采集块的平均等级（Journel 和 Huijbregts，1978；David，1977）。另一个应用是利用相关层析成像数据来实现该估计，层析成像数据定义为不同的射线路径上的线性平均（1D 体数据）（GmezHernndez 等，2005；Hansen 等，2006）。使用不同体支持数据的克里金系统需要任意两个块支持 z 值之间协方差值，而这恰好是一个点线性平均协方差模型 $C(\boldsymbol{h})$；见 Journel 和 Huijbregts （1978）。任何可利用如变差函数及协方差等线性平均数据的克里金系统都可以适当地进行正则化（平均）。

3.6.3.1 协方差平均

线性平均 $B_V(\boldsymbol{s})$ 定义在位于 $\boldsymbol{s}$ 中心位置处的体支持 V 块中，将点支持值 $Z(\boldsymbol{u})$ 关联到 $B_V(\boldsymbol{s})$ 的协方差可由点至点的协方差模型 $C(\boldsymbol{u},\ \boldsymbol{u}+\boldsymbol{h})=C(\boldsymbol{h})$ 中得到的：

$$\overline{C}(\boldsymbol{u},\ V(\boldsymbol{s}))=\mathrm{Cov}\{B_V(\boldsymbol{s}),\ Z(\boldsymbol{u})\}=\frac{1}{|V|}\int_{\boldsymbol{u}'\in V(\boldsymbol{s})}C(\boldsymbol{u}-\boldsymbol{u}')\mathrm{d}\boldsymbol{u}'$$

同样，平均块—块协方差给定为：

$$\overline{C}(V,\ V')=\int_{\boldsymbol{u}\in V}\int_{\boldsymbol{u}'\in V'}C(\boldsymbol{u}-\boldsymbol{u}')\mathrm{d}\boldsymbol{u}\mathrm{d}\boldsymbol{u}'$$

这些粗化或正则协方差提供了一个有效的点—块模型和块—块的协方差；一旦线性平均数出现就会用到它们。每个块的平均变差函数/协方差的快速计算在 7.4 节与 Kyriakidis （2005） 中讨论。

3.6.3.2 块和点数据的克里金

不论是块—支持还是点—支持的不同尺度数据，都能够在克里金系统中被同时处理。唯一的条件是，所有块数据都要求是点值的线性平均。为简单起见，在这里用简单克里金来说明克里金理论。

块数据 $B(v_\alpha)$ 被定义为点值 $Z(\boldsymbol{u}')$ 在块体中 v_α 的空间线性平均（Journel 和 Huijbregts，1978；Hansen 等，2006；Liu 等，2006b；Goovaerts，1997，p. 152）：

$$B(v_\alpha)=\frac{1}{|v_\alpha|}\int_{v_\alpha}L_\alpha(Z(\boldsymbol{u}'))\mathrm{d}\boldsymbol{u}'\ \forall\alpha \tag{3.28}$$

其中，L_α 是一个已知的线性平均函数。

以点和块数据为条件的简单克里金估计值 $z^*_{\mathrm{SK}}(\boldsymbol{u})$ 可写作：

$$Z^*_{\mathrm{SK}}(\boldsymbol{u})-m=\Lambda^t\cdot\boldsymbol{D}=\sum_{\alpha=1}^{n(\boldsymbol{u})}\lambda_\alpha(\boldsymbol{u})[D(\boldsymbol{u}_\alpha)-m] \tag{3.29}$$

其中，$\Lambda^t=[\lambda_p,\ \lambda_B]$ 表示点数据 P 和块数据 B 的克里金权值；$\boldsymbol{D}^t=[P\quad B]$ 表示数据值向量；$D(\boldsymbol{u}_\alpha)$ 是位置 u_α 的实际基准值；$n(\boldsymbol{u})$ 表示数据的数量；m 表示稳态均值。

克里金权值 Λ 从克里金系统中得到：

$$\boldsymbol{K}\cdot\Lambda=\boldsymbol{k} \tag{3.30}$$

其中

$$K = \begin{pmatrix} C_{PP} & C_{PB} \\ \overline{C}_{PB}^{T} & \overline{C}_{BB} \end{pmatrix} k = \begin{pmatrix} C_{PP0} \\ \overline{C}_{BP0} \end{pmatrix}$$

式中，$\boldsymbol{K}$ 表示数据到数据的协方差矩阵；$\boldsymbol{k}$ 表示数据—未知量的协方差矩阵；$\boldsymbol{C}$ 表示点协方差的子矩阵；$\overline{\boldsymbol{C}}$ 表示涉及块支持的协方差子矩阵；P_0 是估计位置。

克里金方差写为：

$$\sigma_{\mathrm{SK}}^{2}(\boldsymbol{u}) = \mathrm{Var}\{Z(\boldsymbol{u}) - Z_{\mathrm{SK}}^{*}(\boldsymbol{u})\} = C(0) - \Lambda^{t} \cdot \boldsymbol{k}$$

$C(0) = \mathrm{Var}\{Z(\boldsymbol{u})\}$ 是稳态方差。

3.6.4 协克里金

克里金理论与式（3.17）至式（3.27）中都不存在有那种能够约束未知量 $Z(\boldsymbol{u})$ 与数据 $Z(\boldsymbol{u}_\alpha)$ 使其与相同属性相关的东西。我们可以将符号 Z 扩展到不同的属性值 $Z_K(\boldsymbol{u})$ 和 $Z_{K'}(\boldsymbol{u}_\alpha)$ 中，也就是根据孔隙度数据 $Z_K(\boldsymbol{u}_\alpha)$ 与地震振幅数据 $Z_{K'}(\boldsymbol{u}_\alpha)$ 在所具有的邻域位置 $\boldsymbol{u}_\alpha$ 上 $k' \neq k$ 条件下，来估计位置 $\boldsymbol{u}$ 处孔隙度值 $Z_K(\boldsymbol{u})$。协同克里金是克里金范式的扩展，利用与其他属性的相关数据来估计一个属性（Myers，1982；Wackernagel，1995；Goovaerts，1997，p. 203；Chils 和 Delfiner，1999，p. 296）。

例如，未采样孔隙度 $z_1(\boldsymbol{u})$ 的简单协克里金估计是通过 $n_1(\boldsymbol{u})$ 个邻近的孔隙度数据 $z_1(\boldsymbol{u}_\alpha)$ 和 $n_2(\boldsymbol{u})$ 个地震数据 $z_2(\boldsymbol{u}'_\beta)$ 实现的，写做：

$$z_1^{*}(\boldsymbol{u}) - m_1 = \sum_{\alpha=1}^{n_1(\boldsymbol{u})} \lambda_\alpha [z_1(\boldsymbol{u}_\alpha) - m_1] + \sum_{\beta=1}^{n_2(\boldsymbol{u})} \lambda_\beta [z_2(\boldsymbol{u}'_\beta) - m_2] \tag{3.31}$$

这里 m_1 和 m_2 是两个稳态均值。

但在实践中，唯一的困难但同时又是非常严重的问题来自于 *jointly*（联合）多互协方差/变差函数推断与建模的必要性，在交叉变差情况下最多能达到 K^2 个模型（K 是属性的总数量）。但在可能具有三维各向异性的空间中，如果难以推断单变量的变差函数，那么单纯依靠实际数据已难以满足大于 $K=3$ 个不同属性变量的一组交叉变差函数需要了。

为了减少在协同区域化的线性模型中建立这些变差函数模型的压力，多种快捷模型已被提出，在 SGeMS 提供了其中的两种：马尔科夫模型 1 和马尔可夫模型 2（Almeida 和 Journel，1994；Journel，1999；Rivoirard，2004；Chilès 和 Delfiner，1999，p. 305；Goovaerts，1997，p. 237）。基于筛选假设理论的马尔科夫同样仅需要保留那些与估计位置相一致的次数据来进行估计。这会将克里金矩阵的尺度限制为 $n+1$，其中 n 是在估计位置附近的硬条件数据数量。为了使说明更加明了，考虑带有一元次变量（$K=2$）的实例。

（1）马尔科夫模型 1。马尔可夫模型 1（MM1）考虑以下马科夫筛选假设理论：

$$E\{Z_2(\boldsymbol{u}) | Z_1(\boldsymbol{u});\ Z_1(\boldsymbol{u}+\boldsymbol{h})\} = E\{Z_2\boldsymbol{u} | Z_1(\boldsymbol{u})\}$$

即，次变量对主变量的依赖限制为位于同位置的主变量。当然主变量的互协方差与自协方差也成比例：

$$C_{12}(\boldsymbol{h})=\frac{C_{12}(0)}{C_{11}(0)}C_{11}(\boldsymbol{h}) \tag{3.32}$$

其中，其中 C_{12}是两个变量 Z_1 和 Z_2 之间的互协方差，C_{11}是主变量的协方差 Z_1。解决马尔科夫模型 1 的协克里系统只需要 C_{11}，因为当仅有一个主 Z_1 数据时，克里金推断与建模的作用是相同的。虽然马尔科夫模型 1 很适合，但是当所支持的次变量 Z_2 比 Z_1 大时该方法不能用，因为这会导致 Z_1 的方差被低估。在这种情况下，马尔可夫模型 2 更为适用。

（2）马尔科夫模型 2。马尔科夫模型 2（MM2）是为了解决体支持次变量大于主变量问题而开发的（Journel，1999）。这种情况通常出现在遥感和地震相关的数据中。更为相关的马尔可夫型假设为：

$$E\{Z_1(\boldsymbol{u})\,|\,Z_2(\boldsymbol{u});\ Z_2(\boldsymbol{u}+\boldsymbol{h})\}=E\{Z_1(\boldsymbol{u})\,|\,Z_2(\boldsymbol{u})\}$$

即，主变量对次变量的依赖限制为同位置上的次变量。这样交叉变差函数与次变量的协方差也变为成比例的：

$$C_{12}(\boldsymbol{h})=\frac{C_{12}(0)}{C_{11}(0)}C_{22}(\boldsymbol{h}) \tag{3.33}$$

为了让 3 个协方差 C_{11}，C_{12}和 C_{22}一致，C_{11}可被建模为 C_{22}与任何所允许的剩余相关 ρ_R 间的线性组合。表达为：

$$\rho_{11}(\boldsymbol{h})=\frac{C_{11}(\boldsymbol{h})}{C_{11}(0)},\quad \rho_{22}(\boldsymbol{h})=\frac{C_{22}(\boldsymbol{h})}{C_{22}(0)}$$

写作：

$$\rho_{11}(\boldsymbol{h})=\rho_{12}^2\cdot\rho_{22}(\boldsymbol{h})+(1-\rho_{12}^2)\rho_R(\boldsymbol{h}) \tag{3.34}$$

其中，ρ_{12}是 $Z_1(\boldsymbol{u})$和 $Z_2(\boldsymbol{u})$在同位置处的相关系数。

由于采用独立互协方差建模方案，协克里金分享了克里金所有的贡献和局限：它为未知值提供了线性、最小二乘误差用于求取它们的冗余数据并回归关于各自变差距离的多种类型混合数据。协克里金在同一时间只能考虑一个数据，而成为数据值无关的协克里金变差对于估计准确性测量来说是不完整的。克里金法的线性限制在这里更严重，因为协克里金将忽略两个不同属性间的任何非线性关系，这两个属性或许会另外被利用于交叉—估计中。针对这个问题，一种可能的解决方案是对原始变量先进行非线性变换再应用协克里金。

3.6.3 小节中描述的块数据克里金系统也可以在协克里金系统中出现，其中点和块间的交叉—依赖性由正则化处理给出。

3.6.5 指示克里金

指示克里金是克里金的另一种形式，只是应用于一个事件发生的二进制指示器变量中：

$$I_k(\boldsymbol{u})=\begin{cases}1 & \text{若事件 } k \text{ 发生在位置 } u \text{ 处}\\ 0 & \text{否则}\end{cases} \tag{3.35}$$

或者是在连续的情况下：

$$I(\boldsymbol{u};\ z_k)=\begin{cases}1 & 若\ Z(\boldsymbol{u})\leqslant z_k\\0 & 否则\end{cases}$$

被估计的事件 k 在位置 $\boldsymbol{u}$ 处出现表现为类型 k 的相，或出现低于阈值 z_k 的未采样连续变量 $Z(\boldsymbol{u})$。

指示克里金（IK）的特殊之处在于它能够像发生在位置 $\boldsymbol{u}$ 处、以观测数据集 $n(\boldsymbol{u})$ 为条件的未采样事件概率一样，来提供一个可被直接解释（无需任何转换）的克里金估计（Goovaerts，1997，p. 293；Chils 和 Delfiner，1999，p. 383；Journel，1983）。指示克里金估计因此以简单克里金形式写为：

$$\begin{aligned}I_{\mathrm{SK}}^{*}(\boldsymbol{u})&=\mathrm{Prob}^{*}\{I(\boldsymbol{u})=1\mid n(\boldsymbol{u})\}\\&=\sum_{\alpha=1}^{n(\boldsymbol{u})}\lambda_{\alpha}(\boldsymbol{u})I_{k}(u_{\alpha})+\left[1-\sum_{\alpha=1}^{n(\boldsymbol{u})}\lambda_{\alpha}(\boldsymbol{u})\right]p_{0}\end{aligned}\tag{3.36}$$

其中，$p_0=E\{I(\boldsymbol{u})\}=\mathrm{Prob}\{I(\boldsymbol{u})=1\}$ 是事件发生的先验概率，$\lambda_\alpha(\boldsymbol{u})$ 是与克里金权值相关联的指示数 $I(\boldsymbol{u}_\alpha)$，其值为 0 或 1。

如果软信息能够提供一个特定位置的先验概率 $p(\boldsymbol{u})$，那个概率便可取代表达式（3.36）中的 p_0。指示克里金可以看作是由指示数据 $I(\boldsymbol{u}_\alpha)$ 所更新的先验概率 $p(\boldsymbol{u})$（Goovaerts，1997，p. 293）。

事实上，克里金是一个不具有凸性的估计器，因此，它的取值只会落在最小与最大指示数据值之间（这里是 0 和 1），那么，当指示克里金提供的估计概率超出 [0，1] 范围之外时会产生格外的损害。此时必须要修正次序关系。另一种方法是考虑通过产品使用多点统计（mp）取代指示数据的线性组合，参阅下面所介绍的正态方程扩展与 3.10 节的 nu/tau 模型（Journel，2002）。

从积极的一面，克里金法是一个确定性的估计器，如果估计执行于硬基准位置 $\boldsymbol{u}_\alpha$，其结果的概率估计也是"hard 硬"的，因此会被评价为 0 或 1，可用来识别该硬基准值。如果指示变差函数是连续的并拥有一个小的块金效应，那么，当被估计的位置 $\boldsymbol{u}$ 离开 $\boldsymbol{u}_\alpha$ 时，概率估计会平滑地从该硬值（0 或 1）中分离出来。

3.7 MPS 多点统计学简介

再次考虑线性指示克里金表达式（3.36）。首先请注意，任何二进制（指示）变量的非线性变换是无效的，因为其结果只能是另一个二进制变量。为了要从指示数据集 $\{I(\boldsymbol{u}_\alpha),\ \alpha=1,\ 3,\ n(\boldsymbol{u})\}$ 中提取更多信息，我们需要在像单一数据事件那样，结合所有限制条件来两两、三三……地考虑这些数据。

因此考虑扩展为线性组合表达式的 IK［式（3.37）］：

（1）如表达式（3.36）一样，每次同时只取一个指示数据，那么指示数据数据有 $n(\boldsymbol{u})$ 个；

（2）每次同时取 2 个指示数据；那么，便有 $\binom{n(\boldsymbol{u})}{2}$ 个这种组合对；

（3）每次同时取 3 个指示数据；便有个$\binom{n(\boldsymbol{u})}{3}$这种三组合；

……

（4）一次取所有的指示数据，只有这样的一个结果：

$$
\begin{aligned}
I_{\mathrm{SK}}^{*}(\boldsymbol{u}) = {} & \mathrm{Prob}^{*}\{I(\boldsymbol{u}) = 1 \mid n(\boldsymbol{u})\} \\
= {} & p_0(I(\boldsymbol{u}) = 1 \text{ 时的先验概率}) + \\
& \sum_{\alpha=1}^{n(\boldsymbol{u})} \lambda_{\alpha}^{(1)}(\boldsymbol{u})[I(\boldsymbol{u}_{\alpha} - p_0)] (\text{一次取 1 个指示数据}) + \\
& \sum_{\alpha=1}^{(n(\boldsymbol{u}),\ 2)} \lambda_{\alpha}^{(2)}(\boldsymbol{u})[I(\boldsymbol{u}_{\alpha1})I(\boldsymbol{u}_{\alpha2}) - E\{I(\boldsymbol{u}_{\alpha1})I(\boldsymbol{u}_{\alpha2})\}] (\text{一次取 2 个指示数据}) + \\
& \sum_{\alpha=1}^{(n(\boldsymbol{u}),\ 3)} \lambda_{\alpha}^{(3)}(\boldsymbol{u})[I(\boldsymbol{u}_{\alpha1})I(\boldsymbol{u}_{\alpha3})I(\boldsymbol{u}_{\alpha3}) - E\{I(\boldsymbol{u}_{\alpha1})I(\boldsymbol{u}_{\alpha2})I(\boldsymbol{u}_{\alpha3})\}] (\text{一次取 3 个指示数据}) + \cdots + \\
& \lambda_{\alpha}^{n(\boldsymbol{u})}(\boldsymbol{u}) \left[\prod_{\alpha}^{n(\boldsymbol{u})} I(\boldsymbol{u}_{\alpha}) - E\left\{\prod_{\alpha}^{n(\boldsymbol{u})} I(\boldsymbol{u}_{\alpha})\right\}\right] (\text{一次取所有指示数据})
\end{aligned}
\tag{3.37}
$$

备注：

（1）式（3.37）是一个简单的指示（协）克里金估计器，对其进行扩展，从每次取 2 个、3 个、直到一次取完所有数据。相应的简单克里金系统称为“the extended system of normal equations 正态方程扩展系统”（Journel 和 Alabert，1989）；拥有 $2^{n(\boldsymbol{u})}$ 个方程服从于 $2^{n(\boldsymbol{u})}$ 个克里金权值 $\lambda_{\alpha}^{(\cdot)}$。式（3.37）已经包括无偏方程、及由方程提供给予数据 p_0 的权值。

（2）需要注意的是一组 n（$\boldsymbol{u}$）个二进制指示数据可以取 $2^{n(\boldsymbol{u})}$ 个可能的联合结果，这个数量与扩展指示克里金表达式（3.37）中克里金权值的数量准确相等；事实上：

$$
\sum_{\alpha=1}^{n(\boldsymbol{u})} \binom{n(\boldsymbol{u})}{\alpha} = 2^{n(\boldsymbol{u})}
$$

这说明了对于全部扩展的正态系统［式（3.37）］来说，该式的求解为所有可能的数据值组合（有 $2^{n(\boldsymbol{u})}$ 个这样的组合）$I(\boldsymbol{u})=1$ 提供了精确的条件概率值。

（3）$I(\boldsymbol{u}_{\alpha})I(\boldsymbol{u}_{\beta})$结果并不比两个独立的数据 $I(\boldsymbol{u}_{\alpha})$ 和 $I(\boldsymbol{u}_{\beta})$ 或它们的任何一个线性组合能够携带更多的冗余信息。将式（3.37）限制为如式（3.36）一样的一次取一个指示数据，我们会失去联合观测数据所能提供的宝贵信息。$I(\boldsymbol{u}_{\alpha})I(\boldsymbol{u}_{\beta})$的信息以协方差形式存放，通过某种形式的协克里金可以将其信息获取出来。如同其他任何协克里金，足以满足当一次最多取 2 个数据情况下对于额外协方差评价的需要：

①连接任何两点数据 $I(\boldsymbol{u}_{\alpha})I(\boldsymbol{u}_{\beta})$ 到未知量 $I(\boldsymbol{u})$ 的三点协方差；

②连接任何两对数据的四点协方差 $I(\boldsymbol{u}_1)I(\boldsymbol{u}_2)$ 和 $I(\boldsymbol{u}_3)I(\boldsymbol{u}_4)$，并测量这两个组对之间的冗余。

一次使用一个数据的传统指示克里金估计器［式（3.36）］只需要传统的二点协方差。扩展的指示克里金估计器在一次使用两个数据情况下，需要额外的三点和四点协方差。扩展的指示克里金估计器会测试所有可能的数据组合直到一次只有两个数据，这将需要 $n(\boldsymbol{u})+\binom{n(\boldsymbol{u})}{2}$ 维克里金系统；例如，如果 $n(\boldsymbol{u})=10$，那么 $n(\boldsymbol{u})+\binom{n(\boldsymbol{u})}{2}=10+45=55$ 这将会增加一个相当大的维数并会带来极大的协方差建模工作量！显然这是不切实际的，特别是当一次使用超过两个数据的情况时。

解决的办法是考虑把所有数据组合成一个单一的多点数据事件 *DEV*，这与上一个表达式［式（3.37）］相关。相应的指示克里金估计写作：

$$I_{\mathrm{SK}}^{*}(\boldsymbol{u})-p_0=\lambda\cdot[DEV-E\{DEV\}]$$

其中

$$DEV=\prod_{\alpha}^{n(u)} I(\boldsymbol{u}_\alpha;\ i_\alpha),\ with:\ I(\boldsymbol{u}_\alpha;\ i_\alpha)=\begin{cases}1 & \text{若 } I(\boldsymbol{u}_\alpha)=i_\alpha \\ 0 & \text{否则}\end{cases}$$

需要注意的是，多点的随机变量的 *DEV* 也是二进制的，*if and only if*（当且仅当）所有 $n(\boldsymbol{u})$ 个指示随机变量 $I(\boldsymbol{u}_\alpha)$ 识别指示器数据 i_α 确定被观测到时，*DEV* 等于 1。

相应的克里金系统减少到单一方程，也被称为单一正态方程，能够提供单一数据的值依赖权值 λ。可以发现这个单一正态方程能够确定条件概率的 *exact*（准确）表达式：

$$\begin{aligned}I_{\mathrm{SK}}^{*}(\boldsymbol{u})&=\mathrm{Prob}\{I(\boldsymbol{u})=1\,|\,n(\boldsymbol{u})\}\\&=\frac{\mathrm{Prob}\{I(\boldsymbol{u})=1,\ n(\boldsymbol{u})\}}{\mathrm{Prob}\{n(\boldsymbol{u})\}}\\&=\frac{\mathrm{Prob}\{I(\boldsymbol{u})=1,\ I(\boldsymbol{u}_\alpha)=i_\alpha,\ \alpha=1,\ \cdots,\ n(\boldsymbol{u})\}}{\mathrm{Prob}\{I(\boldsymbol{u}_\alpha)=i_\alpha,\ \alpha=1,\ \cdots,\ n(\boldsymbol{u})\}}\end{aligned}\tag{3.38}$$

需要注意的是，概率实际是式（3.38）的分子，表现为 $(n(\boldsymbol{u})+1)$ 点的协方差，而分母则是 $n(\boldsymbol{u})$ 点的协方差，两者都无中心。事实上，如果给两个特定的数据值 $I(\boldsymbol{u}_1)=1$，$I(\boldsymbol{u}_2)=0$，这时分子会被写成三点无中心协方差：

$$\mathrm{Prob}\{I(\boldsymbol{u})=1,\ I(\boldsymbol{u}_1)=1,\ I(\boldsymbol{u}_2)=0\}=E\{I(\boldsymbol{u})\cdot I(\boldsymbol{u}_1)\cdot[1-I(\boldsymbol{u}_2)]\}$$

当把 $n(\boldsymbol{u})$ 个数据一起考虑，使其成为一元多点数据事件时，指示克里金便等同于贝叶斯关系［式（3.38）］。由式（3.38）类型的概率对值 $I(\boldsymbol{u})$ 进行模拟是 SNESIM（单正态方程模拟算法）的基础（Strebelle，2000）。取代建立欧几里得距离 $\boldsymbol{h}$ 方程的多点协方差模型，我们将建立一个两点协方差 $c(\boldsymbol{h})$，并将那两个协方差矩阵值作为式（3.38）的分子和分母，这些都可由训练图像直接获取。更简单的情况下，对于中心位置 $\boldsymbol{u}$ 处的事件 $I(\boldsymbol{u})=1$，条件概率 $\mathrm{Prob}\{I(\boldsymbol{u})=1\,|\,n(\boldsymbol{u})\}$［式（3.38）］指定为，多点数据事件中训练重复的实验比例（Strebelle，2002）。

从本质上讲，训练图像提供了所有必要的多点统计协方差值；平稳决策允许对一个具体训练图像进行扫描，以获取一个单独的条件数据事件在训练图像中的重复数据（精确或近似）。由成对值的重复数据所建立两点协方差或变差函数模型与扫描训练图像并没有什么不同。有人可能会争辩说，有了变差函数就会更少地依赖训练图像一些；他们或许已经忘记通过保留模拟算法所产生的不受控方式中隐含了多点统计的缺失；确实当不具有完整多点模拟时，无法进行任何随机模拟；回顾前面在第 3.3.2 小节中讨论的多点模型必要性。更好的答案是我们需要信任训练图像的特征结构和多点模式，并希望将它们用于估计/模拟运行中，而这点是如变差函数这样的两点统计学所无法实现的。

3.8 两点模拟算法

传统（两点）模拟算法的目的在于对一个之前的协方差 $C(\boldsymbol{h})$ 模型或等价的变差函数模型进行重构，该模型代表了空间任意两值 $z(\boldsymbol{u})$ 和 $z(\boldsymbol{u}+\boldsymbol{h})$ 之间的统计学关系。关于空间中联合求取 3 个或多值之间关系的丢失信息必然由保留的模拟算法提供。隐含在该算法中的所用多点结构很可能具有高熵本质，也就是最小组织 Journel 和 Zhang，2006。

如果你希望模拟得到的实现能够反映两点以上相关关系的特定结构以及模式，当然这些结构必须被指定为一个模拟算法的输入以便能够重构它们。但某个具体结构是不会有机会重现的。

广泛应用于实践中的基于协方差模拟算法其本质起源于两个类型：第一个类型是固定在属性上的多变量高斯随机函数模型（Goovaerts，1997，p. 380），第二个类型建立在对作为条件概率的指示期望值解释上（Goovaerts，1997，p. 393），可回顾式（3.36）。

最初发布的 SGeMS 提出了以下构建较好的协方差（两点）模拟算法：

（1）LUSIM 或高斯模拟与 LU 分解，参见第 8.1.1 小节以及 Deutsch 和 Journel（1998，p. 169）。

（2）SGSIM 序贯高斯模拟，请参见第 8.1.2 小节以及 Deutsch 和 Journel（1998，p. 170）。

（3）COSGSIM 序贯高斯协同模拟，请参见 8.1.3 小节。

（4）DSSIM 直接连续的模拟信息，请参阅第 8.1.4 小节。

（5）SISIM 序贯指示模拟，请参见第 8.1.5 小节，Deutsch 和 Journel（1998，p. 175）。

（6）COSISIM 序贯指示协同模拟，请参阅第 8.1.6 小节。

（7）BSSIM 块序贯模拟，请参阅第 8.1.7 小节。

（8）BESIM 块序贯误差模拟，请参见 8.1.8 小节。

3.8.1 序贯高斯模拟

高斯随机函数模型之所以成功是因为它有显著的便捷性特点，它也凭此在连续变量的概率模型使用中占有垄断地位。事实上，高斯随机函数可由其均值向量与协方差矩阵所完全描述；所有的条件分布都是高斯型的，可只由简单克里金中所提供的条件均值和方差这两个矩来完全描述（Journel 和 Huijbregts，1978；Anderson，2003）。因此当仅能推断两点统计数据时，高斯随机函数模型能够作为基本模型出现。不幸的是，限定词是高斯随机函数的最大熵（无序性）超出了所输入的协方差模型（Chilès 和 Delfiner，1999，p. 412；Journel 和 Deutsch，1993），因此基于高斯的模拟算法（如 SGSIM）不能在同时涉及多于两个位置条件下提供具有确定模式或结构的图像。如果我们模拟一个“homogeneously heterogeneous 均质的异质化”空间分布，比如在预先定义几何形态相对均匀的岩相或岩石类型中的孔隙度或者金属等级，那么之前的限制就基本不会带来任何麻烦了。

在 SGSIM 算法中（Journel，1993；Goovaerts，1997，p. 380）沿着模拟路径任何位置，其高斯分布的均值和方差都是由克里金估计和克里金方差所估计的。由这个分布得到的值随后可以继续作为条件数据使用。将原始数据变换为高斯分布是必要的，并且通常要实施正态分数变换，参见第 8.1.2 小节的 SGeMS 实现。

3.8.2 直接序贯模拟

可以证明，协方差模型的重构不需要高斯随机函数 RF，只需要简单克里金给出每一个条件概率分布的均值和方差；这些条件分布要求为非高斯型的，它也可能在一个模拟节点到另一个之间出现变化（Journel，1994；Bourgault，1997）。也因此无需任何正态分数变换以及反变换，在原始 z-变量和数据基础上便可直接执行序贯模拟，因此命名为“direct sequential simulation 直接序贯模拟”（DSSIM 程序）。

DSSIM 的一个主要优点是能够以局部线性平均的 z-数据为条件来实现模拟。事实上，克里金法能够适应体积/块支持上所定义的数据，只要这些数据是 z-值的线性平均即可，参见 3.6.3 小节。非线性的正态分数变换能够消除其中的线性关系。先前在对 DSSIM 中的数据进行转换的缺陷使其成为一个“downscaling 降尺度”算法的选项，也是一个从“un-averaged 非平均”大尺度块支持数据到较小的值支持实现之间的处理过程（Kyriakidis 和 Yoo，2005；Boucher 和 Kyriakidis，2006）。DSSIM 模拟值重构了目标协方差模型并保证对小支持数据的可用性；此外，它们的块平均值与相应的块数据是匹配的（Hansen 等，2006）。

缺少正态分数变换所要付出的代价是会缺少反变换，因此无法保证 DSSIM 模拟的 z-实现是否能够重构出 z-数据的直方分布。

可以通过两种方式获得这种全局重构的直方分布。

（1）后处理类似于高斯模拟中的正态分数反变换。此类反变换应当无法撤销数据的重构操作（Deutsch，1996；Journel 和 Xu，1994）。9.1 节中所讨论的实用程序 TRANS 允许在原始点—支持数据值中执行这样的变换；然而这会使得协方差重构降级。

（2）能够为任意模拟节点自由选择分布类型，这为使用带来很大自由度（Bourgault，1997）。DSSIM 代码中保留的过程由转换了 z-目标直方分布的那部分样品点所组成，该直方分布与局部简单克里金的均值和方差相匹配（Soares，2001；Oz 等，2003）。

3.8.3 直接误差模拟

一般地，任何未采样值 $z(\boldsymbol{u})$ 可以表示为其估计值 $z^*(\boldsymbol{u})$ 与其对应误差 $r(\boldsymbol{u})$ 之和：

$$z(\boldsymbol{u}) = z^*(\boldsymbol{u}) + r(\boldsymbol{u})$$

估计值 $z^*(\boldsymbol{u})$ 已知，而误差则未知。因此还需要在多种约束条件下模拟误差 $r(\boldsymbol{u})$ 来完成模拟。例如，模拟误差的期望应该为零，并且若 $z^*(\boldsymbol{u})$ 是由克里金法得到，那么其方差应等于已知的克里金方差。而所抽取的模拟误差分布既可能是也可能不是高斯的。同克里金所保证的一样，若随机变量误差 $R(\boldsymbol{u})$ 与随机变量估计 $z^*(\boldsymbol{u})$ 正交（不相关）（Luenberger，1969；Journel 和 Huijbregts，1978；Chilès 和 Delfiner，1999，p. 465），那么误差值 $r_s(\boldsymbol{u})$ 便可以独立的从估计值 $z^*(\boldsymbol{u})$ 中得到：

$$z_{cs}(\boldsymbol{u}) = z_K^*(\boldsymbol{u}) + r_s(\boldsymbol{u}) \tag{3.39}$$

其中，$z_K^*(\boldsymbol{u})$是克里金估计。

0 均值与一个等于克里金方差的方差 $\sigma_K^Z(\boldsymbol{u})\mathrm{Var}\{Z(\boldsymbol{u})-Z_K^*(\boldsymbol{u})\}$中可得到一个分布，而 $r_s(\boldsymbol{u})$则是从该分布中提取的一个误差值。

$Z_{cs}(\boldsymbol{u})$是模拟值。

模拟域为 $\{Z_{cs}(\boldsymbol{u}),\ \boldsymbol{u}\in$学习域$\}$

（1）当每次克里金计算中都能保证 $z_K^*(\boldsymbol{u}_\alpha)=z(\boldsymbol{u}_\alpha)$时，将数据值 $z(\boldsymbol{u}_\alpha)$赋值到位置 $\boldsymbol{u}_\alpha$处；

（2）当每次误差 $R(\boldsymbol{u})$通过 $z_K^*(\boldsymbol{u})$进行正交都满足下式时，有正确的方差。

$$\begin{aligned}\mathrm{Var}\{Z_{cs}(\boldsymbol{u})\} &= \mathrm{Var}\{Z_K^*\} + \mathrm{Var}\{R(\boldsymbol{u})\}\\ &= \mathrm{Var}\{Z_K^*(\boldsymbol{u})\} + [\sigma_K^2(\boldsymbol{u}) = \mathrm{Var}\{Z(\boldsymbol{u}) - Z_K^*(\boldsymbol{u})\}]\end{aligned}$$

然而，确保模拟域 $Z_{cs}(\boldsymbol{u})$和 $Z(\boldsymbol{u})$表现出相同协方差这个特性仍然被保留了下来。这个特性通过将邻域中所有先前的模拟值 $z_K^*(\boldsymbol{u})$加入其克里金数据集，在序贯模拟中（参见 3.8.1 小节和 3.8.2 小节）得以保证。另一个选择是模拟误差 $r_S(\boldsymbol{u})$，从与实际误差 $R(\boldsymbol{u})=Z(\boldsymbol{u})-Z_K^*(\boldsymbol{u})$共享相同（非稳态）协方差的误差训练图像中，能够提取出该实际误差。误差训练图像由反复以数据 $z(\boldsymbol{u}_\alpha)(\alpha=1,\ \cdots,\ n)$来生成 $z_K^*(\boldsymbol{u})$估计这样一个过程中生成，这个过程由一个无条件化模拟实现，该模拟使用与“simulated 已模拟”数据 $z_s(\boldsymbol{u}_\alpha)(\alpha=1,\ \cdots,\ n)$相同几何结构的随机函数 Z（$\boldsymbol{u}$）。这个过程写作（Journel 和 Huijbregts，1978；Deutsch 和 Journel，1998，p. 127；Chilès 和 Delfiner，1999，p. 465）：

$$Z_{cs}^{(l)}(\boldsymbol{u}) = Z_K^*(\boldsymbol{u}) + [Z_s^{(l)}(\boldsymbol{u}) - Z_{Ks}^{*(l)}(\boldsymbol{u})] \tag{3.40}$$

其中：$(Z_s^{(l)}(\boldsymbol{u}))$是在随机域 $Z(\boldsymbol{u})$中执行其协方差模型的第 l 个无条件模拟实现，；$z_K^*(\boldsymbol{u})$是由实际数据值 $z(\boldsymbol{u}_\alpha)(\alpha=1,\ \cdots,\ n)$中所建立的克里金估计；$Z_{Ks}^{*(l)}(\boldsymbol{u})$是由模拟数据值 $Z_s^{(l)}(\boldsymbol{u}_\alpha)$中所建立的克里金估计，这些模拟数据值按照实际数据位置值 $\boldsymbol{u}_\alpha(\alpha=1,\ \cdots,\ n)$，从无条件模拟域 $z_s(\boldsymbol{u})$中提取；$Z_{cs}^{(l)}(\boldsymbol{u})$是第 l 个条件模拟实现。

警告：在模拟中值的无条件实现时，需要输入一个直方分布，但是这个直方分布或许无法在最终所模拟的条件化实现中被重构。

需要注意的是，两个克里金估计 $Z_K^*(\boldsymbol{u})$与 $Z_{Ks}^{*(l)}(\boldsymbol{u})$中需要同时使用克里金权值$\lambda_\alpha(\boldsymbol{u})$，因为模拟域 $Z_s(\boldsymbol{u})$与实际域 $Z(\boldsymbol{u})$共享了相同的协方差模型与数据几何结构。直接误差模拟法存在的主要（可能的）优势在于：不论所需的条件模拟实现 $Z_{cs}^{(l)}(\boldsymbol{u})(l=1,\ \cdots,\ L)$中的 L 数量为多少，每个模拟节点 $\boldsymbol{u}$ 都只需要一个克里金便可。我们可以利用任何一种快速的无条件模拟算法来生成那 L 个必需的域 $Z_s^{(l)}(\boldsymbol{u})$(Chilès 和 Delfiner，1999，p. 494，p. 513；Olivier，1995；Lantuèjoul，2002)；这 L 个克里金能够非常快速的获得 $Z_{Ks}^{*(l)}$（$\boldsymbol{u}$），而这一过程仅利用所保存的克里金权值 λ_α（$\boldsymbol{u}$），对其进行矩阵乘法便可实现；最后通过相加的和运算[式（3.39）]便可给出 L 条件域 $Z_{cs}^{(l)}(\boldsymbol{u})$。

但需要附加说明的是误差域 $R(\boldsymbol{u})=Z(\boldsymbol{u})-Z_K^*(\boldsymbol{u})$必须与估计信号 $Z_K^*(\boldsymbol{u})$相互独立（或至少不相关）。这是一个重要的要求，而这点要求只能在多高斯域 $Z(\boldsymbol{u})$中应用简单克里金才能够被保证。

3.8.4 指示器模拟

指示器模拟是用来模拟由一组 K 个二进制指示器变量所定义的离散变量（Journel, 1983；Goovaerts, 1997, p. 423；Chilès 和 Delfiner, 1999, p. 512）。该算法后来被扩展到模拟由 K 类离散变量所生成的连续变量。考虑相应的两个定义：

$$I_k(\boldsymbol{u})\begin{cases}1 & 若 k 类变量发生在 u 处\\0 & 否则\end{cases} \tag{3.41}$$

或

$$I(u;\ Z_k)=\begin{cases}1 & 若 Z(u \leqslant Z_k)\\0 & 否则\end{cases}$$

指示克里金（参见 3.6.5 小节）将分别提供以局部数据集 $n(\boldsymbol{u})$ 为条件的 K 类型概率估计：

$$\text{Prob}\{\boldsymbol{u} \in k \mid n(\boldsymbol{u})\} \in [0,\ 1] \quad (k=1,\ \cdots,\ K) \tag{3.42}$$

其中

$$\sum_{k=1}^{K} \text{Prob}\{\boldsymbol{u} \in k \mid n(\boldsymbol{u})\} = 1$$

或

$$\text{Prob}\{Z(\boldsymbol{u}) \leqslant Z_k \mid n(\boldsymbol{u})\} \in [0,\ 1] \quad (k=1,\ \cdots,\ K)$$
$$\text{Prob}\{Z(\boldsymbol{u}) \leqslant Z_k \mid n(\boldsymbol{u})\} \leqslant \text{Prob}\{Z(\boldsymbol{u}) \leqslant Z_{k'} \mid n(\boldsymbol{u})\},\ \forall Z_k \leqslant Z_{k'}$$

从这些指示克里金派生的条件概率中，可以模拟各模拟节点 $\boldsymbol{u}$ 的一个类型指示器，这里的指示器是指连续值 z 所属的类型指示器或类型。

需要注意的是，如需考虑 K 个类型，那么在各个节点处便需要$(K-1)$ 个指示克里金，并且每个克里金需要其自身指示器的协方差模型。在连续变量 $Z(\boldsymbol{u})$ 的实例中，阈值的中值 $z_k=M$ 能够定义单协方差，随后以该单协方差为比例选择$(K-1)$个指示器协方差模型，如果采用这样一个中值指示器模型，能够极大地减少建模任务的工作量（Goovaerts, 1997, p. 304；Chilès 和 Delfiner, 1999, p. 384）。

回顾一个概念，单指示克里金结果必须进行修正以满足式（3.42）的相关约束条件(Goovaerts, 1997, p. 324)。那么在从指示克里金估计的条件概率中提取模拟值之前，就应当已完成这些次序相关的修正。

可以证明，除非受到修改次序关系的影响，否则指示协方差模型是可以被重构的。

备注：

指示器形式最初为离散变量所设计，后来才扩展到连续变量。至于多个类型（$K \geqslant 4$）的离散变量模拟，应谨慎使用 SISIM，因为所修正的关系次序数量及规模令人望而却步，并且大量指示协方差的重构质量也会较差。

类型的层次结构和空间嵌套可将大量 K 个类型的模拟拆分成一系列独立的模拟，每个都仅包含较少类型（Maharaja, 2004）。例如，$K=5$ 个岩相模拟可因此而减少为：第一次模拟的两个主要相组（$K=2$），其次是嵌套在每个组中的个别相模拟，由之前的第一组模拟中去模拟 $K=3$，及第二组中去模拟 $K=2$。

3.9 多点模拟算法

多点模拟的概念是由已建立好的基于目标算法中出现的问题所引起的，用于处理大量的局部数据。利用基于目标算法，也称为布尔算法，将给定形状的“objects 对象”放置到模拟研究区域中，便可将所需的形状和图案画到该区域中（Chilès 和 Delfiner，1999，p. 545；Stoyan 等，1987；Haldorsen 和 Damsleth，1990；Lantujoul，2002；Mallet，2002）。目标的形状参数（例如大小、各向异性、曲率）都是随机赋值的，这使得模拟过程具有随机性。利用迭代处理使得模型符合局部数据的条件：目标不停地被删除、转换、移动、替代，直到实现一个合理的匹配。基于对象的算法非常适合建立具有所需空间结构和模式的训练图像，但众所周知，它们对于局部数据的条件匹配还是很困难的，尤其当这些数据具有小体积、大数量与多类型特点时。相反，基于像素的算法很容易与局部数据匹配，因为其模拟每次处理一个像素（点）：每次改变单点值来匹配局部数据并不会影响围绕在该点之外的整体目标。但是传统基于像素的算法基于两点统计只能由变差函数或协方差模型实现，无法实现确定的形状和图案。

3.9.1 单正态方程模拟（SNESIM）

缺少了基于像素过程对于数据调节的灵活性，我们必须找到突破变差函数限制的方法。变差函数只来自于建立克里金的局部条件概率分布（参见 3.8 节），因此而产生了一个想法，可以直接从训练图像中收集这些能够显示所需空间架构的分布。这样可使模拟回避所有变差函数/协方差模型以及所有克里金方法。从训练图像中所选择的概率分布，可以实现诸如准确或近似匹配局部条件数据等功能。更准确地说，是对训练图像进行扫描，并检索条件数据事件出现的重复数据；由这些重复数据能够定义以可检索的先验条件分布为条件的一组子训练群（Guardiano 和 Srivastava，1993；Strebelle，2002）。SNESIM 算法从训练图像中读取条件概率分布，通过基于匹配理论的一个无条件的基于目标算法能够建立这些训练图像，并在随后按照顺序以每次一个像素的方式对其进行处理，也因此能够有效利用数据的条件作用，使其摆脱序贯模拟的限制。

SNESIM 算法主要的必需条件与困难就是需要一个“rich 丰富的”训练图像，序贯模拟过程中所遇到全部条件数据事件，都可以在这个训练图像中找到其充足准确的重复数据。在任意位置上，如果重复数据无法足够地获取，那么，这些局部条件数据都会被丢弃，如果不这么做的话，虽然会使我们能够获得更多重复数据，但却需要承担这种差数据条件带来的代价。如果模拟涉及的类型过多（$K>4$），或模拟连续变量，那么这种限制会让人望而却步。我们也因此需要转换到 FILTERSIM 算法（Journel 和 Zhang，2006；Zhang 等，2006），它能够接受条件数据事件的近似复制次数（参见 3.9.2 小节）。

这种多点（MP）序贯模拟算法被称为“SNESIM 单正态方程模拟”，即从一个训练图像中读取所有的条件概率作为对应的比例。通过这个名称可以理解，所有那些比例实质都是一元指示克里金（正态的）方程的结果而已，见式（3.38）。

原始的 SNESIM 代码（Guardiano 和 Srivastava，1993）需要在每个模拟节点重新扫描训练图像，以收集该节点条件数据事件的重复数据；这样做的效果非常好，但对 CPU 的消耗却难以接受。搜索树概念的引入突破了这个限制，它允许训练图像在单次扫描中在中央存储器中智能存储所训练图像的所有训练比例（Strebelle，2002）。然后在序贯模拟过程中，便可从搜索树中直接读取这些比例。SNESIM 算法的障碍已不再是 CPU，而是对大量并具有充足“rich 丰富性”的训练图像需求，模拟过程中所遇到大多数条件数据事件，在该图像中都需要携带有足够的重复数据。

基于搜索树的 SNESIM 算法的详情可以在 Strebelle（2000 年）中找到。SNESIM 算法的执行过程可以在 8.2.1 小节找到。

3.9.2 基于滤波器算法（FILTERSIM）

基于像素与基于目标两个算法间还有一个中间选择，那就是将某个目标体或者最好是将整个训练图像切割分离成小片，这样便可使用这些小片来进行模拟，模拟中使小片数据符合条件数据即可（Arpat，2004；Zhang，2006；Journel 和 Zhang，2006）。也许最好的类比是建立一个拼图游戏，要求图中所模拟的每一个小片都必须与原始数据及之前最近放置的小片相匹配。通过调查包含先前对“similar 类似”小片进行分类的 bin（箱子）使得相匹配小片的搜索加速；也可以说一个特定的 bin（箱子）中包含了所有训练图像小片及一些天空元素在其中，其他的 bin（箱子）中将包含部分树木和房屋。不同于拼图游戏，任何从一个 bin（箱子）中取出的小片都会立即被一个完全相同的小片所替代，因此 bin（箱子）永远不会被耗尽。此外，这里所需的拟合只是个近似运算，并且能够在后续的序贯模拟路径中重新修正。

不用将整个 Ti 小片都放入模拟场中，可以只修补（patch）小片的中心部分。这个中心部分或补丁尺寸可以小到一个单中心像素值。

FILTERSIM 算法成功的关键是将训练图像的局部模式分类为数量不大的“similar 类似”模式。这个分类操作会将所有模式缩减为少量的特征分数，如拥有云的天空与没有云的天空。在 FILTERSIM 中可通过对构建该模式的一组像素值应用线性过滤器来定义这些分数（Schneiderman 和 Kanade，2004）。接下来，我们必须定义条件数据事件与任意先前 bin（箱子）之间的距离。这也就需要选择与条件数据事件之间最接近的 bin（箱子），使得两者之间具有最为近似的训练模式。较提出较早期版本 FILTERSIM 中所编写的代码来说，未来研究毫无疑问应当优化更好的数据对（滤波+距离）。

FILTERSIM 算法最初设计用于模拟连续变量，现已延伸到分类变量。然而，因为线性滤波器的概念并没有随之扩展到分类变量中，因此，我们建议当模拟中必须要加入大量分类变量（$K>4$）时，才使用分类 FILTERSIM 方法。对于合理数量，也就是较少数量的类型，SNESIM 方法由于其能够提供相对更大并且更为多样化（丰富）的训练图像，也因此成为一个更好的选择。

分层模拟：

由于非常大与丰富的训练图像（尤其在三维中），获取十分困难，而且由于相应搜索树对于内存 RAM 的需求问题，因此在超过 $K=4$ 个的类型中应用 SNESIM 算法通常难以实现。但在大多数情况下，这个限制在地球科学的应用中并不构成问题，因为相或岩石类型经常能够互相嵌套而使该问题分解开，参见 Maharaja（2004）和 Walker（1984）。

考虑，例如模拟 7 个相，#5 相和#6 相嵌套在#3 相中，#7 相嵌套在#4 相。SNESIM 对于修正后的四相训练图像的首次运行将会描绘这 4 组相的空间分布 A = 1，B = 2，C = 3 + 5 + 6，D = 4 + 7，并模拟这 4 个组的实现。考虑诸如此类的任意实现，以及像 C 组与 D 组一样将响应的区域分离开；C 组所定的区域利用带有合适训练图像的 SNESIM 算法模拟#3 相、#5 相和#6 相的空间分布；D 区使用另一个训练图像来模拟#4 相和#7 相的分布。

3.10　组合条件概率的 nu/tau 表达式

随机预测为数据的所有可能结果提出一个概率分布模型。从这样的分布模型中，我们能够模拟出未知的一组结果。因此，根本任务便成为先验条件概率分布的确定，但当遇到下述的一些情况时，该任务会尤其困难，包括：当前数据为各种不同类型；数据之间相互冗余；数据信息中具有远超所评估未知的线性相关性。最新的技术发展开发出了一个用于解决这样一种常见问题的通用静态公式，使得现代多点方法在数据集成方面具有显著的适应性（Bordley，1982；Benediktsson 和 Swain，1992；Journel，2002；Polyakova 和 Journel，待刊）。

在绝对的通用性这个层面上，有些符号是必要的，我们将尽力通过直观的例子回溯这些符号。

用符号 A 表示未采样的随机变量，符号 $\boldsymbol{D}_i=\boldsymbol{d}_i(i=1, \cdots, n)$ 代表 n 个事件，以大写字母表示随机变量，相应的小写字母则表示任何观察到的数据值。在多点应用中，$\boldsymbol{D}_i=\boldsymbol{d}_i$ 实际上是涉及多个数据位置的向量，但为简单起见，我们仅保留标量符号 $\boldsymbol{D}_i$。

概率预测的最终目标是要估计全部条件概率：

$$\text{Prob}\{A=a \mid \boldsymbol{D}_i=\boldsymbol{d}_i, \ i=1, \ \cdots, \ n\} \tag{3.43}$$

这是一个$(n+1)$个值$(a; \boldsymbol{d}_i)(i=1, \cdots, n)$的函数。

如果每个数据事件 $\boldsymbol{D}_i$ 与一个单独空间位置之间相互联系并写为 $\boldsymbol{d}_i=z(\boldsymbol{u}_i)$，那么，传统两点统计学比如协方差就足以将任何基准数据 $\boldsymbol{D}_i$ 与其他数据 $\boldsymbol{D}_j$ 或未知量 A 联系起来。

如果涉及多个数据位置（它还是一个向量）的每个数据事件 $\boldsymbol{D}_i$ 都具有相同的属性 z，同样也是 A-属性，那么我们会希望去寻找或建立一个 Z-训练图像，来描述任何矢量 A 和任意 Z-值向量的联合分布。使用这样的训练图像，便能够执行 SNESIM 和 FILTERSIM 多点算法，请参见 3.9.1 小节和 3.9.2 小节。

除了利用多点之外，当每个数据事件 $\boldsymbol{D}_i$ 同时涉及不同的属性时，通常情况下会成为无法实现的任务。例如，$\boldsymbol{D}_1$ 可能是从测井曲线中所得到相指示数据的一个多点模式，$\boldsymbol{D}_2$ 可能是一组涉及许多空间位置但又不同于与 $\boldsymbol{D}_1$ 相关位置的地震阻抗数据；至于 A，可能关于一个不同的位置（或一组位置）的第三种属性，如孔隙度。

解决的方法同样是“divide and conquer 分而治之”，将全局数据事件 $\boldsymbol{D}=\{\boldsymbol{D}_i=\boldsymbol{d}_i, i=1, \cdots, n\}$ 分解为 n 个成分数据事件 $\boldsymbol{D}_i$，其中每个单独的条件概率为 $\text{Prob}\{A=a \mid \boldsymbol{D}_i=\boldsymbol{d}_i\}$ $(i=1, \cdots, n)$，这些概率可以通过传统的两点、多点地质统计学或其他任何方法来进行估计。普遍的问题是如何将 n 个单独的概率重组为一个完全条件概率的估计［式（3.43）］；这要求由下面的积分函数 φ 确定：

$$\text{Prob}\{A=a|\boldsymbol{D}_i=\boldsymbol{d}_i,\ i=1,\ \cdots,\ n\}=\varphi(\text{Prob}\{A=a\mid \boldsymbol{D}_i=\boldsymbol{d}_i\},\ i=1,\ \cdots,\ n) \tag{3.44}$$

回到前面的例子：

$P(A\mid \boldsymbol{D}_1)$可以从描述孔隙度（$A$-属性）和相指示（$\boldsymbol{D}_1$类型属性）联合分布的训练图像中进行估计。

$P(A\mid \boldsymbol{D}_2)$可由孔隙度与一组相邻地震波阻抗数据（$\boldsymbol{D}_2$类型属性）之间的标定关系而独立的进行估计。

当开始评估孔隙度（A）时，它仍然会将这两个空间条件概率结合起来计算地震及相数据中的冗余信息。

幸运的是，式（3.44）的准确分解公式是存在的，也就是所谓的 nu 或 tau 表达式。此表达式已经出现有一段时间了（Bordley，1982；Benediktsson 和 Swain，1992），但其通用性或精密性直到最近还没有建立，并且数据集成方面的重要性也没有被充分认识。

警告：

在式（3.43）和式（3.44）中的所有概率是一个（n+1）个值 a 与 $\boldsymbol{d}_i$ 的函数，此外，$\boldsymbol{d}_i$ 还可能是一个数据值的多点矢量。然而为简单起见，我们在后面会使用短符号 $P\{A\mid \boldsymbol{D}\}$，$P\{A\mid \boldsymbol{D}_i\}$，来避免混乱的风险。

为什么用概率？在复合函数 φ 发展之前，我们都应当回答一个问题，概率方法是否最适合于这种数据集成问题，而答案就在式（3.44）中：

（1）概率提供了一种无单位、［0，1］归一化、跨越所有数据类型的信息编码，所有这些都有利于数据集成任务；

（2）相对于确定性估计 A，每个基本的概率 $P(A=a\mid \boldsymbol{D}_i=\boldsymbol{d}_i)$既包含 $\boldsymbol{d}_i$ 的信息内容又包含对于评估 $A=a$ 贡献的不确定性。

3.10.1 nu/tau 表达式

对每个单独概率进行概率到距离转换：

$$x_0=\frac{1-P(A)}{P(A)},\ x_1=\frac{1-P(A|\boldsymbol{D}_1)}{P(A|\boldsymbol{D}_1)},\ x_n=\frac{1-P(A|\boldsymbol{D}_n)}{P(A|\boldsymbol{D}_n)} \tag{3.45}$$

值域为［0，+∞］。

$P(A)=P(A=a)$是事件 $A=a$ 发生的先验概率，“prior 先验”是已知的任何 n 个数据 $\boldsymbol{D}_i=\boldsymbol{d}_i$，$x_0$ 是 $A=a$ 事件发生的先验距离，如果 $P(A)=1$，该值等于 0，如果 $P(A)=0$，该值达到∞，这个结论对于每一个基本距离 x_i 都是类似的。

我们使用符号：$1-P(A|\boldsymbol{D}_i)=P(\widetilde{A}|\boldsymbol{D}_i)$，这里 $\widetilde{A}$ 表示非 A。

x 到 $A=a$ 发生的距离，由所有 n 个数据联合起来根据 nu 表达式给出：

$$\frac{x}{x_0}=\prod_{i=1}^{n}v_i\frac{x_i}{x_0}=v_0\prod_{i=1}^{n}\frac{x_i}{x_0}\qquad v_i\geqslant 0$$

或等效的 tau 表达式：

$$\frac{x}{x_0} = \prod_{i=1}^{n} \left(\frac{x_i}{x_0}\right)^{\tau_i} \qquad \tau_i \in [-\infty, +\infty] \tag{3.46}$$

与

$$v_i = \left(\frac{x_i}{x_0}\right)^{\tau_i - 1} \qquad 或 \qquad v_i \in 1 + \frac{\lg v_i}{\lg \frac{x_i}{x_0}}$$

和

$$v_0 = \prod_{i=1}^{n} v_i \in [0, +\infty] \tag{3.47}$$

回顾

$$x = \frac{P\{\widetilde{A} \mid D_1, \cdots, D_n\}}{P\{A \mid D_1, \cdots, D_n\}}$$

因此

$$P\{A \mid D_1, \cdots, D_n\} = \frac{1}{1+x} \in [0, 1] \tag{3.48}$$

nu/tau 表达式给出了具有充分条件的相对距离 x/x_0，作为 n 个基本相对距离 x_i/x_0 的函数。回想一下，这 n 个基本距离是假设已知的，式（3.46）中两个等效关系式的唯一问题是，如何将基本距离融入充分条件距离 x 中。式（3.46）中所表示的组合函数是加权乘积而不像指示克里金方法中所使用的加权线性组合（参见 3.6.5 小节）。相对距离携带包含每个基本数据事件 D_i 的信息；tau 或 nu 的权值如同评估 $A=a$ 的概率一样来处理各种数据事件所携带的附加信息（冗余之外）。

v-参数的准确表达式为（Polyakova 和 Journel，待发表）：

$$v_i = \frac{\dfrac{P(D_i \mid \widetilde{A}, \overline{D_{l-1}})}{P(D_i \mid A, \overline{D_{l-1}})}}{\dfrac{P(D_i \mid \widetilde{A})}{P(D_i \mid A)}} \in [0, +\infty], \; v_1 = 1 \tag{3.49}$$

同样，tau 参数可表示为（Krishnan，2004）：

$$\tau_i = \frac{\lg \dfrac{P(\boldsymbol{D}_i \mid \widetilde{A}, \overline{D_{i-1}})}{P(\boldsymbol{D}_i \mid A, \overline{D_{i-1}})}}{\lg \dfrac{P(\boldsymbol{D}_i \mid \widetilde{A})}{P(\boldsymbol{D}_i \mid A)}} \in [-\infty, +\infty], \; \tau_1 = 1 \tag{3.50}$$

这里 $\overline{D_{i-1}} = \{\boldsymbol{D}_j = \boldsymbol{d}_j, \; j=1, \cdots, i-1\}$ 表示在第 i 个数据事件 $\boldsymbol{D}_j = \boldsymbol{d}_j$ 之前所考虑的全部数

据事件集合。

$\text{Prob}(\boldsymbol{D}_i|A)$是由观测基准值$\boldsymbol{D}_i=\boldsymbol{d}_i$的得到$A=a$结果的概率（可能性），$\text{Prob}(\boldsymbol{D}_i|\widetilde{A})$是由相同观测基准值得到$\widetilde{A}$结果的概率，因此出现在$v_j$或$\boldsymbol{\tau}_i$表达式分母中的这个比值$\frac{\text{Prob}(\boldsymbol{D}_i|A)}{\text{Prob}(\boldsymbol{D}_i|A)}$，可以作为如何使用基准$\boldsymbol{D}_i=\boldsymbol{d}_i$来从$\widetilde{A}$中区分$A$的一个度量值。与分母相同，出现在分子中的比值是用于区分的度量值，但它会出现在所有之前处理的数据$\overline{D_{i-1}}=\{\boldsymbol{D}_j=\boldsymbol{d}_j, j=1, \cdots, i-1\}$中。单元值$v_i=\tau_i=1$将会对应数据事件$\boldsymbol{D}_i=\boldsymbol{d}_i$与先前处理的数据$D_{i-1}$之间的所有信息冗余。因此，参数值$|1-v_i||1-\boldsymbol{\tau}_i|$可以被理解为$\boldsymbol{D}_i$所携带的、超过先前$\overline{D_{i-1}}$数据的附加信息，如同区分$A=a$和$A=$非$a$时一样。

请注意，一元校正参数v_0是数据序列无关的；对任意i，当$v_0=1$比$v_i=1(\forall i)$更普遍时也是这样；这包含了数据冗余的复杂条件$(v_i\neq i)$，它们会相互抵消使得最终$v_0=1$。

3.10.2 tau 还是 nu 模型

尽管所有上述表达式［式（3.43）、式（3.50）］中的简短符号$P(A|\boldsymbol{D}_i)$应理解为$P(A=a|\boldsymbol{D}_i=\boldsymbol{d}_i)$，但回想一下，它们都是值依赖的数据；同样的，基本距离X_i同样是a与$\boldsymbol{d}_i$值依赖的。

若v_i和$\boldsymbol{\tau}_i$参数实际已被估计，比如从训练图像中，并且使得数据成为值依赖的，那么式（3.47）中的两个表达式就是等效的。此时，我们可能更喜欢 nu 公式，因为它提出了一个独立于数据序列$D_1, D_2, \cdots, D_n$之外的矫正参数$v_0(a, \boldsymbol{d}_i;\ i=1, \cdots, n)$。而$\boldsymbol{\tau}_i$参数的估计则与不明确的基准值相关，诸如$P(\boldsymbol{D}_i|A)\approx(\boldsymbol{D}_i|A)$，由于可能会出现除以接近0值的对数，见式（3.50），因此在运行中会出现问题。

然而，如果假设v_i和$\boldsymbol{\tau}_i$参数为常数，独立于$(a, \boldsymbol{d}_i;\ i=1, \cdots, n)$值之外，那么，tau 公式则会更受欢迎。事实上，当考虑只有两组不同数据值的两个数据事件情况时：

$$\{D_1=d_1, D_2=d_2\}\text{ 与 }\{D_1=d'_1, D_2=d'_2\}$$

当v_0参数为常量（同方差）的 nu 模型可写为：

$$\frac{x}{x_0}=v_0\cdot\frac{x_1}{x_0}\cdot\frac{x_2}{x_0}\qquad\text{对于数据集}\{d_1, d_2\}$$

$$\frac{x'}{x_0}=v_0\cdot\frac{x'_1}{x_0}\cdot\frac{x'_2}{x_0}\qquad\text{对于数据集}\{d'_1, d'_2\}$$

其中x, x_1, x_2是对应于$\{d_1, d_2\}$的距离，x', x'_1, x'_2是对应于$\{d'_1, d'_2\}$的距离。条件距离是值依赖的数据，不同于先前的距离$x_0=x'_0$。因此：

$$\frac{x'}{x}=\frac{x'_1}{x_1}\cdot\frac{x'_2}{x_2},\quad\forall v_0$$

参数v_0显然是不起作用的。

相反，参数$\boldsymbol{\tau}_1$和$\boldsymbol{\tau}_2$为常量的 tau 模型可写为：

$$\lg \frac{x}{x_0} = \tau_1 \cdot \lg \frac{x_1}{x_0} + \tau_2 \lg \frac{x_2}{x_0} \text{ for data set } \{d_1, d_2\}$$

因此

$$\lg \frac{x'}{x_0} = \tau_1 \cdot \lg \frac{x'_1}{x_0} + \tau_2 \lg \frac{x'_2}{x_0} \text{ for data set } \{d'_1, d'_2\}$$

$$\lg \frac{x'}{x} = \tau_1 \cdot \lg \frac{x'_1}{x_1} + \tau_2 \lg \frac{x'_2}{x_2}，\text{或者等效的}$$

$$\frac{x'}{x} = \frac{x'^{\tau_1}_1}{x_1} \cdot \frac{x'^{\tau_2}}{x_2}$$

虽然 tau 参数是值依赖的数据，但它仍然是有效的，除非 $\tau_1 = \tau_2 = v_0 = 1$。

即使 $\tau_i s$ 被认为是数据值依赖的，但 tau 表达式的后一个特性仍然有效，它使得 tau 表达式［式（3.46）］成为对更确信数据事件进行加权的一种便利的探索手段。不论实际数据值（d_i，d_j）为多少，这都足以使 $\tau_i>0$，$\tau_j>0$，较数据事件 D_j 来说，对数据事件 D_i 更为重要。tau 模型的探索式应用完全失去 nu/tau 表达式的主要贡献，也就是失去了对所有空间数据冗余的定量描述（a，$\boldsymbol{d}_i$；$i = 1, \cdots, n$）。

SGeMS 提出了一个实用程序 NU-TAU MODEL，参见 9.5 节，使用 nu 或 tau 表达式［式（3.46）］并输入值依赖数据 nu 或 tau 参数，将先验概率结合起来。然而，在 SNESIM 和 FILTERSIM 程序中，只有 tau 表达式能够允许输入 tau 参数来作为数据值的不相关常量。

3.11 反演问题

有一个主要题目在 SGeMS 软件中并未直接处理，那就是将复杂数据 D 集合表示为一个大量 $z(\boldsymbol{u}_\alpha)$ 模拟值的非解析与非线性函数 ψ：

$$D = \psi(z(\boldsymbol{u}_\alpha), \ \alpha = 1, \ \cdots, \ n)$$

模拟域 $\{z^{(l)}(\boldsymbol{u}) \in \mathbf{S}\}$（$l=1, \cdots, L$），一定能够重构出这样的数据，即：

$$D^{(l)} = \psi(z^{(l)}(\boldsymbol{u}), \ \alpha = 1, \ \cdots, \ n) \approx D \qquad \forall l = 1, \ \cdots, \ L$$

其中函数 ψ 可以获知，但通常只能通过一个与流线模拟器一样的算法实现。

SGeMS 提供了可被选择、结合、扰动并检查的实现 $\{z^{(l)}(\boldsymbol{u}), \ \boldsymbol{u} \in \mathbf{S}\}$，能够近似匹配数据 D。一般被称为“inverse problem 反演问题”（Tarantola，2005）；参见 Hu 等以及 Caers 和 Hoffman（2006），可从地质统计学角度获得更多信息。

4　数据集与 SGeMS EDA 工具

本章对后续章节中用于演示地质统计学算法的数据集进行了介绍，此外还介绍了 SGeMS 软件的勘探数据分析（EDA）工具 。

4.1 节介绍了 2D 和 3D 两个数据集。较小的 2D 数据集足以演示大多数地质统计学算法的运行（例如克里金和方差图模拟仿真）。另外的 3D 数据集模拟了一个大型三角洲河道油藏，用于演示算法在大型 3D 应用程序中实践的效果，这些 3D 数据集在阐述 EDA 时也会被用到。

4.2 节介绍了基本的 EDA 工具，如直方图、Q—Q（分位数—分位数）图、P—P（概率—概率）图和散点图。

4.1　数据集

4.1.1　2D 数据集

这个 2D 数据集是丢弃 Ely 数据集（Journel 和 Kyriakidis，2004）中的负数，并对其正数值取对数而得到的。原始数据来自于内华达州 Ely 区块中的高程值。对应的 SGeMS 项目保存在/Elyl. prj 数据集中。它包含了两个 SGeMS 对象：Ely1_ pset 和 Ely1_ pset_ samples。

（1）Ely1_ pset 是个包含 10000 个点的点集网格，也由此而组成参考（详细）数据集。这个点集网格包含 3 个属性：局部变化均值（“lvm”）、主变量的值（“主变量”）、协同次属性值（“次属性”）。图 4.1（a）（b）给出了点集网格与它的属性。这个项目可保存从克里金算法或者随机模拟中获得的属性。

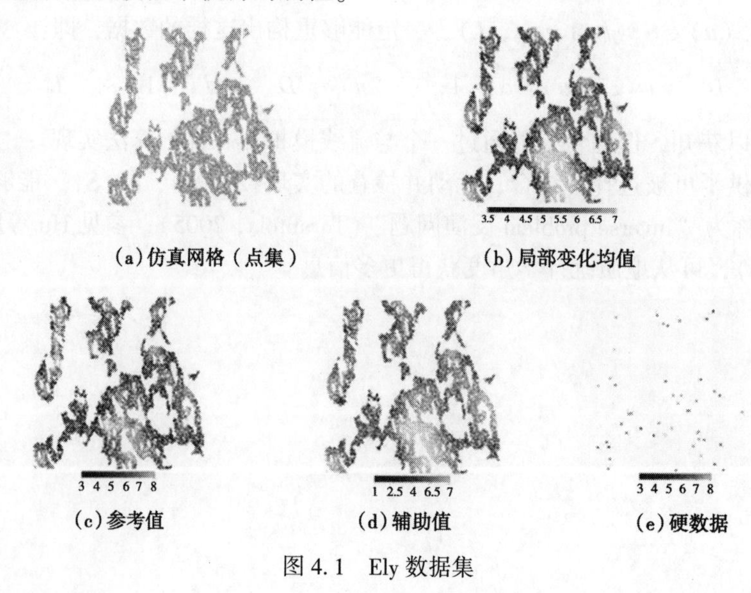

(a) 仿真网格（点集）　(b) 局部变化均值
(c) 参考值　(d) 辅助值　(e) 硬数据

图 4.1　Ely 数据集

（2）Ely1_pset_samples 提供 50 个井数据（“样品”），可以用这些数据作为地质统计学估计或模拟的硬约束数据。这些数据是由参考数据集中抽样得到的，如图 4.1（c）所示。

4.1.2 3D 数据集

本书中提到的 3D 数据集来自于 Stanford VI 中的一个地层，是一个代表河道储层的合成数据集（Castro，2007）。相应的 SGeMS 项目位于 DataSets/stanford6.prj 文件。这个项目包含 3 个 SGeMS 项目：well，grid 和 container。

（1）well 对象包含井数据集。总共包含 26 口井（21 口直井，4 口斜井和 1 口水平井）。这些井带有 6 个属性，包括有块 density（密度）：一个二进制的 facies（相）指示器（河道砂体或泛滥平原的泥岩），P-wave impedance（纵波阻抗），P-wave velocity（纵波速度），porosity（孔隙度），permeability（渗透率）。这些数据将在第 7 章到第 9 章所运行的实例中被用作硬数据或软约束数据。图 4.2 显示了井位置和沿 Standford VI 井的孔隙度分布。

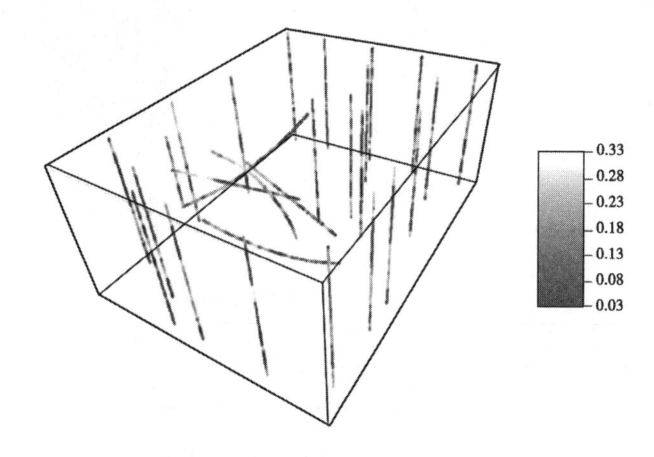

图 4.2 井位置和沿 Stanford VI 井的孔隙度分布

（2）grid 对象是一个笛卡儿网格（图 4.2 显示了它的的矩形边界）：网格尺寸为 150 × 200 × 80；原点为（0，0，0）；在每个 $x/y/z$ 方向的单元网格尺寸。

这个储层网格具有以下两个变量：

①概率数据。这个相概率数据是利用井数据（相和纵波阻抗）对原始地震阻抗数据进行校准而得到的。提供了两个砂体概率体（属性 P（sand | seis）和 P（sand | seis）_2）：第一个显示了明显的河道边界［最高质量数据，见图 4.3（a）］；第二个显示了模糊的河

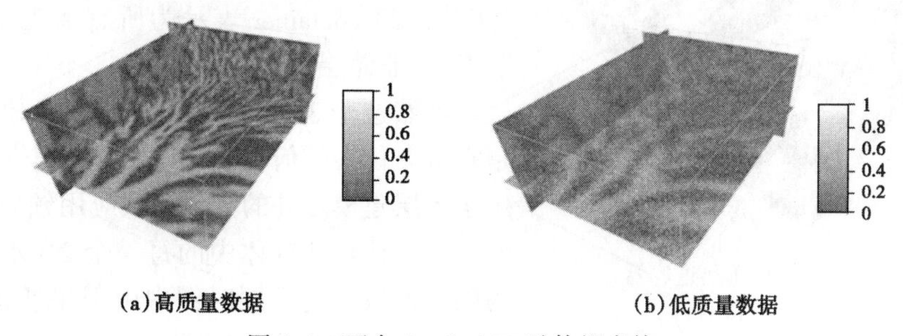

(a)高质量数据　(b)低质量数据

图 4.3 两个 Stanford VI 砂体概率体

道边界［较差质量数据，见图 4.3（b）］。这些概率数据将被用作相建模的软约束。

②区域代码。通常一个大型储层将会分为不同的区域，每个区域都有自己的特征，例如，河道方向和河道厚度在不同的区域中是不相同的。与 Stanford VI 储层相联系的区域是一个旋转区域（属性 angle），对应于不同的河道走向（图 4.4），而另一个缩放（scaling）区域则对应于不同的河道厚度（属性 affinity）（图 4.5）。每个旋转区域会通过一个指示器数字进行标注，并被赋予一个旋转角度，见表 4.1。在表 4.2 中给出了缩放指示器与其相对应的缩放数值。每个 *x/y/z* 方向都必须分配一个缩放值：缩放值越大，在那个方向上河道则更厚。

图 4.4　角度指示器立方体

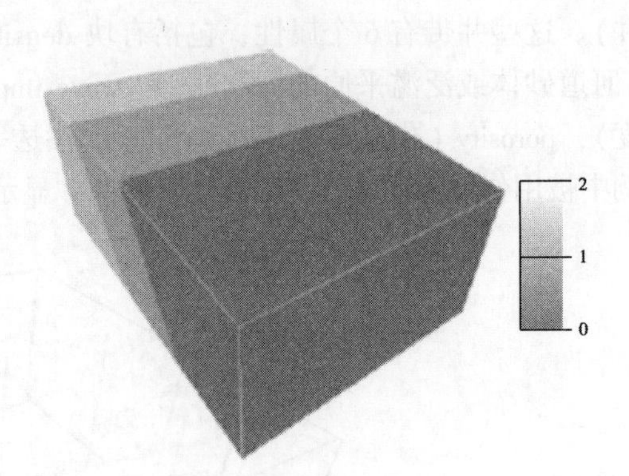

图 4.5　缩放指示立方体

表 4.1　Stanford VI 旋转区域指标

Angle catagory	0	1	2	3	4	5	6	7	8	9
Angle value（degree）	-63	-49	-35	-21	-7	7	21	35	49	63

表 4.2　Stanford VI 相似性区域指标

Affinity category	0	1	2
Affinify value（[*x*,*y*,*z*]）	[2,2,2]	[1,1,1]	[0.5,0.5,0.5]

(3) container 对象由所有位于河道内部的储层节点组成，因此，它是一个包含(*x*,*y*,*z*)坐标的点集。用户可以在这个河道 container 中执行地质统计学研究，例如，估计河道岩石物理特性。在图 4.6 中河道 container 表示为所有值为 1(灰色)的节点，而非储层区域则是黑色。

图 4.6　Stanford VI 河道容器(container)(灰色节点)

虽然这个 3D 数据集是取自一个储层模型，但是它可以代表任何 3D 空间的分布属性，也可以应用于储层建模之外的其他测试应用领域。例如，人们可以将地震数据体中的每一个 2D 水平层，解释为同一区域中的不同时间内由卫星所记录的粗略测量数据。因此，该应用还可将地形在时间与空间上的模型建立出来。

4.2 SGeMS EDA 工具箱

SGeMS 提供了一些有用的勘探数据分析（EDA）工具，如直方图、分位数—分位数（Q—Q）图、概率—概率（P—P）图、散点图、变差图和交叉变差的计算和建模。在这一章，将会介绍到前 4 个基本工具，（交叉）变差函数的计算和建模工具将会在下一章中介绍。

所有的 EDA 工具都可以通过主菜单 SGeMS 图形界面的 *Data Analysis* 按钮来调用。选定一个工具后，将会弹出相应的 SGeMS 窗口。EDA 工具窗口独立于 SGeMS 主窗口，用户可使用相应 EDA 工具的进行多窗口操作。

4.2.1 普通参数

本章所涉及的 EDA 工具的界面包含有 3 个面板，如图 4.7 至图 4.9 所示。

（1）Parameter Panel 参数面板：用户在这个界面中选择所要分析的属性并显示选项。这个界面有两个页面："Data" 和 "Display Options"，后者在所有 EDA 工具中很常见；

（2）Visualization Panel 可视化面板：此界面显示所选统计数据的图形结果；

（3）Statistics Panel 统计面板：此界面显示相关的统计汇总。

在主界面下部，有两个按钮：*Save as Image* 和 *Close*。*Save as Image* 按钮是用来将图形结果（例如一个直方图）保存为图像数据文件 "png" "bmp" 或 "ps" 格式。*Close* 按钮用来关闭当前界面。

"Display Options" 中的参数页面如下所述：

（1）*X* Axis *X* 轴。控制变量 1 的 *X* 轴。只有介于 "Min" 和 "Max" 之间属性值才会显示在图中，小于 "Min" 的值或者大于 "Max" 的值仍然参与结果的统计。默认的 "Min" "Max" 值是所选择属性的最小值和最大值。*X* Axis 可以通过标记相应复选框设置为对数刻度。当然只有当所有属性值都大于 0 时这个选项才是有效的。

（2）*Y* Axis *Y* 轴。控制变量 2 的 *Y* 轴。如前所述。

用户可以通过键盘或鼠标改变参数。通过鼠标的任何修改会立即反应在可视化图形或统计汇总中

注意：通过键盘的修改必须按 "Enter" 键激活。

4.2.2 直方图

histogram 工具创建一个频率分布的可视化输出，并显示一些统计汇总数据，例如所选变量的均值和方差。点击 *Data Analysis→Histogram* 激活 *hsitogram* 工具。尽管该程序会自动调整直方图的比例尺，但用户仍然可以在 *Parameter Panel* 中设置直方图的界限。图 4.7 中为直方图主界面，*Data* 页的参数如下所列：

参数描述：

（1）Object 对象——笛卡儿网格或包含研究变量的一个点集。

（2）Property 属性——所要研究的变量。

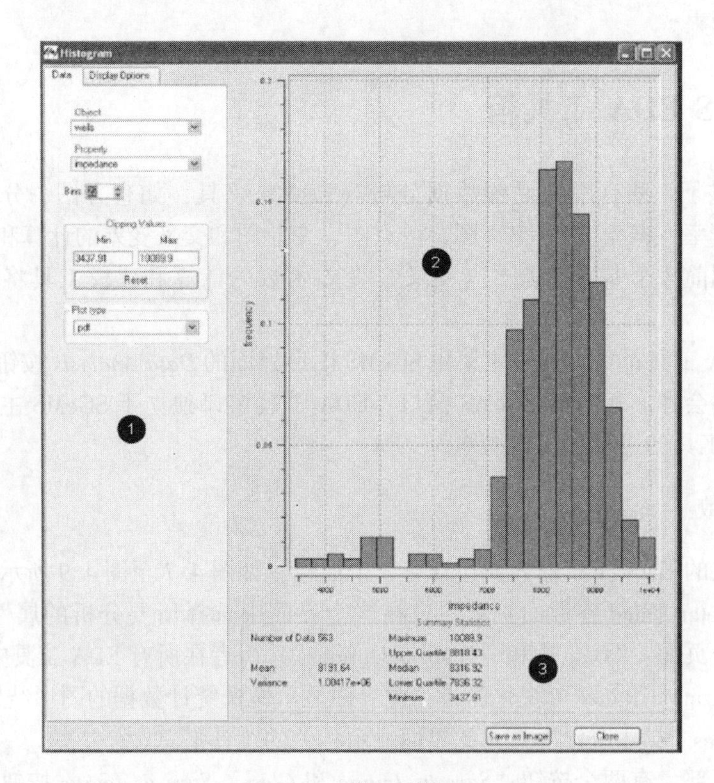

图 4.7 直方图窗口

1—参数界面；2—可视化界面；3—统计界面

（3）Bins——类型的数量。用户可以通过键盘或者单击滚动条改变这个数字。任何变化将会立即显示在柱状图中。

（4）Clipping Vaules 数值限幅——统计计算设置。将忽略所有小于“Min”和大于“Max”的值，并且“Min”和“Max”值的任何改变都将影响统计计算。默认的“Min”和“Max”值是所选 Property 的最小和最大值。改变“Min”和（或）“Max”值之后，用户可以通过点击“Reset”返回默认设置。

（5）Plot Type 绘图类型—用户可以选择绘制出频率直方图（pdf）、累计直方图（cdf）或同时两种图。

4.2.3 Q—Q 图与 P—P 图

Q—Q 图比较了两个分布的等 P 分位数值；P—P 图比较了相同阈值下，两个变量的累计概率分布。这两个变量不需要在同一个对象中或具有相同的数据数量。Q—Q 绘图与 P—P 绘图合并在一个程序中，可以从 *Data Analysis→Q—Q plot* 中调用。EDA 工具可以同时在 *Visualization Panel* 生成图表并在 *Statistics Panel* 生成一些统计汇总（每个变量的平均值与方差），如图 4.8 所示。“数据 Data”页的参数如下列出。

参数描述：

（1）Analysis Type 分析类型——选择算法。用户可以选择 Q—Q 图或者 P—P 图；

（2）Variable 1 变量 1——为 X 轴所选的变量。用户必须先选择一个对象，随后再选择一个属性名。

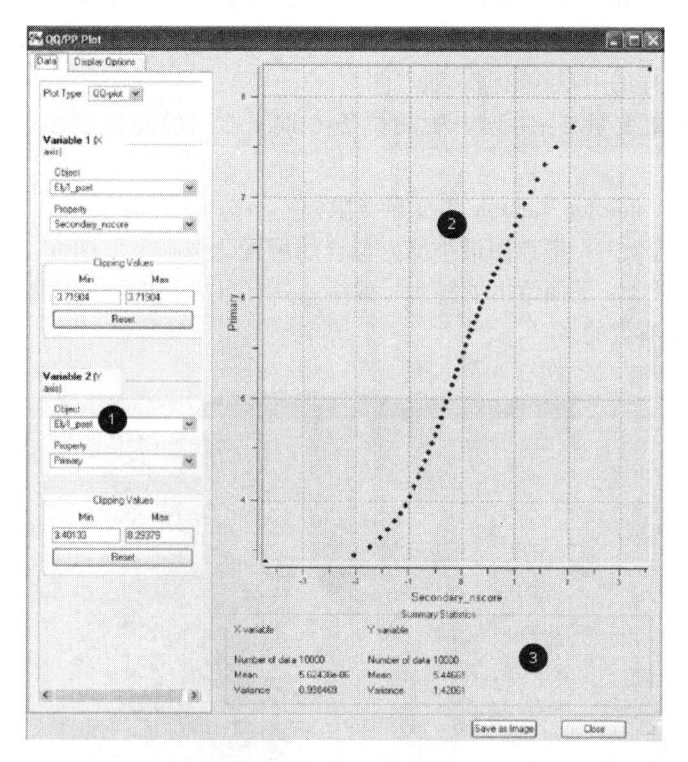

图 4.8　Q—Q 图界面
1—参数界面；2—可视化界面；3—统计界面

（3）Clipping Value for Variable 1 变量 1 限幅——忽略所有严格小于“Min”以及严格大于“Max”的值；“Min”和“Max”的任何变化都会影响统计计算。用户可以通过“Reset”按钮回到默认设置；

（4）Variable 2 变量 2——为 *Y* 轴所选的变量。用户必须先选择一个对象，随后再选一个 Property 名称。注意 Variable 2 和 Variable 1 可能来自于不同的对象。

（5）Clipping Value for Variable 2 变量 2 限幅——与 Clipping Value for Variable 1 类似。

4.2.4　散点图

scatterplot 工具（通过点击 *Data Analysis→Scatter-plot* 调用）通过展示二变量散点图与一些统计数据来比较两个变量，使用所有可用数据对来进行汇总统计的计算，如每个变量的相关系数、平均值和方差（参见图 4.9 的 3 部分）。为了避免可视化界面中的图表出现点太多而过于集中的情况，散点图中只显示 10000 个数据对。“Data”页面的参数列出如下。

参数描述：

（1）Object 对象——笛卡儿网格或者包含所研究变量的一个点集。这个 Object 必须至少包含两个属性。

（2）Variable 1 变量 1——列表中位于 Object 上面的变量属性。这个变量与 *X* 轴相关。

（3）Clipping Value for Variable 1 变量 1 限幅——忽略所有严格小于“Min”和严格大于“Max”的值，“Min”和“Max”的任何变化都将影响统计计算。用户可以通过“Reset”回到默认设置。如果 Variable 1 已经超过 10000 个数据，那么“Reset”按钮可以用来生成一个新的重采样的 10000 数据对散点图。

（4）Variable 2 变量 2——列表中的位于 Object 上面的变量属性。这个变量与 Y 轴相关。

（5）Clipping Value for Variable 2 变量 2 限幅——与 Variable 1 类似。

（6）Options 选项——散点图最小平方拟合的可视化选择。复选框“Show Least Square Fit 显示最小平方拟合”下面给出了斜率与截距。只有当两个变量以相同运算规模显示的时候，这个选项才是有效的。

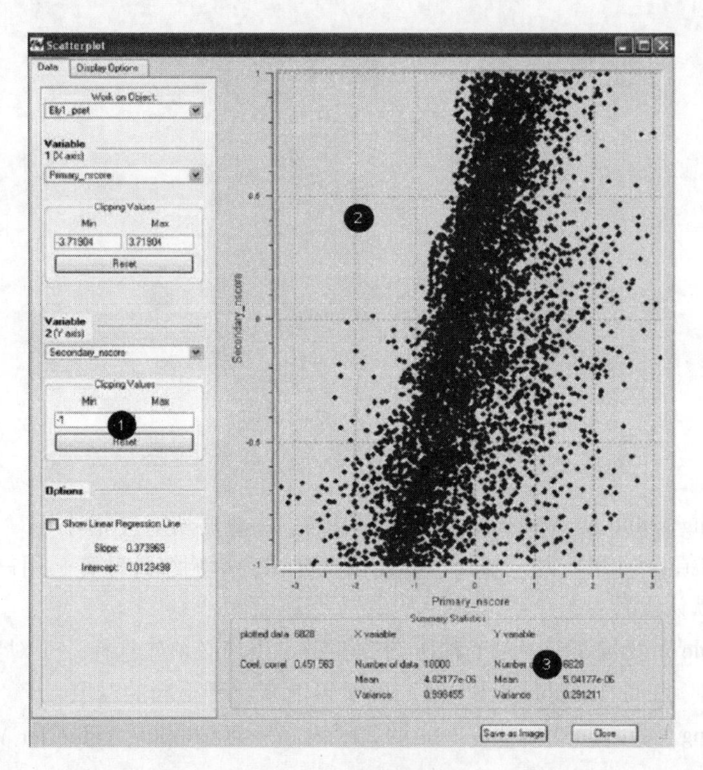

图 4.9　散点图界面

1—参数界面；2—可视化界面；3—统计界面

5 变差函数计算与建模

传统地质统计学研究的关键步骤是实验变差函数的计算和建模。通过拟合一个实验变差函数的分析模型从而来达到两个目的。

（1）对于任何给定的迟滞（lag）向量 $\boldsymbol{h}$，它允许计算出一个变差函数值 $\gamma(\boldsymbol{h})$。事实上，地质统计学的估计和模拟算法都要求有在任意迟滞（lag）下与变差函数相关的认识。

（2）模型是一种能够过滤实验变差函数中噪声的方法。实验变差函数的噪声通常是由测量误差或是数据稀疏所造成的。

所有 $g(\boldsymbol{h})$ 函数都是无效的变差函数模型。而使其成为变差函数的一个充分条件是 g 必须满足负定条件（Goovaerts, 1997, p. 108）：给定任何一个 n 个位置 $\boldsymbol{u}_1$，…，$\boldsymbol{u}_n$ 的集合和 n 个系数 λ_1，…，$\lambda_n \in R$，满足：

$$\sum_{\alpha=1}^{n}\sum_{\beta=1}^{n}\lambda_\alpha\lambda_\beta g(\boldsymbol{u}_\alpha - \boldsymbol{u}_\beta) \leqslant 0$$

并且满足：$\sum_{\alpha=1}^{n}\lambda_\alpha = 0$。

SGeMS 支持 4 种基本的变差函数模型分析与任何这些变差函数的正交线性组合。4 种基本（半）变差函数分析按照各向同性形式如下所示。

块金效应模型（Nugget effect model）：

$$\gamma(\boldsymbol{h}) = \begin{cases} 0 & 若\ \|\boldsymbol{h}\| = 0 \\ 1 & 其他情况 \end{cases} \tag{5.1}$$

一个纯的块金效应模型（Nugget effect model）是一个取决于变量 $Z(\boldsymbol{u})$ 和 $Z(\boldsymbol{u}+\boldsymbol{h})$ 的线性表达。

变程为 a 的球状模型：

$$\gamma(\boldsymbol{h}) = \begin{cases} \frac{3}{2}\frac{\|\boldsymbol{h}\|}{a} - \frac{1}{2}\left(\frac{\|\boldsymbol{h}\|}{a}\right)^3 & 若\ \|\boldsymbol{h}\| \leqslant a \\ 1 & 其他情况 \end{cases} \tag{5.2}$$

变程为 a 的指数模型：

$$\gamma(\boldsymbol{h}) = 1 - \exp\left(\frac{-3\|\boldsymbol{h}\|}{a}\right) \tag{5.3}$$

变程为 a 的高斯模型：

$$\gamma(\boldsymbol{h}) = 1 - \exp\left(\frac{-3\|\boldsymbol{h}\|^2}{a^2}\right) \tag{5.4}$$

所有的这些模型都在 1 的范围内单调递增并满足边界条件：$0 \leqslant \gamma(\boldsymbol{h}) \leqslant 1$，$\forall \boldsymbol{h}$。对

于指数和高斯模型而言，达到上限范围的过程是渐进的，作为基台值 95% 的距离 $\|\boldsymbol{h}\|$ 被称为 *practical*（实际）范围。

上述 4 个模型对应的协方差由下式给定：

$$C(\boldsymbol{h}) = C(0) - \gamma(\boldsymbol{h})$$

其中

$$C(0) = 1$$

在 SGeMS 中的变差函数模型为：$\gamma(\boldsymbol{h}) = c_0\gamma^{(0)}(\boldsymbol{h}) + \sum_{l=1}^{L} c_l\gamma^{(l)}(\boldsymbol{h})$，由以下参数决定：

（1）块金效应因子为 $c_0\gamma^{(0)}$，其中 Nugget（块金）常量 $c_0 \geqslant 0$。

（2）L 为嵌套结构的数量。每个结构 $c_l\gamma^{(l)}(\boldsymbol{h})$ 定义如下：

①变差贡献率 $c_l \geqslant 0$；

②变差函数的类型：球形、指数或是高斯模型；

③各向异性，椭球体 3 个方向上的特点以及沿着每个方向上的范围，参见 2.5 节。注：每个嵌套结构拥有不同的各向异性。

列举一个变差函数模型的例子 $\gamma(\boldsymbol{h}) = 0.3\gamma^{(0)}(\boldsymbol{h}) + 0.4\gamma^{(1)}(\boldsymbol{h}) + 0.3\gamma^{(2)}(\boldsymbol{h})$，其中：

（1）$\gamma^{(0)}(\boldsymbol{h})$ 是基台值为 0.3 的纯块金效应。

（2）$\gamma^{(1)}(\boldsymbol{h})$ 是主范围为 40，中范围为 20 且最小范围为 5，方位角 $\alpha = 45°$，倾角 $\beta = 0$，斜角 $\theta = 0$ 的各向异性球形变差函数。

（3）$\gamma^{(2)}(\boldsymbol{h})$ 是范围为 200 的各向同性指数变差函数。

SGeMS 按下列的 XML 文件格式保存模型：

```
<Variogram nugget="0.3" structures_count="2" >
    <structure_1 contribution="0.4" type="Spherical" >
        <ranges max="40" medium="20" min="5" />
        <angles x="45" y="0" z="0" />
    </structure_1>
    <structure_2 contribution="0.3" type="Exponential" >
        <ranges max="200" medium="200" min="200" />
        <angles x="0" y="0" z="0" />
    </structure_2>
</Variogram>
```

5.1 SGeMS 中的变差函数计算

虽然文章中只对变差函数进行了介绍，但在 SGeMS 中还可对协方差、相关图和交叉变差函数进行计算［见 Goovaerts（1997）中对这些相关度的定义］。

在 SGeMS 中，调出变差函数模块的方法是从 *Data Analysis* 菜单中选择 *Variogram* 这一个菜单项点击进入。变差函数的计算按以下 3 个步骤来完成：

（1）选择要计算（交叉）变差函数的 *head*（头）*tail*（尾）变量属性后（图 5.1）。所计算出的变差函数将能够测量两个变量 $Z_{head}(\boldsymbol{u}+\boldsymbol{h})$ 与 $Z_{tail}(\boldsymbol{u})$ 之间的变化性。为计算变量 Z 的自动变差函数，头尾变量需要选择相同变量。

(2) 输入必要的参数，比如计算变差函数所需要的方向和迟滞（lag）数量（图 5.2）。参数要求是不同的，这取决于头尾变量是否定义在一组点集（没有预先定义空间结构）或一个笛卡儿网格中。

(3) 显示结果（图 5.3）。在这点上，也能够模拟计算实验变差函数（参见 5.2 节）。

每一步完成后，点击 *Next* 按钮进入下一步的步骤。

5.1.1 选择头尾属性

图 5.1 为一个界面，用于选择将要计算（交叉）变差函数 $\gamma(Z_{head}(\boldsymbol{u}+\boldsymbol{h}), Z_{tail}(\boldsymbol{u}))$ 的 *head* 和 *tail* 变量。

头尾变量必须属于相同的对象（比如：属于同一个点集或是相同的笛卡儿网格）。使用菜单项 *Objects→Copy Property* 来实现两个对象之间的转换。

界面的描述：

界面 1　Select Task——选择任务。选择是否计算一个新的变差函数，或由文件中加载一个已有的实验变差模型。

界面 2　Choose grid and properties——选择网格和属性。选择包含头尾属性的对象及具体的头尾属性。为头尾属性选择相同的变量来计算一个单变量变差函数或是选择不同的属性变量来计算它们的交叉变差函数。

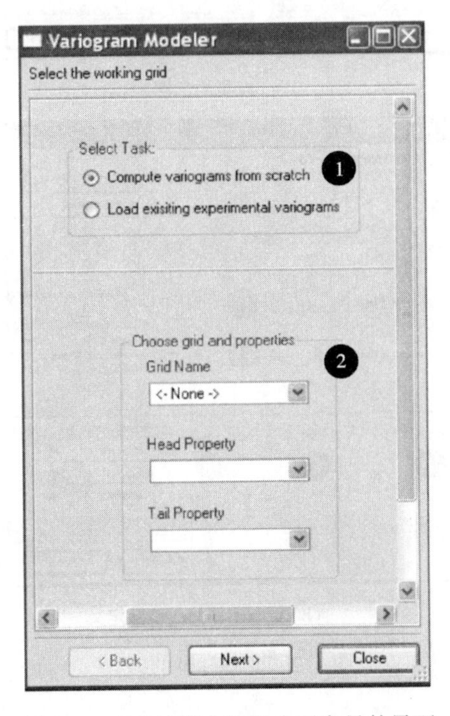

图 5.1　变差计算中选择头尾变量的界面

5.1.2 计算参数

这一步提示计算实验变差函数的迟滞（lag）数量与它的在计算该变差函数时的方向。它也能够处理不同于变差函数的相关性测量，例如协方差和相关图。计算变差函数时，迟滞（lag）和方向是分别输入的，并依赖于拥有头尾属性的对象类型（一组点或者笛卡儿网格）。

使用 *Load Parameter* 按钮和 *Save* 按钮实现属性值的读取与保存，在图 5.2（b）的右上角可以看到这两个按钮。

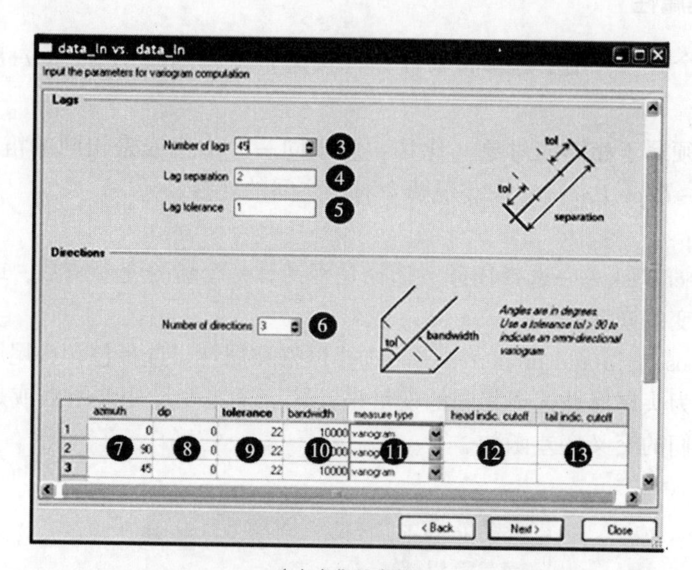

(a) 点集的参数

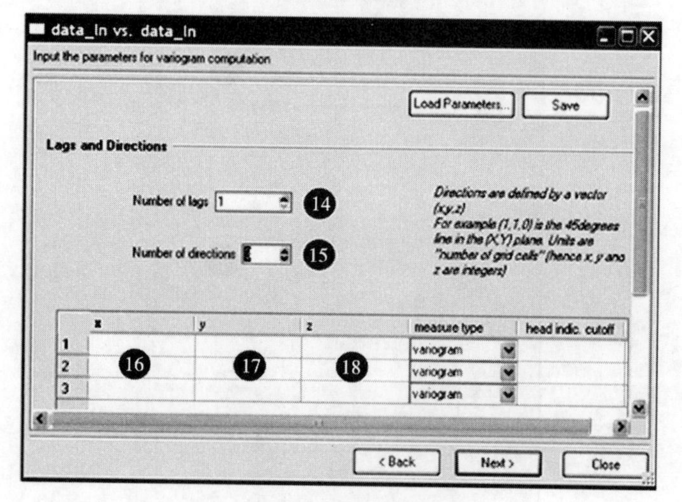

(b) 笛卡尔网格的参数定义

图 5.2 变差计算的参数

给定迟滞（lag）数量 L 和迟滞（lag）间隔 a 与一组 K 维的单位向量 $\boldsymbol{v}_1$，…，$\boldsymbol{v}_K$，SGeMS 将计算出实验变差函数的值。

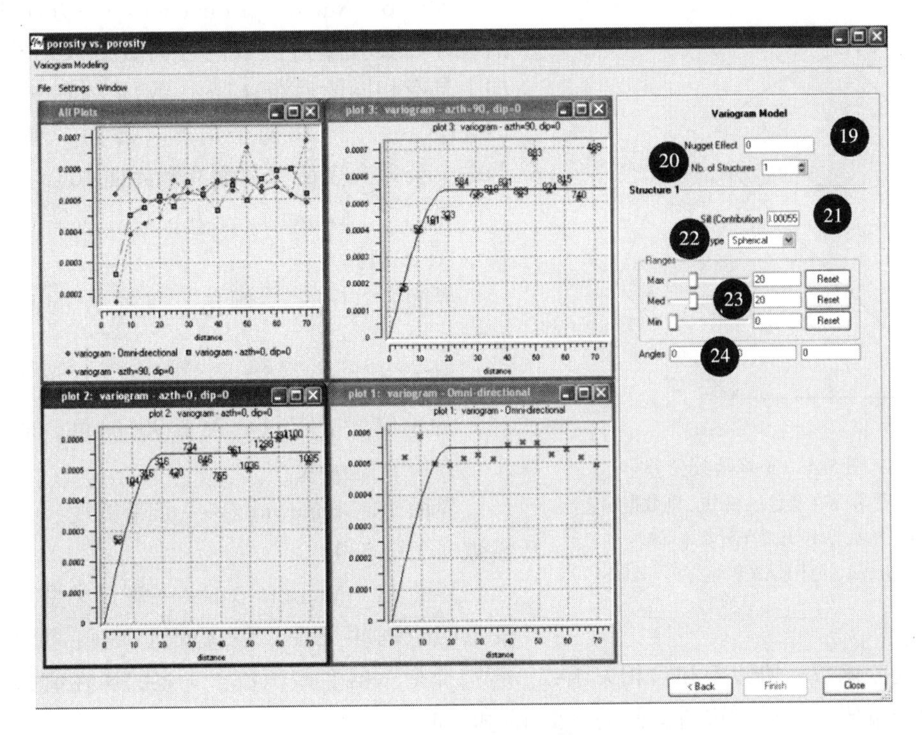

图 5.3　变差图显示与建模界面

$$
\begin{array}{ccc}
\gamma(a\boldsymbol{v}_1) & \cdots & \gamma(a\cdot L\boldsymbol{v}_1) \\
\vdots & \vdots & \vdots \\
\gamma(a\boldsymbol{v}_k) & \cdots & \gamma(a\cdot L\boldsymbol{v}_k)
\end{array}
$$

在一个点集对象中，数据不一定会遵循常规的空间模式分布。由于结构的缺失，不可能找到足够的距离等于向量 $\boldsymbol{h}$ 的数据对。因此，需要给出 $\boldsymbol{h}$ 范数的公差以及它的方向来计算这个点集对象的变差函数。

$\boldsymbol{h}$ 的公差由以下 3 个参数表征：

（1）迟滞（lag）公差 ε；

（2）角度 $0\leqslant\alpha_{\text{tol}}<90°$；

（3）条带宽度 w。

例如，两点 A 和 B 在 γ（$\boldsymbol{h}$）计算中的作用，如果：

$$\left|\|\boldsymbol{AB}\| - \|\boldsymbol{h}\|\right| \leqslant \varepsilon$$

其中 $\boldsymbol{h}$ 和 $\boldsymbol{AB}$ 之间的角度为 $\theta=$（$\boldsymbol{h}$，$\boldsymbol{AB}$）。

这些条件在图 5.4 中说明。

计算点集上的变差函数所要求的参数输入界面由图 5.2（a）所示，各界面描述如下：

界面 3　Number of lags——迟滞（lag）数量。迟滞（lag）L 的个数。

界面 4　lag separation——迟滞（lag）间隔。两个迟滞（lag）之间的距离 a。

界面 5　lag tolerance——迟滞（lag）公差。迟滞（lag）间隔周围的公差 ε。

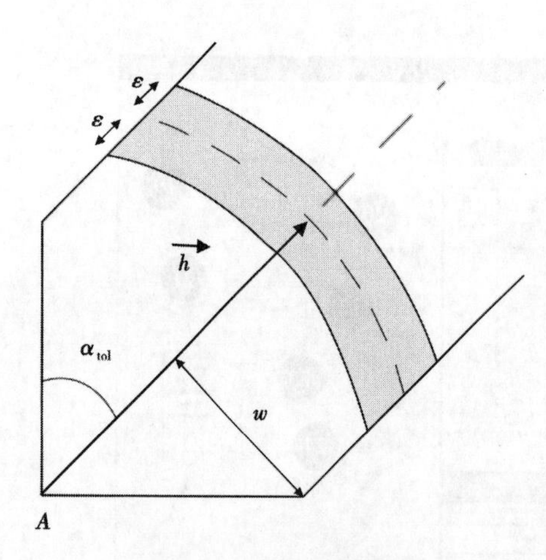

图 5.4　变差函数公差
如果 B 是在灰色区域中，则数据对（$\boldsymbol{A}$，$\boldsymbol{B}$）有助于计算 γ（$\boldsymbol{h}$）
$\theta \leqslant \alpha_{tol}$ 并且 $\|\boldsymbol{AB}\| \sin(\theta) \leqslant w$

界面 6　Number of directions——方向的数量。沿着计算实验变差函数的方向数量 K，每一个方向上具有相同的迟滞（lag）数量。每一个方向 $\boldsymbol{v}_k$（$k=1$，…，K）由两个角度（界面 7 和界面 8）与一个公差来表征（界面 9 和界面 10）。

界面 7　Azimuth——方位角。向量 $\boldsymbol{v}_k$ 的方位角（图 2.24）。

界面 8　Dip——倾角。向量 $\boldsymbol{v}_k$ 的倾角（图 2.25）。

界面 9　Tolerance——公差。公差角 α_{tol} 以（°）为单位。指定一个大于 90° 的角，来计算一个全方位变差函数。

界面 10　Bandwidth——条带宽度。条带宽度参数 w（图 5.4）。

界面 11　Measure type——测量类型。测量二变量的空间相关性。包含的选项有：变差函数、指示器变差函数、协方差和自相关函数。若选择指示器变差函数，头尾的属性值必须在指示器中进编码，参见下边所提到的界面 12 和界面 13。

界面 12　Head indicator cutoff——头指示器的截止值。该参数仅在测量类型（界面 11）为 *indicator variogram* 时有效。它是一个阈值 z_t，定义头变量 z 的指示编码。如果 $z \leqslant z_t$ 则指示值为 1；否则为 0。

界面 13　Tail indicator cutoff——尾指示器的截断值。该参数仅在测量类型（界面 11）为 *indicator variogram* 时有效。它是一个阈值 z_t，定义尾变量 z 的指示编码。如果 $z \leqslant z_t$，则指示值为 1；否则为 0。

当计算一个自动变差函数的指示器时，也就是说，若头尾变量相同，那么头尾指示截断值必须相同。

注：分类指示变差函数的计算应直接由输入的指示器数据计算。

笛卡儿网格中所定义数据的参数：

给定迟滞（lag）的数量 L、迟滞（lag）间隔 a 和一组 K 个向量 $\boldsymbol{v}_1$，…，$\boldsymbol{v}_k$（$k=1$，…，K）（这些向量拥有一个与 1 不同的范数），SGeMS 将计算出实验变差函数的值。

$$
\begin{matrix}
\gamma(\alpha \boldsymbol{v}_1) & \cdots & \gamma(\alpha \cdot L\boldsymbol{v}_1) \\
\vdots & \vdots & \vdots \\
\gamma(\alpha \boldsymbol{v}_k) & \cdots & \gamma(\alpha \cdot L\boldsymbol{v}_k)
\end{matrix}
$$

与点集实例相反，这里没有必要指定距离和方向公差，因为所有的数据位置都遵循一个规律模式，除非有大量数据丢失，否则能够保证足够的数据对可用。

由图 5.2（b）所示界面，在笛卡儿网格中计算变差函数所要求的参数输入界面描述如下：

界面 14　Number of lags——迟滞（lag）数量。迟滞（lag）数量 L。

界面 15　Number of directions——方向的数量。沿所计算实验变差函数的方向数量 K，每个都与其迟滞（lag）数量相同。每个向量 $\boldsymbol{v}_k$ 都由网格坐标系统中的整数坐标来定义，参见界面 16、界面 17 和界面 18 以及图 5.5。

界面 16　x——向量 $\boldsymbol{v}_k$ 的 X 坐标。它以网格数量表示。如果沿着 X 方向，每个网格的宽度为 10m，那么 $x=3$ 表示的是 X 方向上的 30m 位置处。

界面 17　y——向量 $\boldsymbol{v}_k$ 的 Y 坐标。它以网格数量表示，见界面 16。

界面 18　z——向量 $\boldsymbol{v}_k$ 的 Z 坐标。它以网格数量表示，见界面 16。

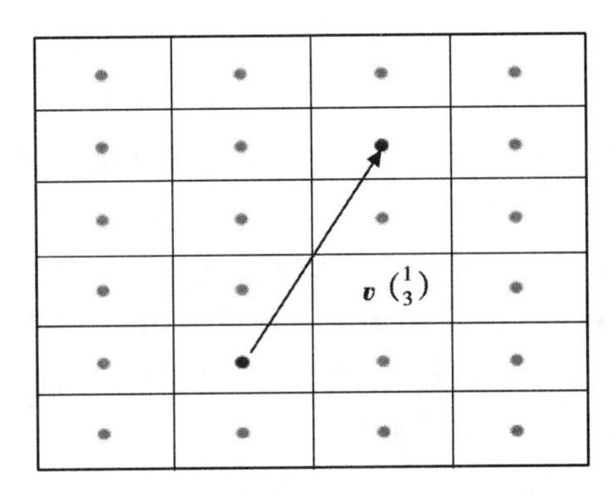

图 5.5　一个网格单元坐标中的向量
$\boldsymbol{v}$ 的坐标为 $x=1$，$y=3$

5.1.3　显示计算出的变差函数

参数输入以后，点击 *Next* 按钮，SGeMS 将计算并显示变差函数的结果（图 5.3）。每一个要求方向上都有一个图形来显示。还可以通过额外添加这样的手段来共同显示所有方向的图形（如图 5.3 左上角的图所示）。鼠标右击这个图，可以显示用于计算每个变差函数值的数据对数量。点击每一个图形顶部的直角图标将会使这个图形成最大化显示，即这个图形会占据最大的空间，其他的图形会被隐藏了起来。使用 *Ctrl+Tab* 这个组合键能够实现图形间的切换。如果点击了关闭（交叉）图标，这个图就会关闭，在没有重新计算变差函数之前，这个图不能够被重新打开。

在图形上部，提供了 3 个菜单项来重新编排这些图形、改变它们的大小并以图像或是以文本的形式保存它们，下面介绍这 3 个菜单项。

File→Save Experimental Variograms。将计算出的实验变差函数的值保存到文件当中。这个文件可以从变差函数工具的第一个界面中加载进来（参见图 5.1 的界面 1）。

File→Export Plots As Images。将图形保存成图像文件。在这里可以选择要保存的图形。

Edit→Plot Settings。改变全部或是部分图形的坐标轴刻度。

Window→Tile。安排多个图形的排列方式以便更好的利用所有的可用空间。

Window→Cascade。以层叠的形式来显示图形。

5.2 SGeMS 中的变差函数建模

SGeMS 中提供了一个界面以便对变差函数模型的形式进行交互式拟合，以计算实验变差函数。

$$\gamma(\boldsymbol{h}) = c_0\gamma_0(\boldsymbol{h}) + \sum_{n=1}^{N} c_n\gamma_n(\boldsymbol{h}) \tag{5.5}$$

在式（5.5）中，γ_0 具有纯块金效应，$\gamma_n(n>0)$ 是一个球形、指数或是高斯变差函数模型，并且 c_0，…，c_N 是每一个嵌套结构 γ_0，…，γ_N 的方差贡献率。

注意，SGeMS 虽然可以实现除变差函数之外的其他相关性测量，比如协方差以及相关图等，但它仅能够对变差函数进行建模。

变差函数建模的界面如图 5.3 所示，它可以通过计算一个实验变差函数或是加载一个已有的实验变差函数（参见 5.1 节）而访问。在该界面右侧的面板中允许输入式（5.5）形式的变差函数模型，此时，它将覆盖实验变差函数图形。以这种交互式方式对模型参数进行修改，来完成实验变差函数模型的拟合。

（1）变差函数的输入。

图 5.3 的右侧面板显示的是变差函数建模的输入的界面。各界面描述如下：

界面 19　Nugget Effect——块金效应。块金效应基台值的贡献率，式（5.5）中的 c_0。

界面 20　Nb of Structures——结构的数量。嵌套结构的数量 N。

界面 21　Sill Contribution——基台值贡献率。第 n 个结构基台值的贡献率，式（5.5）中的 c_n。

界面 22　Type——类型。结构的变差函数类型。有 3 种可能的结构类型：球形、指数和高斯类型。

界面 23　Ranges——变程。变差函数的范围。变程可以通过输入相应值进行手动修改，也可以通过拖动滑块来做出相应的修改。滑块能够在 0 和给定的最大值的范围内连续地滑动，从而改变相应的变程值。如果所期望的变程值大于滑块预先设定的最大值，这个时候只能在文本框中手动地输入。此时滑块的最大值也会相应地增加。可以使用 *Reset* 这个按钮来改变滑块所默认的最大值。

界面 24　Angles——角度。角度定义为变差函数模型的各向异性椭球体。第一个角度为方位角，第二个角度为倾角，第三个角度为斜角，参见 2.5 节。所有的角度都必须输入。在 2D 的建模中，倾角和斜角应设为 0。

（2）保存模型。

如果模型已适合于实验变差函数，可以使用 File→Save Variogram Model 这个菜单项，来将这个模型保存为一个文件。随后这个文件可以用于指定地质统计学算法的一个变差函数模型。

（3）协同区域化建模。

两个随机函数 $Z_1(\boldsymbol{u})$ 和 $Z_2(\boldsymbol{u})$ 的协同区域建模要求 4 个实验变差函数 $\hat{\gamma}_{1,1}$，$\hat{\gamma}_{1,2}$，$\hat{\gamma}_{2,1}$，$\hat{\gamma}_{2,2}$ 的计算和联合建模。由于变差函数矩阵必须是条件化负定的，因此，4 个实验变差函数

模型不能独立地由另外一个来进行建模。

$$\Gamma = \begin{bmatrix} \gamma_{1,1} & \gamma_{1,2} \\ \gamma_{2,1} & \gamma_{2,2} \end{bmatrix}$$

SGeMS 没有专门提供一个工具来进行协同区域化建模。每一个实验（交叉）变差函数都在它们自己的变差函数建模窗口中来进行计算与建模。然后用户的职责就是保证最终模型 Γ 可用。参见 Goovaerts（1997，p. 117）如何拟合协同化区域的线性模型。

注意：许多 SGeMS 中的算法支持协调化区域建模，比如马尔科夫模型 1 和模型 2，可以降低 4 种变差函数联合建模的必要性（具体细节见 3. 6. 4 小节）。

6 普通参数输入界面

SGeMS 算法所需要的参数通常通过它们的图形界面接口输入。虽然每一个算法有它们自己特定的界面接口，然而有一些基本元素则是共有的，比如选择一个网格、一个属性或者确定变差函数或分布的参数。这一章主要是描述如何使用这些通用的图形元素。

6.1 算法面板

当从算法面板中选择一个算法时，相应的算法的参数输入的图形界面就会显示出来(参见图 2.2)。

算法面板如图 6.1 所示，在 2.1 节中也有简单的描述。主界面由 6 个部分组成。参数描述：

（1）Algorithms。将所有可用算法划分到 3 个类别中，分别为估计、模拟及应用。

（2）Parameters input。图形化的参数输入界面。在这一区域中输入所选算法的参数。

（3）*Parameters→Load*。将先前加载的参数保存在一个文件中。也可以通过拖动参数文件到图形参数界面窗口来加载参数。

（4）*Parameters→Save*。将输入图形界面的参数保存到一个文件中。建议参数文件的扩展名为“.par”并且应该保存在 SGeMS 项目文件夹的外边。

（5）*parameters→Clear All*。清除当前界面中的所有已输入参数。

（6）Run Algorithm。通过输入的参数运行所选算法。

6.2 网格及属性的选择

所有算法的用户界面中都具有选择任务属性的选项，比如选择条件数据或是训练图像，当然选择范围并不仅限于这两个。这种选择是通过属性选择界面来完成的，参见图 6.2。选择器会链接到一个网格选择器，一旦网格被选中，所有属于该网格的属性列表就会显示出来，此时用户便可选择一个合适的属性。

（1）Grid Name。从当前所有可用的对象的列表中选择一个对象，将它加载到 SGeMS 中。该对象可以是笛卡儿网格也可以是点集。但是每次只能选择一个对象。

（2）Property Name。从属性选择列表中选择一个属性。仅有一个属性可以突出显示并被选择。

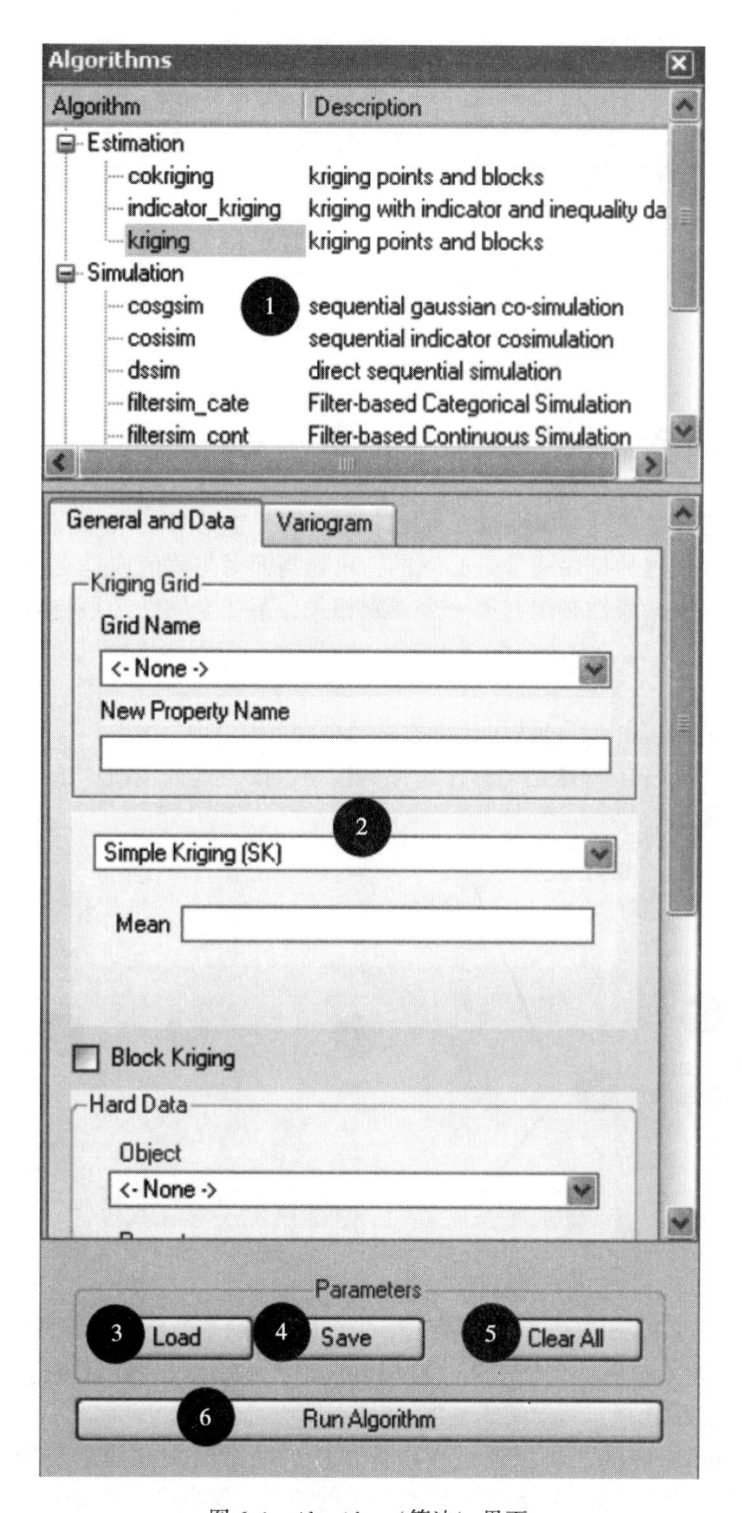

图 6.1　Algorithm（算法）界面

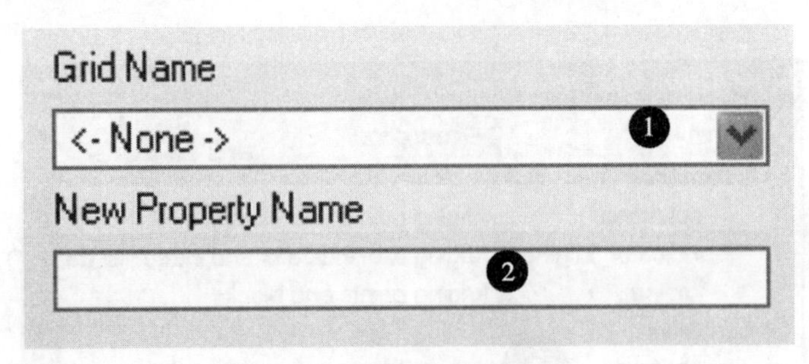

图 6.2　单属性选择小窗口

6.3　多属性选择

多个属性的选择是通过多属性选择列表来完成的，参见图 6.3，列表中允许对已经选择的属性进行排序。这种排序通常是必须的，比如当面对与阈值或是类别相关的属性时，在这种情况下，第一个属性必须与第一个类别相关，第二个属性必须与第二个类别相关，以此类推。

参数描述：

（1）Selected Properties。已选属性将被显示在这个窗口中。

（2）Choose Properties。这是个选择属性的按钮。按下这个按钮，选择窗口将会弹出，如图 6.3 的右图所示。

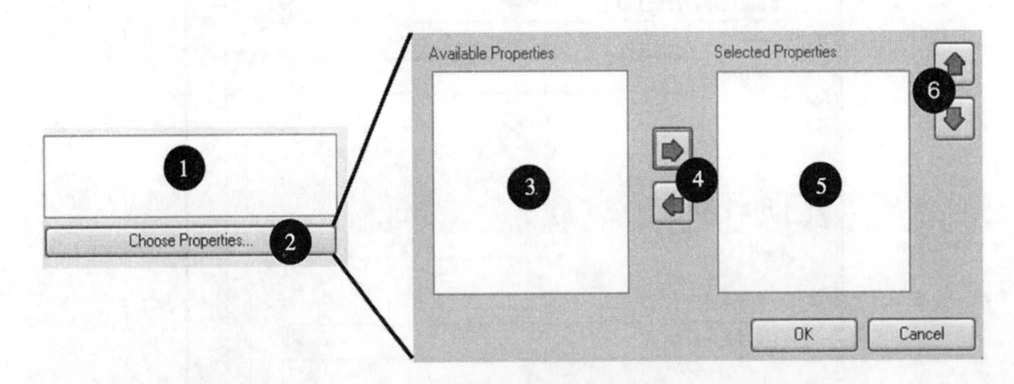

图 6.3　多属性选择界面

（3）Available Properties。该列表中列出了当前工作对象的所有可用属性。选择出来的属性会被高亮显示（按下 Ctrl 或是 Shift 键可以选定多个属性），然后点击向右的“箭头”按钮，来实现属性的选择，请参阅第 4 项。

（4）Properties selector。可以通过点击界面中的两个箭头按钮来实现可用属性列表（第 3 项）和已选属性列表（第 5 项）中属性间的切换。仅会移动被选中的高亮属性。

（5）Selected Properties。该列表框中列出了当前选择出来的属性。这些属性也可以通过左箭头按钮来移除。

（6）Properties ordering。对选择出的属性进行排序。顶部的属性处于第一个位置，最后一个属性处在最后一个位置。如果要改变这个顺序，首先要选定需要排序的属性，然后通过上下按钮来改变当前的顺序。

6.4　邻域搜索

图 6.4 显示邻域搜索界面。通过指定长短轴线来实现一个椭球体的参数化。这些轴线通过 3 个角度在空间中定位，参见 2.5 节。

参数描述：

（1）Ranges。搜索椭球体的最大、中间、最小变程。

（2）Angles。各向异性椭球体的旋转角度。

6.5　变差函数

在 SGeMS 中，变差函数界面会出现在所有基于变差函数的算法中，参见图 6.5。该界面利用嵌套结构来描述变差函数。每个嵌套结构通过变差函数的类型、贡献率和各向异性 3 个方面分别采用独立的参数进行表示。从变差函数界面上所构建的任何变差函数模型都能够确保可用。但是要注意，高斯模型不符合指示器变量要求（Armstrong 等，2003）。

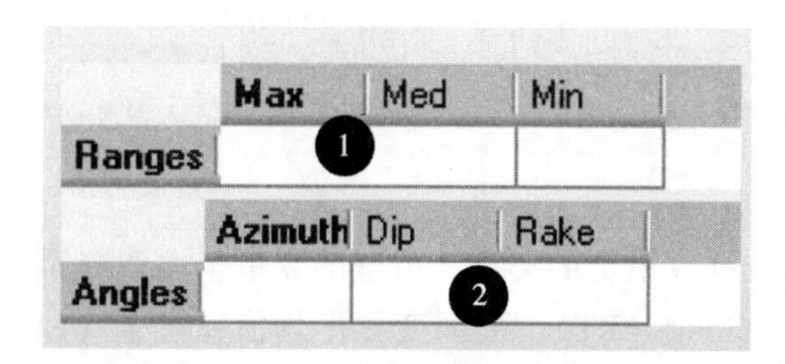

图 6.4　搜索椭球体界面

参数描述：

（1）Load existing model。从已保存的变差函数文件中初始化变差函数。

（2）Nugget effect。块金效应值。

（3）Nb of Structures。嵌套结构的数量，不包括 nugget effect 块金效应，对于具有结构数量为 n 的模型，下面所提到的 4 项至 6 项将被重复 n 次。

（4）Contribution。当前结构的基台值 Sill。

（5）Type。已选结构的变差函数类型（球形、指数或是高斯类型）。

（6）Anisotropy。最大、中间、最小变程和旋转角度。在 2D 空间中，倾角和斜角必须为 0 并且最小变程必须小于中间变程。

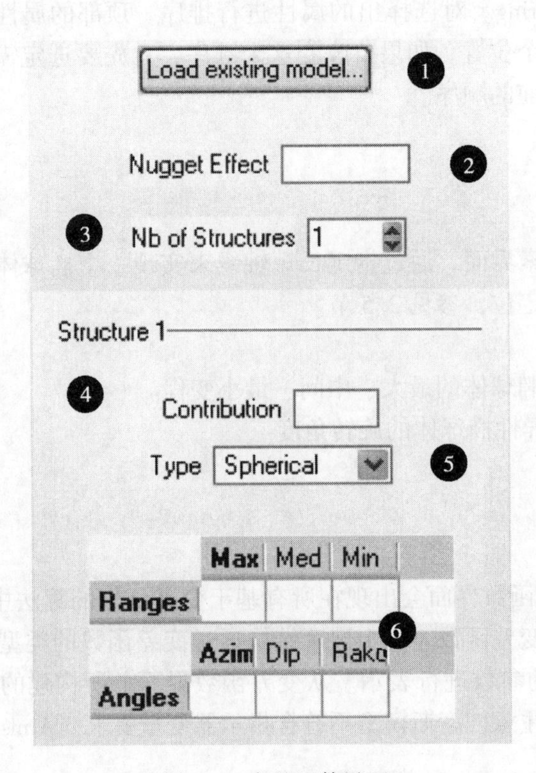

图 6.5　变差函数界面

6.6　克里金

通过特定的界面来选择克里金的类型。可选的克里金类型有简单的克里金（SK）、一般克里金（OK）、趋势克里金（KT）、局部变化平均值克里金（LVM）。其中只有一般克里金法不需要额外的参数；SK 要求一个均值，KT 要求一个多项式，LVM 要求具有保存局部均值的属性。

6.7　行输入

行输入界面通常用于输入一个名称，比如为创建的新属性赋一个名称或是输入一系列诸如阈值一样的数值。需要注意的是，任何数值序列必须用空格来分割而不是用逗号或是分号。并且输入值区分大小写。

6.8　非参数分布

在 SGeMS 中，非参数积累分布函数 cdf $F(z)$ 由一系列阈值 $z_1 \leqslant \cdots \leqslant z_n$ 确定，这些阈值可以由文件中或属性中读取。$F(z)$ 以 $1/(L+1)$ 增量在 $F(z_1)=\frac{1}{L+1}$ 到 $F(z_L)=\frac{L}{L+1}$ 范围区间中变化，即分布的尾部特性可以通过对最大值或者最小值进行外推得到，当然这个值通常

小于 z_1 而大于 z_L。

低尾部的外推函数提供了最小值 $z_{\min}$ 和第一阈值 z_1 之间的函数分布形状。低尾部选项如下。

（1）Z 是有界的：$F(z_{\min})=0$。F 的低尾部建模所采用的幂模型如下：

$$\frac{F(z_1)-F(z)}{F(z_1)}=\left(\frac{z_1-z}{z_1-z_{\min}}\right)^{\omega} \qquad \forall z \in (z_{\min}, z_1) \tag{6.1}$$

参数 ω 控制函数的递减性，要求 $\omega \geqslant 1$。ω 越大，极小值越不容易接近 $z_{\min}$。若 $\omega=1$，那么处于 $z_{\min}$ 和 z_1 之间的所有值都是等概率的。

（2）Z 是无界的：建立低尾部特性的指数函数模型：

$$F(z)=F(z_1)\exp[-(z-z_1)^2] \qquad \forall z < z_1 \tag{6.2}$$

高尾部特性的外推函数选项与低尾部类似，只是其中应用参数范围会变为（z_L，$z_{\max}$）。

（3）Z 是有界的：$F(z_{\max})=1$。F 的高尾部建模所采用的幂模型如下：

$$\frac{F(z)-F(z_L)}{1-F(z_L)}=\left(\frac{z-z_L}{z_{\max}-z_L}\right)^{\omega} \qquad \forall z \in (z_L, z_{\max}) \tag{6.3}$$

参数 ω 控制函数的递减性，要求 $\omega \in [0, 1]$。ω 越小，极大值越不容易接近 $z_{\max}$。

若 $\omega=1$，则处于 z_L 和 $z_{\max}$ 之间的所有值都是等概率的。

（4）Z 是无界的：高尾部特性用双曲线模型来建模：

$$\frac{1-F(z)}{1-F(z_L)}=\left(\frac{z_L}{z}\right)^{\omega} \qquad \forall z \in z_L, \ \omega \geqslant 1 \tag{6.4}$$

对 $L-1$ 个中间间隔 $[z_i, z_{i+1}]$（$i=1, \cdots, L-1$），采用线性插值法，其结果对应于参数 $\omega=1$ 的幂模型。

注意：当 $z_{\min}$ 把和 $z_{\max}$ 设置成 z_1 和 z_L 时，不需要推断尾部特性。

约束破坏（Tie breaking）：SGeMS 允许无参数分布 z_i（$i=1, \cdots, L$）中的随机约束破坏。考虑 n 个 L 值都相等这样一种情况：$z_i=z_{i+1}=z_{i+n}(i+n<L)$。这时并不用将 F（z_{i+n}）的相同积累分布函数值赋给 n 个数据 z_i，$\cdots$，z_{i+n} 只用转而对 $F(z_i)$，$\cdots$，$F(z_{i+n})$ 的累积分布函数进行随机赋值,随机值在 $i/(L+1)$，$\cdots$，$i+n/(L+1)$ 中选择。这个步骤相当于对每一个约束值增加一个很小的噪声数据。

图 6.6 显示了非参数分布的界面，对界面中的参数进行描述如下：

（1）Reference distribution。该分布数据来自于文件［ref_on_file］或网格文件［ref_on_grid］中。

（2）Break ties。生成随机的约束破坏值，并将该值赋给对应的累积分布函数。因此会产生与分布值相同数量的不同累积分布函数值。

（3）Source for reference distribution。若选定一个引用网格数据［ref_on_grid］，分布值就会被导入当前所加载的 SGeMS 属性中。［grid］和［property］包含的是非参数分布值。若选定［ref_on_file］，输入数据文件所包含的引用分布则由文件名［filename］中输入。引用分布输入数据格式要求不带头数据的单数据序列。

（4）Lower Tail Extrapolation。低尾部特性的参数。外推函数的类型可在［LTI_ function］中选择。如果选择幂模型，则必须指定最小值 z_{min}［LTI_ min］和参数 ω［LTI_ omega］的值。注意，最小值［LTI_ min］必须小于或等于引用分布中所输入的最小基准值，并且幂指数 ω［LTI_ omega］的值必须大于或等于1。指数模型不需要任何参数。当不需要外推时，就不需要输入参数了。

（5）Upper Tail Extrapolation。高尾部特性的参数。推断函数的类型可在［UTI_ function］中选择。如果选择幂模型，则必须指定最大值 z_{max}［UTI_ max］和参数 ω［UTI_ omega］的值。注意，最大值［UTI_ max］必须大于或等于引用分布中所输入的最大基准值，并且幂指数 ω［UTI_ omega］的值必须小于或等于1。当高尾部无边界时，双曲线模型仅要求参数 ω［UTI_ omega］。同样的，当不需要外推时，也就不需要输入参数了。

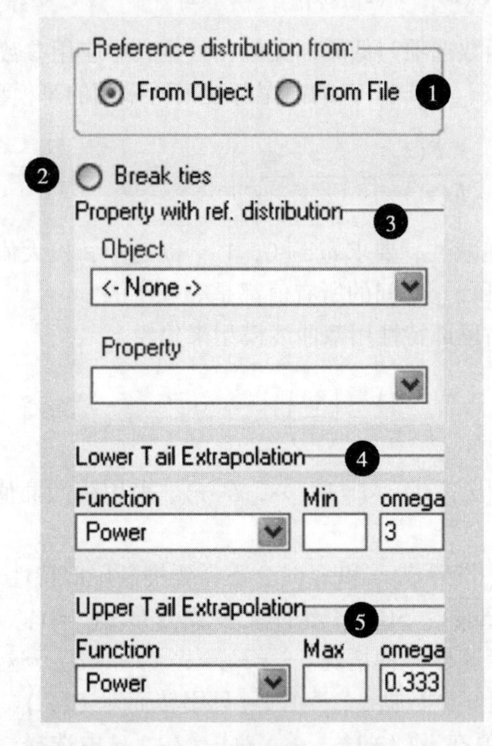

图 6.6　非参数分布界面

6.9　参数中的错误

在 SGeMS 中检测到错误的输入参数，将会中止算法的执行，而算法界面中的错误参数会以红色高亮的方式显示出来。鼠标指针指向高亮度区域，或选择问号光标并点击高亮度区域，会弹出错问题的描述（*Help→What's this* 或是 Shift+F1）。

7 估计算法

本章主要介绍 SGeMS 中所包含的关于克里金估计形式的估计算法。首先通过使用简单克里金、普通克里金算法、局部变化均值（LVM）克里金或是趋势克里金实现对一个单变量值估计的实例，来介绍 KRIGING 算法。KRIGING 同样拥有从点数据来估计块数据值的能力。接下来介绍 COKRIGING 协克里金算法。通过马尔科夫模型 1 或马尔科夫模型 2（MM1 或 MM2）、或采用协同区域化的线性模型（LMC），可将次变量所携带的信息结合起来。第三个介绍无参指示克里金 INDICATOR KRIGING（IK）估计算法，它由应用于二进制指示数据的简单克里金组成。最后介绍的克里金算法是块克里金 BKRIG，该算法是一个具有线性平均变量的克里金，它允许通过点与块支持数据来估计属性。

所有这些算法都要求一个能够选取相关邻域数据的搜索邻域。只有条件数据的最小数量被满足时，估计过程才会继续向前推进。否则，中心节点会被置为未知，而同时软件会发出一条警告消息。在这种情况下，用户要增大搜索邻域以便获得更多的数据。

7.1 KRIGING：一元克里金

克里金法是一种广义回归方法，依照最小二乘原则提供最佳估计，参见 3.6 节。SGeMS 能根据随机函数模型均值的稳定性假设来构建并求解 4 种类型的克里金系统。

（1）简单克里金（SK）。假设区域均值为一个常量并已知。

（2）普通克里金（OK）。假设每一个估计搜索邻域的均值未知，但为常量，那么此时该值需要采用 OK 算法从邻域数据中评估。

（3）趋势克里金（KT）。均值由趋势函数 $m(u)=f(x, y, z)$ 决定。SGeMS 中允许使用多项式趋势，能够在 3 个坐标 x，y，z 上表现出线性的或是二次特性。

（4）具有局部变化均值的克里金（LVM）。均值随着位置的不同而变化，该均值按照次数据方式给定。

算法 7.1 中，给出了克里金算法的描述。

[算法 7.1] 常用克里金。

1：for（对于）网格中每个位置 $\boldsymbol{u}$ do

2：　获取条件数据 $n(\boldsymbol{u})$

3：　if（若）$n(\boldsymbol{u})$足够大，then（那么）

4：　　由 $n(\boldsymbol{u})$邻域数据建立克里金系统并对其进行求解

5：　　计算位置 $\boldsymbol{u}$ 的克里金估计与克里金方差

6：　else

7:　　　将节点设置为未知
8:　　end if
9: end for

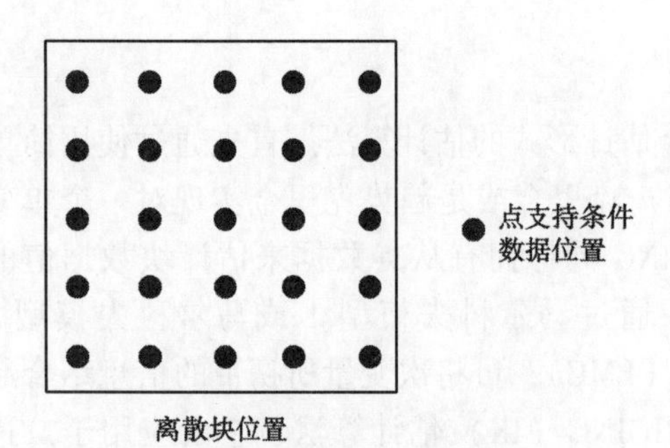

图 7.1　块克里金中的变差平均过程
点支持条件数据与未知块值之间的变差值等于条件数据与块中所有离散点之间的平均变差

块克里金中仅有 SK 和 OK 两个选项是可选的。点与块之间的标准化变差函数通过将块离散化为 x，y，z 方向上点这样一种自定义数得以内部计算。例如，一个点 $\boldsymbol{u}$ 和块内部的离散点 $V(\boldsymbol{u})$ 之间的平均点支持变差函数可由下式近似计算（参见 3.6.3 小节和图 7.1）：

$$\gamma_V(\boldsymbol{u},\ V(\boldsymbol{u}))=\frac{1}{M}\sum_{\boldsymbol{u}'=1}^{M}\gamma(\boldsymbol{u},\ \boldsymbol{u}')$$

其中，M 是块 $V(\boldsymbol{u})$ 中离散点的数量。

参数描述：

在算法面板中通过 *Estimation→kriging* 激活 *KRIGING* 算法。*KRIGING* 界面上包含了 3 个选项卡“General”，“Data”和“Variogram”（图 7.2）。“[ ]”中的文本内容对应于 KRIGING 参数文件中的关键字。

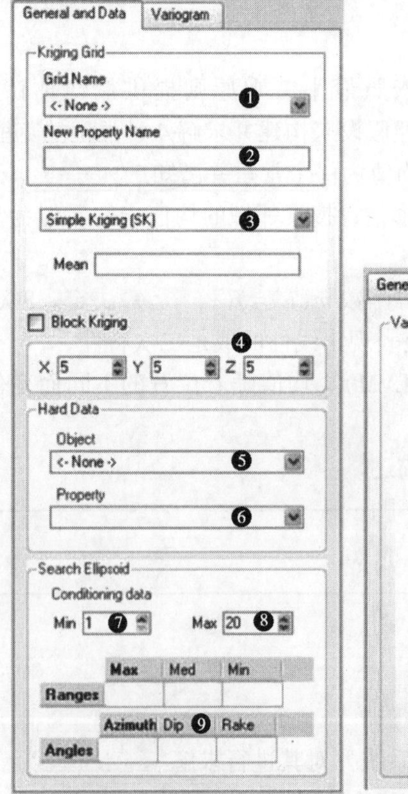

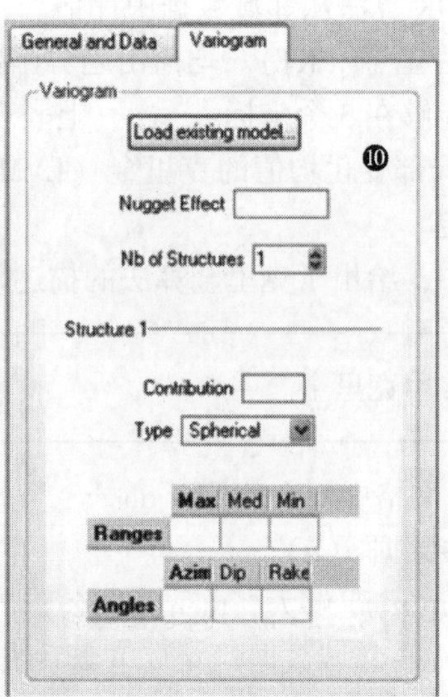

图 7.2　克里金用户界面

（1） Grid Name [Grid_ Name]：估计目标网格的名称。

（2） New Property Name [Property_ Name]：克里金输出的名称。同时会创建第二个 suffix_ krig_ var 属性来保存克里金方差。

（3） Kriging Type [Kriging_ Type]：选择每个节点所求解的克里金系统类型。

（4） Block kriging option [do_ block_ kriging]：如果选定 [do_ block_ kriging]，则 X、Y、Z 的块离散值分别在 [npoints_ X]，[npoints_ Y] 和 [npoints_ Z] 中给定。当选定了块克里金选项，则条件数据必须在在一点集中给定。注意，块克里金中，LVM 和 KT 选项不可用。

（5） Hard Data—Object [Hard_ Data. grid]：包含条件数据的网格名称。

（6） Hard Data—Property [Hard_ Data. property]：条件数据的属性。

（7） Min Conditioning data [Min_ Conditioning_ Data]：搜索邻域中所保留数据的最小数量。

（8） Max Conditioning data [Max_ Conditioning_ Data]：搜索邻域中所保留数据的最大数量。

（9） Search Ellipsoid Geometry [Search_ Ellipsoid]：搜索椭球体的参数，参见 6.4 节。

（10） Variogram [Variogram]：变差函数的参数，参见 6.5 节。

[实例] 在 E1y1 数据集中使用普通克里金，其中包含 50 个硬数据。结果及相应的普通克里金方差在图 7.3 中显示。搜索邻域为各向同性，半径为 120，在这个邻域中必须至少包含 5 个但不超过 25 个数据。该模型的变差函数为：

$$\gamma(h_x,\ h_y) = 1.2Sph\left(\sqrt{\left(\frac{h_x}{35}\right)^2 + \left(\frac{h_y}{45}\right)^2}\right) + 0.2Sph\left(\sqrt{\left(\frac{h_x}{35}\right)^2 + \left(\frac{h_y}{100000}\right)^2}\right)$$

其中，第二个结构模型呈带状各向异性（Isaaks 和 Srivastava，1989；Goovaerts，1997，p. 93）。注意，克里金图所具有的平滑特性。

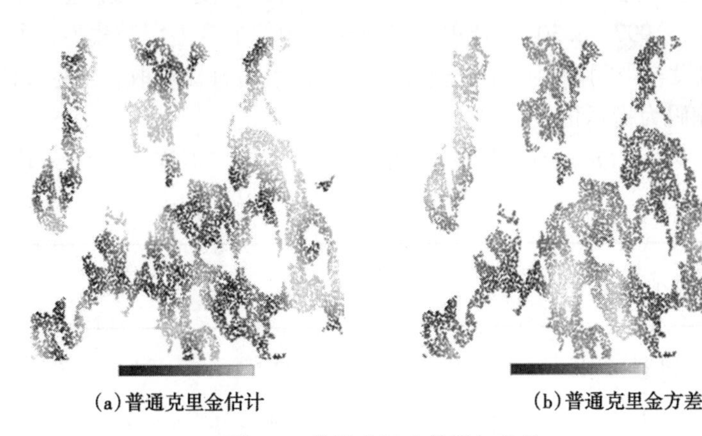

图 7.3 普通克里金估值与方差

7.2 指示克里金

INDICATOR KRIGING（指示克里金）是一种无参估计算法，能够在任何给定邻域条件数据的情况下，用于估计条件累积分布函数。该算法在离散和连续变量中都可以使用，见3.6节中对指示克里金理论的一个简短回顾。指示克里金不能够保证分布结果是有效的。也就是说，对于连续的情况而言，概率值会落在0到1之间并单调递增。而对于离散的情况，概率值都为正数并且合为1。如果这些要求无法满足，则可以利用算法来进行序列修正（Deutsch和Journel，1998，p.81）。

7.2.1 连续变量

连续指示变量由下式定义：

$$i(\boldsymbol{u},\ z_k)=\begin{cases}1 & z(\boldsymbol{u})\ \leqslant z_k\\0 & z(\boldsymbol{u})\ >z_k\end{cases}$$

指示克里金的目的是以先前保留数据(n)为条件，估计$z(\boldsymbol{u})$小于阈值z_k的概率：

$$I^*(\boldsymbol{u},\ z_k)=E^*(I(\boldsymbol{u},\ z_k)\mid(n))=Prob^*(Z(\boldsymbol{u})\ <z_k)\mid(n) \tag{7.1}$$

估计不同的临界值$z_k(k=1,\ \cdots,\ K)$的$I^*(\boldsymbol{u},\ z_k)$值，所得到的$I$为$Z(\boldsymbol{u})$在阈值分别为$z_1,\ \cdots,\ z_k$情况下，条件累积分布函数（ccdf）的一个离散估计。

位置$\boldsymbol{u}$的$I^*(\boldsymbol{u},\ z_k)$被看作是$\text{Prob}^*(Z(\boldsymbol{u})<z_k)\mid(n)$的一个估计（Goovaerts，1997，p.293）。而完整的ccdf$F\ (z\mid(n))$会被重构并且所有条件统计都能够恢复。

INDICATOR KRIGING指示克里金算法通过求解一个简单克里金系统来估计条件概率$I^*(\boldsymbol{u},z_k)$，因此需要假设边缘概率$E\{I(\boldsymbol{u},\ z_k)\}$已知并为常量（独立于$\boldsymbol{u}$的常量）。在SGeMS的早期版本中不包含普通指示克里金这一选项。而指示克里金中则会考虑两类区域化模型。但对于完整IK选项来说，每一个阈值都需要一个变差函数模型，见算法7.2。而中值IK（Goovaerts，1997，p.304）选项仅需要阈值中值的变差函数模型，所有其他的指示变差函数都通过假设与中间阈值的单个模型呈比例关系而直接求取，参见算法7.3。

（1）将信息编码为指示值。

考虑一组连续变量$Z(\boldsymbol{u})$，利用K个阈值$z_1,\ \cdots,\ z_k$将该连续变量在其范围内进行离散化。

[算法7.2] 完全指示克里金。

1：for 网格中的每个地址 $\boldsymbol{u}$ do
2：　for 每个分类 k do
3：　　获取条件数据 n
4：　　if n 足够大，then
5：　　　求解简单克里金系统
6：　　　计算克里金估计 $i_k^*(\boldsymbol{u})$

7：　　else
8：　　　将节点设置为未知的，移动到下一位置
9：　　end if
10：　end for
11：　修改 $F_z(\boldsymbol{u})$ 以调整冲突（violations）关系
12：end for

[算法 7.3]　中位指示克里金。

1：for 网格中的每个地址 $\boldsymbol{u}$ do
2：　获取条件数据 n
3：　if n 足够大，then
4：　　求解简单克里金系统并将向量权值保存起来
5：　else
6：　　将节点设置为未知的，移动到下一位置
7：　end if
8：　for 每个分类 k do
9：　　利用搜索到的克里金权值计算克里金估计 $i_k^*(\boldsymbol{u})$
10：　end for
11：　修改 $F_z(\boldsymbol{u})$ 以调整冲突关系
12：end for

不同类型的数据将被编码为一组包含 K 个指示值的向量 $I(\boldsymbol{u})=[i(\boldsymbol{u}, z_1), \cdots, i(\boldsymbol{u}, z_k)]$。

(2) 硬数据。

给定位置 $\boldsymbol{u}_\alpha$ 的 Z 值已知，等于 $Z(\boldsymbol{u}_\alpha)$，因此这里没有不确定性。相应 K 个指示值全为 0 或 1：

$$i(\boldsymbol{u}_\alpha, z_k)=\begin{cases}1 & z(\boldsymbol{u}_\alpha)\leqslant z_k\\0 & z(\boldsymbol{u}_\alpha)>z_k\end{cases}\qquad (k=1, \cdots, K)$$

[例]　如果 $K=5$，则有 5 个阈值 $z_1=1$，$z_2=2$，$z_3=3$，$z_4=4$，$z_5=5$，此外，硬基准值 $z=3.7$，5 个指示数据的编码将按照以下向量进行：

$$I=\begin{bmatrix}0\\0\\0\\1\\1\end{bmatrix}$$

（3）不平均数据。

仅已知基准值 $z(\boldsymbol{u}_\alpha)$ 落在某个位置区间中，例如 $z(\boldsymbol{u}_\alpha)$，$\in [a, \mathrm{b}]$ 或者 $Z(u_\alpha) \in [a, +\infty]$。从信息 $z(\boldsymbol{u}_\alpha) \in [a, b]$ 中得到的指示数据向量 $I(\boldsymbol{u}_\alpha)$ 为：

$$i(\boldsymbol{u}_\alpha, z_k) = \begin{cases} 1 & \text{如果 } z_k < a \\ \text{缺失} & \text{如果 } z_k \in [a, b] \\ 0 & \text{如果 } z_k \geqslant b \end{cases} \quad (k = 1, \cdots, K)$$

［例］ 如果 $K=5$，5 个阈值为 $z_1=1$，$z_2=2$，$z_3=3$，$z_4=4$，$z_5=5$，然后区间基准为 $[2.1, 4.9]$，编码为：

$$I = \begin{bmatrix} 0 \\ 0 \\ ? \\ ? \\ 1 \end{bmatrix}$$

其中，问号标记“?”表示的是一个未定义值（缺失值在 SGeMS 中用整数-9966699 表示），可由克里金对其进行估计，参见 2.2.7 小节，了解如何在 SGeMS 中输入缺失值。

7.2.2 分类变量

INDICATOR KRIGING 指示克里金能够应用于分类变量，即有限数目 K 个离散变量（也称作类别或分类）：$z(\boldsymbol{u}) \in \{0, \cdots, K-1\}$。对于类别 k 的指示变量定义如下：

$$I(\boldsymbol{u}, k) = \begin{cases} 1 & \text{如果 } Z(\boldsymbol{u}) = k \\ 0 & Z(\boldsymbol{u}) \neq k \end{cases}$$

而属于类 k 的 $Z(\boldsymbol{u})$ 概率 $I^*(\boldsymbol{u}, k)$，可由简单克里金估计：

$$I^*(\boldsymbol{u}, k) - E\{I(\boldsymbol{u}, k)\} = \sum_{\alpha=1}^{n} \lambda_\alpha(\boldsymbol{u})(I(\boldsymbol{u}_\alpha, k) - E\{I(\boldsymbol{u}_\alpha, k)\})$$

其中 $E\{I(\boldsymbol{u}, k)\}$ 是类别 k 的指示平均值（边缘概率）。

在分类变量的实例中，估计的概率都必须在 0 到 1 之间并满足：

$$\sum_{k=1}^{K} I^*(\boldsymbol{u}, k) = 1 \tag{7.2}$$

如果不是，那么则按照如下的两个规则来修正：

（1）如果 $I^*(\boldsymbol{u}, k) \notin [0, 1]$，则将其重置为临近的边界值。若所有的概率值都小于或等于 0，那么此时无需进行修正，仅发出一个警告信息。

（2）对数值进行归一化处理，使其值总和为 1。

$$I^*_{\text{corrected}}(\boldsymbol{u}, k) = \frac{I^*(\boldsymbol{u}, k)}{\sum_{i=1}^{K} I^*(\boldsymbol{u}, i)}$$

参数描述：

INDICATOR KRIGING 算法由算法面板 *Estimation*->Indicator Kriging 激活。INDICATOR KRIGING 界面包含 3 个页面："General""Data"与"Variogram"，参见图 7.4。"[ ]"中的文本内容对应于 INDICATOR KRIGING 参数文件中的关键字。

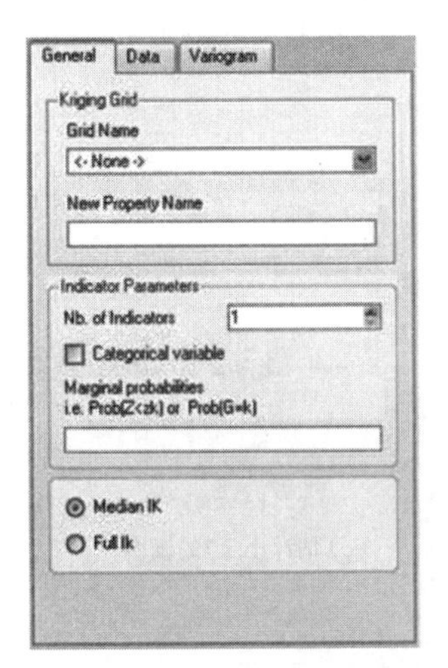

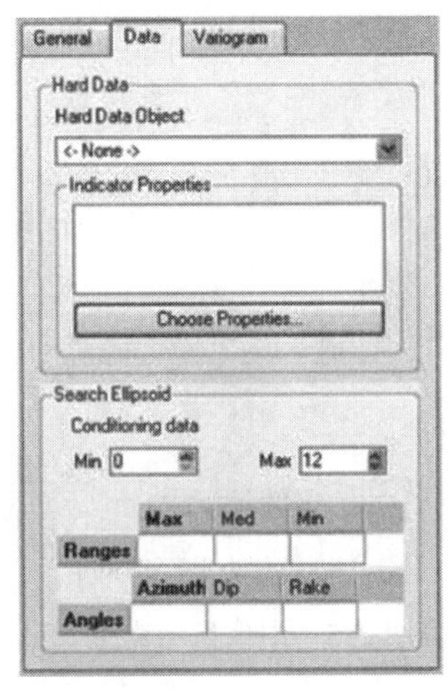

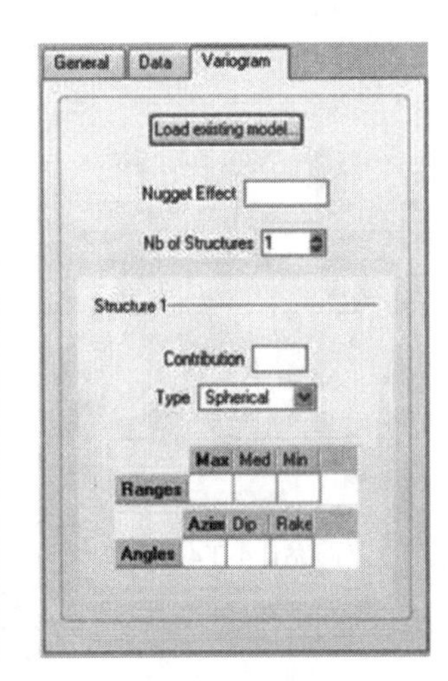

图 7.4 INDICATOR KRIGING 用户界面

（1）Estimation Grid Name [Grid_Name]：估计网格的名称。

（2）Property Name Prefix [Property_Name]：估计输出的前缀。每一个指示器都要添加后缀 suffix_real#。

（3）# of indicators [Nb_Indicators]：用于估计指示器数量。

（4）Categorical variable [Categorical_Variable_Flag]：用来标志数据是否为分类类型。

（5）Marginal Probabilities [Marginal_Probabilities]：

If continuous 则为低于阈值的概率，输入的 [Nb_Indicators] 必须单调递增。

If categorical 则为每个类别的分类比例。输入的 [Nb Indicators] 必须总和（adding to）为 1。第 1 个输入对应于类别编码 0，第 2 个输入对应于类别编码 1，依此类推。

（6）Indicator kriging type：若选择 Median IK [Median_Ik_Flag]，程序中使用中值指示克里金来估计 ccdf；如果选择 Full IK [Full_Ik_Flag]，每个阈值/类将会求解不同的 IK 系统。

（7）Hard Data Grid [Hard_Data_Grid]：包含了硬条件数据的网格。

（8）Hard Data Indicators Properties [Hard_Data_Property]：当模拟中包含有主条件数据时。必须选定一个 [Nb_Indicators] 属性，第 1 个值对应类别 0，第 2 个值对应类别 1，依此类推。如果选定 Full IK [Full_Ik_Flag]，可能不会将所有阈值传递给一个位置。

（9）Min Conditioning data [Min_Conditioning_Data]：搜索邻域中留存数据的最小个数。

（10）Max Conditioning data [Max_Conditioning_Data]：搜索邻域中留存数据的最大个数。

（11）Search Ellipsoid Geometry [Search_Ellipsoid]：搜索椭球体的参数，参见 6.4 节。Variogram [Variogram] 指示变差函数的参数，参见 6.5 节。如果选定 Median IK [Median_Ik_Flag]，则仅需一个变差函数，否则需要有 [Nb_Indicators] 个指示变差函数。

[例] 在图 4.1（a）的点集中运行 INDICATOR KRIGING 算法。利用区域化中位数

Median IK 分别计算出低于 4，5.5 和 7 三个值的概率。从结果中得到三个阈值的条件概率（ccdf）为：0.15，0.5，0.88。每一个阈值的估计概率如图 7.5 所示。中位数指示的变差函数模型为：

$$\gamma(h_x,\ h_y) = 0.07Sph\left(\sqrt{\left(\frac{h_x}{10}\right)^2 + \left(\frac{h_y}{15}\right)^2}\right) + 0.14Sph\left(\sqrt{\left(\frac{h_x}{40}\right)^2 + \left(\frac{h_y}{75}\right)^2}\right)$$

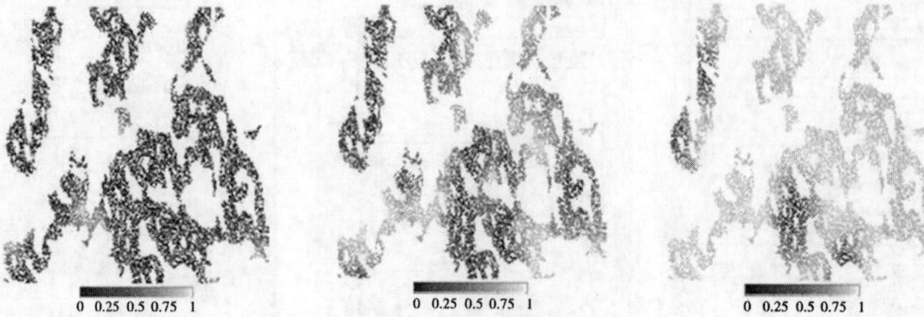

0 0.25 0.5 0.75 1
0 0.25 0.5 0.75 1
0 0.25 0.5 0.75 1

(a) 估计小于4的概率　(b) 估计小于5.5的概率　(c) 估计小于7的概率

图 7.5　中位指示克里金

搜索椭球区域大小为 80×80×1。条件数据的个数最小为 5、最大为 25。

将 200 个间隔类型（interval-type）数据加入到数据集中。从这些间隔数据仅能判断出这些位置上的 Z 值是在 5.5 以上还是在 5.5 以下。而这些不平均数据的编码为：

$$\text{如果 } z(\boldsymbol{u}) < 5.5,\ \text{则 } i(\boldsymbol{u}) = \begin{bmatrix} ? \\ ? \\ 1 \end{bmatrix};\ \text{如果 } z(\boldsymbol{u}) > 5.5,\ \text{则 } i(\boldsymbol{u}) = \begin{bmatrix} 0 \\ 0 \\ ? \end{bmatrix}。$$

图 7.6 是在图 7.5 的基础上，使用相同的阈值得到的估计结果图。不平均数据会主要改变阈值 5.5 的概率图，但对于高或是低阈值所产生的影响都不明显。

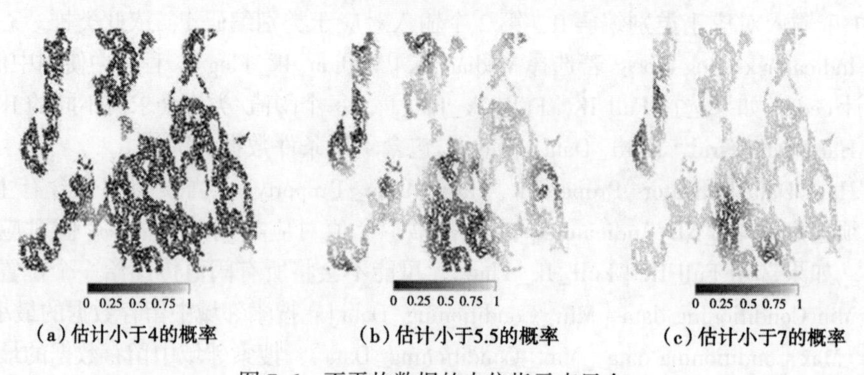

0 0.25 0.5 0.75 1
0 0.25 0.5 0.75 1
0 0.25 0.5 0.75 1

(a) 估计小于4的概率　(b) 估计小于5.5的概率　(c) 估计小于7的概率

图 7.6　不平均数据的中位指示克里金

7.3 协克里金：具有二阶数据的克里金

COKRIGING 算法将次变量中所携带与估计目标主属性相关的信息集成起来，并因此将这些额外信息加入克里金系统方程来实现扩展，这里必须使用协同化模型来集成次变量。SGeMS 提供了 3 种选择：协同区域化的线性模型（LMC）、马尔科夫模型 1（MM1）和马尔科夫模型 2（MM2）。LMC 模型会在计算中加入搜索邻域中所有的次数据，而马尔科夫模型仅会保留那些与主数据在相同位置处的次数据；参见 3.6.4 小节。

LMC 选项可以用于简单克里金与普通克里金。马尔科夫模型（MM1 和 MM2）只能用于求解简单克里金；若在常规的克里金中使用，由于次变量的权值之和必须等于 0，将会导致次变量被忽略（Goovaerts，1997，p.236）。

COKRIGING 协克里金算法的详细描述参见算法 7.4。

[**算法 7.4**] COKRIGING 协克里金。

1：for 对于网格中的每个位置 $\boldsymbol{u}$ do
2：　　获取主条件数据 n
3：　　获取次条件数据 n'
4：　　if n 足够大，then
5：　　　　求解克里金系统
6：　　　　计算克里金估计和协克里金方差
7：　　else
8：　　　　将节点设置为未知，并移动到下一个位置
9：　　end if
10：end for

提示 1：多属性联合估计

SGeMS 中的协克里金算法允许估计那些以主属性作为条件的主数据，以及那些来自于单一次属性的数据。在应用中有时会需要有多个（>2）相关属性联合进行估计。SGeMS 能够执行此类估计，执行过程中首先会通过主成分分解技术将所有的主次属性正交化为因子（Vargas-Guzman 和 Dimitrakopoulos，2003），随后对每一个因子进行独立的变差建模，并运行克里金算法，随后将它们转换回原始属性的估计中。随着嵌入式脚本语言 Python 的发展，所有前面所提到的这些步骤都可以在 SGeMS 中实现（主成分分解，可使用 Python 中的 scipy 库）。

参数描述：

从算法面板中 *Estimation cokriging* 中激活 COKRIGING。COKRIGING 协克里金算法的主界面包含了 3 个页面："General""Data" 和"Variogram"（图 7.7）。"[ ]"中的文本内容则对应于 COKRIGING 参数文件中的关键字。

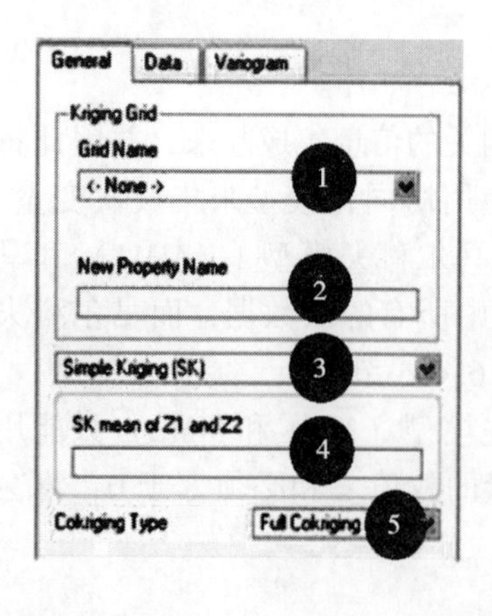

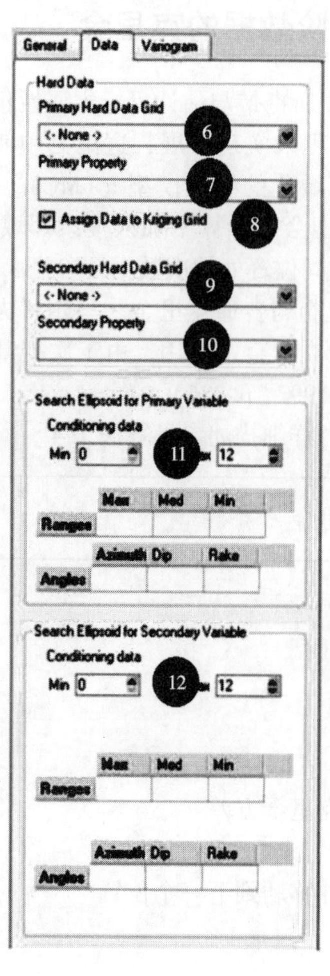

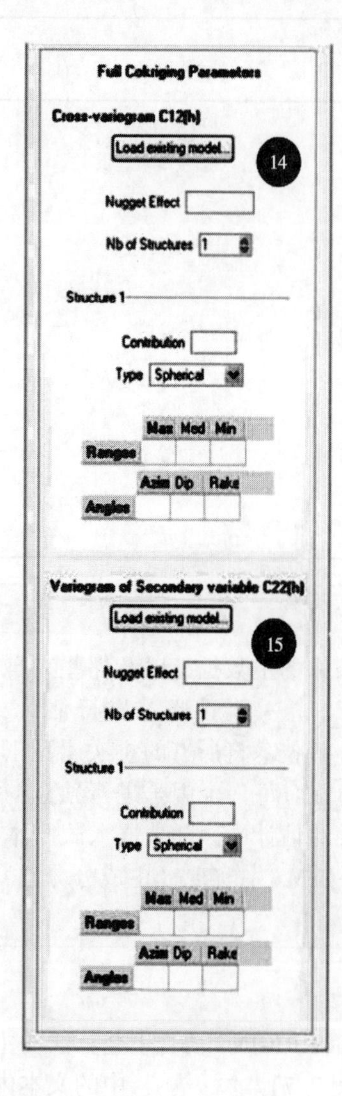

图 7.7 COKRIGING 的用户界面

（1） Grid Name [Grid_ Name]：所估计网格的名称。

（2） New Property [Property_ Name]：协克里金输出的名称。将会创建一个后缀为 krig _var 的次属性。

（3） Kriging Type [Kriging_ Type]：选择每个节点上所求解克里金系统的类型。

（4） SK mean of Z1 and Z2 [SK_ Means]：主数据和次数据的均值。仅当 [Kriging_ Type] 克里金类型设置成简单克里金类型时才需要输入。

（5） Cokriging Type [Cokriging_ Type]：用于集成次信息的协同区域化模型。注意 MM1 和 MM2 模型不能在常规的协克里金算法中使用。

（6） Primary Hard Data—Object [Hard_ Data. grid]：包含条件数据的网格名称。

（7） Primary Hard Data—Property [Hard_ Data. property]：条件数据的属性。

（8） Assign Hard Data to Grid [Assign_ Hard_ Data]：如果选定了这一项，硬数据会被复制到所估计网格中。如果复制失败，程序无法继续执行。该选项能够显著提高程序的执行速度。

（9） Secondary Hard Data—Object [Hard_ Data. grid]：包含次变量条件数据的网格名称。

（10） Secondary Hard Data—Property [Hard_ Data. property]：条件数据的属性。

（11） Search Ellipsoid for Primary Variable [Min_ Conditioning_ Data]：与 [Max_ Conditioning_ Data] 所给出主数据在搜索邻域中的最大及最小数量。搜索椭球体的几何参数在 [Search_ Ellipsoid 1] 中设置，参见 6. 4 节。

（12） Search Ellipsoid for secondary Variable [Min_ Conditioning_ Data2]：与 [Max_ Conditioning_ Data2] 所给出次数据在搜索邻域中的最大及最小数量。搜索椭球体的几何参数在 [Search_ Ellipsoid 2] 中设置。仅当 [Cokriging_ Type] 设置成 Full_ Cokriging 时，所有这些参数才需要输入。

（13） Variogram for primary variable [Variogram C11]：主变量的变差函数参数，参见 6. 5 节。

（14） Cross-variogram [Variogram C12]：主变量与次变量的交互变差函数参数。仅当 Cokriging Option [Cokriging_ Type] 设置成 Full_ Cokriging 时下才需要输入此参数。

（15） Variogram for secondary variable [Variogram C22]：次变量的变差函数参数。仅当 Cokriging Option [Cokriging_ Type] 设置成 Full_ Cokriging 时下才需要输入此参数。

（16） MM1 parameters 在 [Correl_Z1Z2]：框中输入主变量和次变量的相关系数，并在 [Var_Z2] 中输入次变量的方差。仅当 Cokriging Option [Cokriging_ Type] 设置成 MM1 时才需要输入此参数。

（17） MM2 parameters 在 [MM2_ Correl_ Z1Z2]：框中输入主变量和次变量之间的相关系数，并在 [MM2- Variogram_ C22] 中输入次变量的方差。仅当 Cokriging Option [Cokriging _Type] 设置成 MM1 时才需要输入此参数。

[例] 应用 MM1 模型的简单协克里金对 E1y1 点集进行估计，并带有图 4. 1 中所显示的详尽次变量数据。与主属性相关的参数（条件数据的最大、最小数量、搜索邻域以及变差函数）与图 7. 3 所示的克里金实例相同。MM1 模型中的主变量和次变量相关系数设置为 0. 71；次变量的方差设置成 1. 15。另有一种整合次变量的方法，先对次变量进行线性回归以模拟主属性的局部均值，随后这个局部均值可输入到克里金算法中结合局部均值变化量

一同实现主变量的估计。图 7.8 显示了协克里金和 LVM 方法的结果，两个算法使用相同的通用参数。

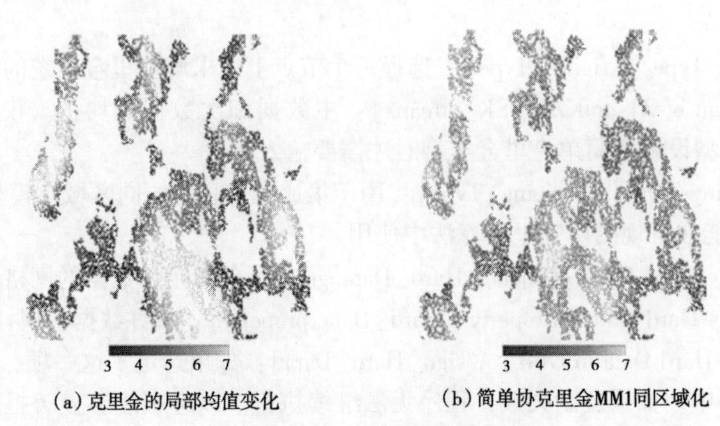

(a) 克里金的局部均值变化　　(b) 简单协克里金MM1同区域化

图 7.8　克里格金附加信息

(a) 局部均值；(b) 相关的次要属性

7.4　块克里金估计

BKRIG 是一个支持点与块数据作为条件数据的克里金估计算法（Goovaerts，1997，p. 152；Liu，2007）。具有线性平均（块）数据的克里金理论在 3.6.3 小节中回顾。在这一节中，我们给出了一些解决运行问题的方法，尤其是针对处理块数据问题的代码。

(1) 数据误差合并。

在实践中，观测数据 D（不论是点数据 D_P 或者是块平均数据 D_B）中常常包含噪声与误差，它们主要来自于测量误差以及其他解释工作中由主观因素所造成的误差。由于解释后的块平均数据更易受误差影响，因此本节仅考虑与块数据相关的误差，有：

$$D_P(\boldsymbol{u}_\alpha) = Z(\boldsymbol{u}_\alpha) \tag{7.3}$$

$$D_B(\boldsymbol{v}_\alpha) = B(\boldsymbol{v}_\alpha) + R(\boldsymbol{v}_\alpha) \tag{7.4}$$

其中 $Z(\boldsymbol{u}_\alpha)$ 是位置 $\boldsymbol{u}_\alpha$ 的点数据值。$B(\boldsymbol{v}_\alpha)$ 是在块位置 $\boldsymbol{v}_\alpha$ 的“ture 真实”块数据值。$R(\boldsymbol{v}_\alpha)$ 是与它的误差项。

误差项 $R(\boldsymbol{v}_\alpha)$ 取决于信号 $B(\boldsymbol{v}_\alpha)$，即异方差情况，它也可能是块间相关的。（Koch 和 Link，1970；Bourgault，1994）。在这里，需要假设块误差为同方差、并且非互相关：

$$R(\boldsymbol{v}_\alpha) \perp B(\boldsymbol{v}_\beta),\ \forall \boldsymbol{v}_\alpha,\ \boldsymbol{v}_\beta \tag{7.5}$$

$$R(\boldsymbol{v}_\alpha) \perp B(\boldsymbol{v}_\beta),\ \forall \boldsymbol{v}_\alpha,\ \boldsymbol{v}_\beta \tag{7.6}$$

此外还需要假设以下块数据误差的属性（Journel 和 Huijbregts，1978；Liu 和 Journel，2005；Hansen 等，2006）：

①均值为零。$E\{R(\boldsymbol{v}_\alpha)\}=0,\ \forall \boldsymbol{v}_\alpha$。

②方差已知。$\mathrm{Var}\{R(\boldsymbol{v}_\alpha)\}=\sigma_R^2(\boldsymbol{v}_\alpha)$，该值可从之前的校验中获得；注意不同块的方差是不同的。

③因此，误差协方差便为一个已知的协方差对角矩阵：

$$\boldsymbol{C_R} = [\operatorname{Cov}\{R(\boldsymbol{v}_\alpha), R(\boldsymbol{u}_\beta)\}] = \begin{cases} \sigma_R^2(\boldsymbol{v}_\alpha) & \text{如果 } \boldsymbol{v}_\alpha = \boldsymbol{v}_\beta \\ [0] & \text{如果 } \boldsymbol{v}_\alpha \neq \boldsymbol{v}_\beta \end{cases} \tag{7.7}$$

假设点数据无误差，则式（3.30）中的3个子矩阵 $\boldsymbol{C}_{PP}$，$\overline{\boldsymbol{C}}_{PB}$ 和 $\overline{\boldsymbol{C}}_{PB}^{t}$ 无变化。因此，当仅考虑与块数据相关的误差时，系统（3.30）的矩阵 K 中的块到块协方差可写作：

$$\overline{\boldsymbol{C}}_{B_\alpha B_\beta} = [\operatorname{Cov}\{D_{\mathrm{B}}(\boldsymbol{v}_\alpha), D_{\mathrm{B}}(\boldsymbol{u}_\beta)\}] = [\overline{C}_B(\boldsymbol{v}_\alpha, \boldsymbol{v}_\beta) + 2\overline{C}_{BR}(\boldsymbol{v}_\alpha, \boldsymbol{v}_\beta) + C_R(\boldsymbol{v}_\alpha, \boldsymbol{v}_\beta)] \tag{7.8}$$

如果假定数据误差独立于信号［式（7.5）］，并且非相关［式（7.6）］，然后，若假定误差的方差已知为 $\sigma_R^2(\boldsymbol{v}_\alpha)$［参见式（7.7）］，式（7.8）可以改写为：

$$\overline{\boldsymbol{C}}_{B_\alpha B_\beta} = \begin{cases} [\overline{C}_B(0) + \sigma_R^2(\boldsymbol{v}_\alpha)] & \text{如果 } \boldsymbol{v}_\alpha = \boldsymbol{v}_\beta \\ [\overline{C}_B(\boldsymbol{v}_\alpha, \boldsymbol{v}_\beta)] & \text{如果 } \boldsymbol{v}_\alpha \neq \boldsymbol{v}_\beta \end{cases} \tag{7.9}$$

对于式（3.30）中的协方差向量 $\boldsymbol{k}$ 来说，由于误差本身假设为与信号无关，因此，它并不受误差协方差的影响。

因此，通过将协方差矩阵加入，即 $\sigma_R^2(\boldsymbol{v}_\alpha)$，将其附加为克里金系统［式（3.30）］左半部分的数据到数据协方差矩阵的对角项，以此将误差影响包含进克里金系统中。

（2）点和块的协方差计算。

涉及块数据的克里金（和模拟）算法需要4种类型的协方差（如8.1.7小节中的BKRIG，BSSIM和8.1.8小节中的BESIM）：点到点的协方差 $C_{PP'}$、点到块的协方差 $\overline{C}_{PB}$、块到点的协方差 $\overline{C}_{BP}$ 和块到块的协方差 $\overline{C}_{BB'}$，参见克里金系统［式（3.30）］。点协方差 $C_{PP'}$ 通过预先计算的协方差查询表得到；块平均协方差（$\overline{C}_{PB}$，$\overline{C}_{BP}$，$\overline{C}_{BB'}$）通过传统的积分法或是FFT积分法计算得到。

①Point covariance look-up table（点协方差查询表）：在诸如KRIGING（7.1节）的算法中，任意两点之间的协方差都由特定的解析变差函数或协方差模型计算。可以只进行一次协方差值的计算，并将其结果保存到查询表中，这样就不需要每次都重复计算协方差值。这个点协方差查询表可以同协方差图一样执行（Goovaerts，1997，p. 99；Deutsch 和 Journel，1998，p. 36）。例如，一个 $M \times N$ 大小的二维区域，可能所有使用的点协方差都包含在一个大小为 $2M \times 2N$ 的协方差图中，且中心点为协方差值 $C(0)$。这个协方差图能够被保存，因此只需要计算一次。当需要协方差值时，执行表查询操作即可。

②Two approaches for block covariance calculation（块协方差计算的两种方法）：对任何涉及块数据的地质统计算法来说，一个快速而准确的块平均协方差计算是至关重要的。因此而提出有两种不同的方法—传统积分法和FFT混合积分法。

在传统方法中，块平均协方差的计算是通过平均点协方差值而得到的。在离散格式下，可写为（Journel 和 Huijbregts，1978；Goovaerts，1997，p. 156）：

$$\overline{C}_{PB} = \frac{1}{n}\sum_{i=1}^{n} C_{PP_i};\quad \overline{C}_{BB'} = \frac{1}{nn'}\sum_{i=1}^{n}\sum_{j=1}^{n'} C_{P_iP_j'} \tag{7.10}$$

其中 $\overline{C}_{PB}$ 是点 P 和块 B 之间的协方差，$\overline{C}_{BB'}$ 是块 B 与 B' 之间的平均协方差。P_i 是块 B 中的 n 个离散节点之一，而 P_j' 则是块 B' 中 n 个离散节点之一。随着大量块数据和密集块离散化，块协方差的直接计算将会耗费大量的 CPU 资源。实验结果表明，块协方差的计算占据总模拟时间的90%以上。然而，如果块数量较少，则传统的积分法较为合适。

FFT 混合积分法是一种更高效的算法。该算法的基本思想如下所述。从协方差模型和矩阵中构建一个对称循环协方差矩阵以及其循环块子矩阵。这个块循环协方差带有诸多有用特征。最值得注意的是，整个协方差矩阵可以完全从块子矩阵的第一行数据中恢复，这样能够降低内存消耗；通过谱卷积法能够获得它与其余矩阵或向量之间的乘积，从而提高计算速度。同样，块到点的协方差图能够通过傅里叶变换实现快速矩阵乘积而得到。随后使用传统平均方法便能实现块到块的协方差计算。要想了解该方法更细致的信息可以参考 Dietrich 和 Newsam（1993），Nowak 等（2003）、Kyriakidis 等（2005）以及 Liu 等（2006a）。其中快速 FFT 程序的可用性是其关键：在这里，使用由 Frigo 和 Johnson（2005）开发的 FFTW 程序。

使用本混合方法计算块到块的协方差的基本实现流程在算法 7.5 中给出。

（3）块数据输入。

所有的块信息都由文件导入。文件格式如图 7.9 所示。第一行是描述行，给出块数据的综合信息，第二行是块数量。而每个块的相关信息随后显示。在每个块的部分中，第一行是块名字，紧接着是块的平均值与误差协方差、最后是离散块点坐标。

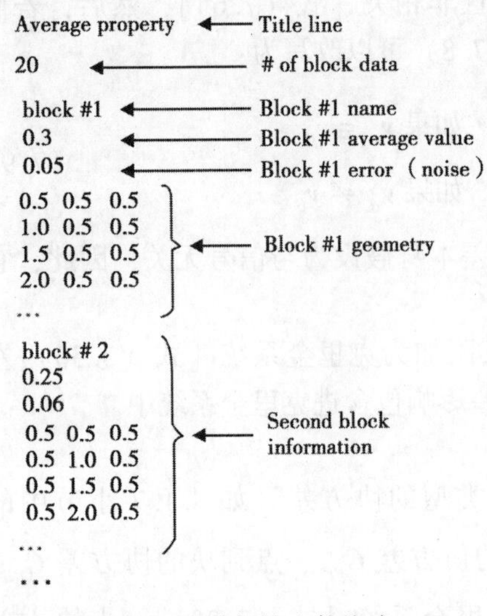

图 7.9　数据块文件格式

[算法 7.5]　使用 FFT 混合积分法计算块协方差。

1：生成点协方差图 $C_{P_\alpha P_\beta}$，该图所有 x 方向、y 方向和 z 方向上的区域尺寸都会加倍。
2：将扩展的协方差图进行象限间的对角移动。
3：利用补零法将块#1B_1 的几何尺寸扩展到与扩展协方差图相同。
4：对这两个扩展后的图进行 FFT 变换，并且将两个 FFT 结果相乘。
5：对乘积结果进行反 FFT 变换，得到区域内 B_1 与任意点 P_β 之间的协方差图 $\overline{C}_{B_1P_\beta}$。
6：将先前的块#1 到块#2 中所有位置的点协方差值进行平均。以给出 B_1 与 B_2 之间的协方差 $\overline{C}_{B_1B_2}$。

（4）块数据的重构。

按照克里金理论，数据搜索邻域中包含的所有的点和块数据都会准确的被重构。实际中，较大的搜索领域和一个较长的关联范围能够增强数据的重构。

（5）克里金类型。

在 *BKRIG* 中，可以接受两种类型的克里金算法：简单克里金（SK）和普通克里金（OK）。算法 7.6 描述了 BKRIG 算法。

[算法 7.6] 块克里金估计。

1：生成点到点协方差查询表并保存。若使用 FFT 混合积分法来计算协方差，则计算块到点的协方差图并保存。
2：for 每一个位置 $\boldsymbol{u}$ do
3：　　搜寻由最近的原始点数据和块数据所组成的条件数据
4：　　if 数据（点或块）数量足够 then
5：　　　　计算或检索所需的局部块到块、块到点、点到块以及点到点协方差
6：　　　　建立混合尺度克里金系统并求解
7：　　　　计算位置 $\boldsymbol{u}$ 处的克里金均值与方差
8：　　else
9：　　　　将节点设置为未赋值的并发出警告消息
10：　　end if
11：end for

（6）参数描述。

从算法面板中的 *Esimation* | *bkrig* 激活 *BKRIG* 算法。*BKRIG* 主界面包含了 3 个页面“General”“Data”和“Variogram”（图 7.10）。“[ ]”框中的文本对应于 BKRIG 参数文件中的关键字。

①Grid Name [Grid_Name]：估计网格的名称。

②Property Name Perfix [Property_Name]：估计输出的前缀。

③Kriging Type [Kriging_Type]：为每个节点选择所求解的克里金系统类型：简单克里金（SK）或普通克里金（OK）。

④SK Mean [SK_mean]：属性的均值。仅当克里金类型 Kriging Type [Kriging_Type] 设置成简单克里金 Simple Kriging（SK）时，这一项才要求。

⑤Block Covariance Computation Approach [Block_Cov_Approach]：选择块协方差的计算方法——FFT 协方差表（FFT with Covariance-Table）或是积分协方差表（Integration with Covariance-Table）。

⑥Check block data reproduction [Check_Block_Reproduction]：若选中这一项，估计的块平均值首先需要被计算，此外每一个实现中相对于输入块数据的相对误差也会被同时计算。结果显示在 Commands Panel 命令面板中，从 view→Commands Panel 命令面板中激活。

⑦Hard Data | Object [Hard_Data.grid]：包含了点条件数据网格的名称。如果没有选定点网格，条件估计仅能在块数据下执行。

⑧Hard Data | Property [Hard_Data.property]：点数据的属性。仅当网格在 Hard data | Object 中选定时，这一项才被要求。

⑨Assign hard data to simulation grid [Assign_Hard_Data]：如果选定了这一项，硬数据

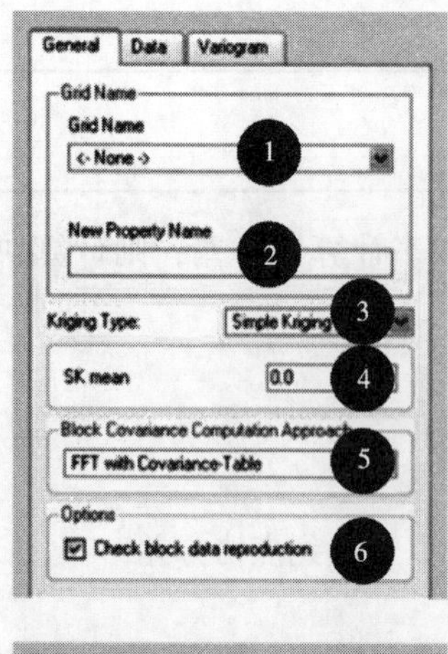

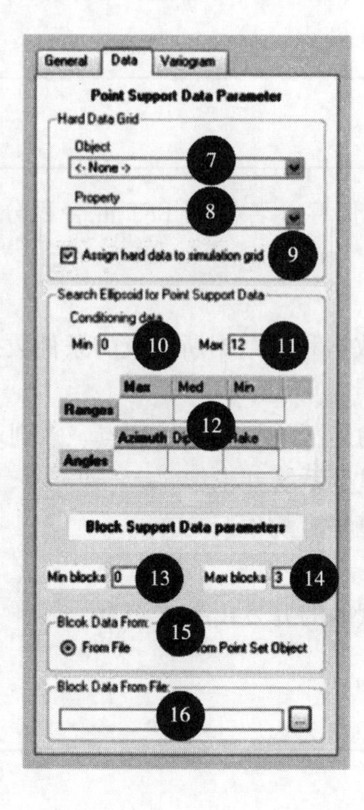

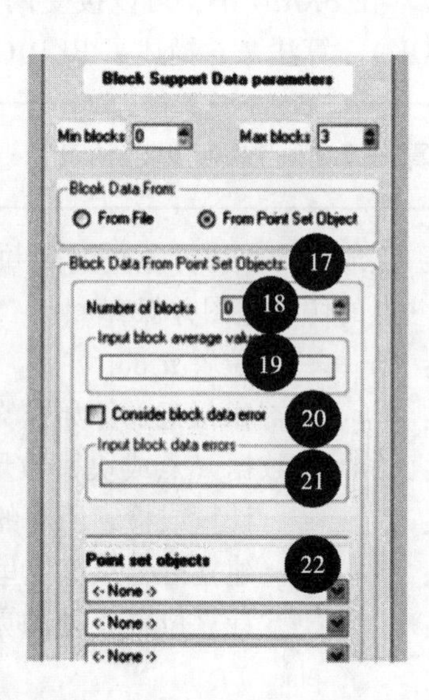

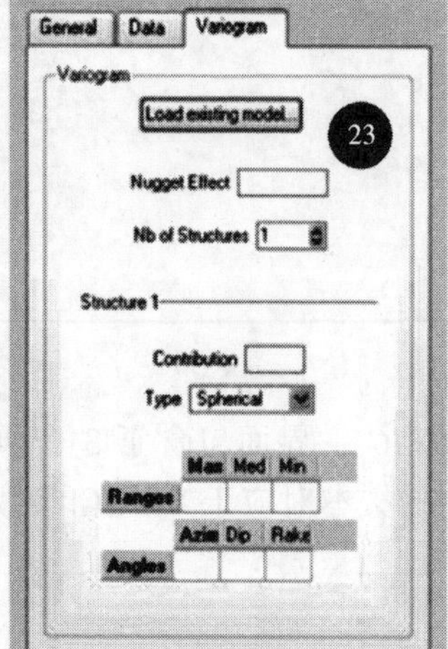

图 7.10　BKRIG 的用户界面

会被迁移到估计网格中。

⑩Min conditioning point data [Min_Conditioning_Data_Point]：点数据在搜索邻域内留存的最小数量。

⑪Max Conditioning point data [Max_Conditioning_Data_Point]：点数据在搜索邻域内留存的最大数量。

⑫Search Ellipsoid for Point Support Data [Search_Ellipsoid_Point]：点支持数据的搜索椭球体参数，参见 6.4 节。

⑬Min conditioning block data [Min_Conditioning_Data_Block]：块数据在搜索邻域内留存的最小数量。

⑭Max conditioning block data [Min_Conditioning_Data_Block]：块数据在搜索邻域内留存的最大数量。

⑮Block Data From：选定寻找块数据的位置。这里有两个选项：从文件中 From File [Block_From_File] 和从点集对象中 From Point Set Object [Block-From_Pset]。

⑯Block Data From File [Block Data File]：该选项仅当在 Block Data From 中选定 From

File [Block_From_File] 时才会被激活，这时需要指定块数据文件的目录地址。图 7.9 显示了块数据文件的格式。如果没有输入块数据文件，那么估计操作仅由点数据来执行。

⑰Blcok Data From Point Set Objects：该选项仅当在 Block Data From 中选择了 From Point Set Object [Block_From_Pset] 时会被激活。

⑱Number of blocks [Number_of_Blocks]：来自于点集对象的块数量。

⑲Input block average values [Block_Average_Values]：输入每一个块的块平均值。块数据的序列与相应的输入点集对象序列相同。块平均值数量应与 Number of blocks [Number_of_Blocks] 相同。

⑳Consider block data error [Consider_Block_Error]：如果选定了这一项，则考虑块误差。

㉑Input block errors [Block_Error_Variance]：仅当 Consider block data error [Consider_Block_Error] 被选择时，该选项才会被激活。块数据的序列与相应的输入点集对象序列相同。误差协方差的数量应与 Number of blocks [Number_of_Blocks] 相同。

㉒Point set objects [Block_Grid_i]：输入点集块对象。能够让用户便利地使用预加载点集对象作为条件块。属性不需与所输入的点集网格相关。采用这种方法输入的话，网格的最大数量限制为 50。如果大于 50 个块，则需要从文件中加载。

㉓Variogarm parameters for simulation [Variogram_Cov]：点支持变差函数的参数，参见 6.5 节。

(7) 例子。

在两个 2D 模拟实例中使用 BKRIG 算法，这两个实例分别对应于层析成像（tomography）和降尺度（downscaling）应用。图 7.11 中给出这两种情况的参考模型和输入数据。

层析成像实例中所涉及的区域被离散化为 40×40 的网格块。每个单元格的规格为 0.025×0.025。所涉及的背景区域由使用正态分数分布变差函数模型的序贯高斯模拟生成（参见 3.8.1 小节）：

$$\gamma(h_x,\ h_y) = 0.1 + 0.9Sph\sqrt{\left(\frac{h_x}{0.5}\right)^2 + \left(\frac{h_y}{0.25}\right)^2} \tag{7.11}$$

模拟区域中心位置加入一个高异质值区域［图 7.11（a）］。所涉及模型左右两边保留两列数据作为点条件数据，如图 7.11（b）所示。块数据是 18 条线数据，图 7.11（c）显示了它们的几何结构。每个块的基准值都由射线路径上的点值进行平均得到。

降尺度研究区被离散化为 40×50 的网格，每个网格规格大小为 0.025×0.02。背景属性的生成与层析成像例子中相同。两个高异质值区域添加到背景区域中。图 7.11（d）给出了参考模型。同样，参考模型左右两列值被留存作为点条件数据，如图 7.11（e）所示。块数据是覆盖整个数据区域的 10 个粗网格数据，参见图 7.11（f）。每一个块的基准值由块的点值进行平均而获得。

BKRIG 的例子中使用变差函数模型［式（7.11）］。层析成像例子中所输入的 SK 均值为 3.0，而降尺度例子中则设置为 2.7。条件数据数量的最小与最大限制分别为 0 和 12。

图 7.12（a）和图 7.12（c）显示的是两者都使用点和块数据所得到的平滑克里金估计图。参考模型中的通用模式在这里被很好地展现出来，例如高异质值区域的位置。

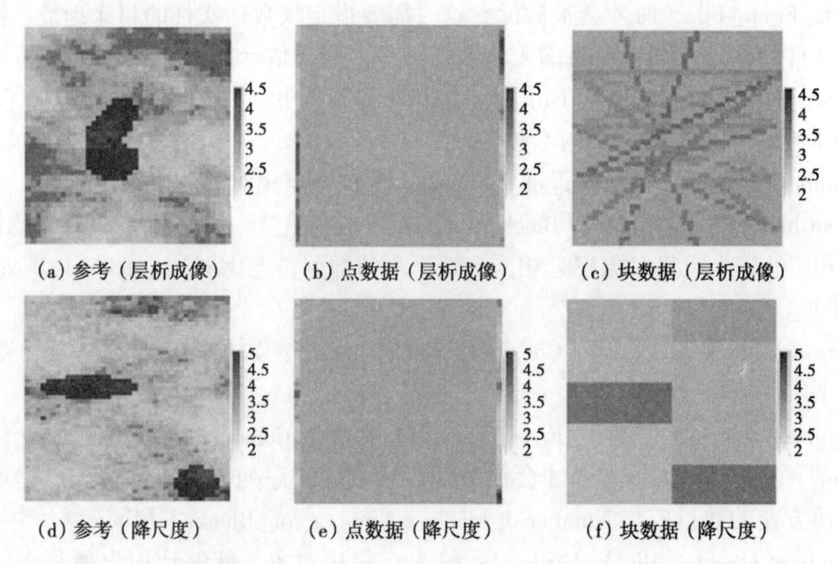

图 7.11　参考场，点、块数据的层析成像和降尺度的例子

图 7.12（b）给出层析成像例子中的克里金方差。条件数据附近的区域拥有较低的方差值。图 7.12（d）给出的是降尺度例子中的克里金方差。在中部区域，数据约束少，所以方差较高。在这两个例子中，块数据能够被很好地重构；平均绝对误差分别在 1.8%和 0.5%。

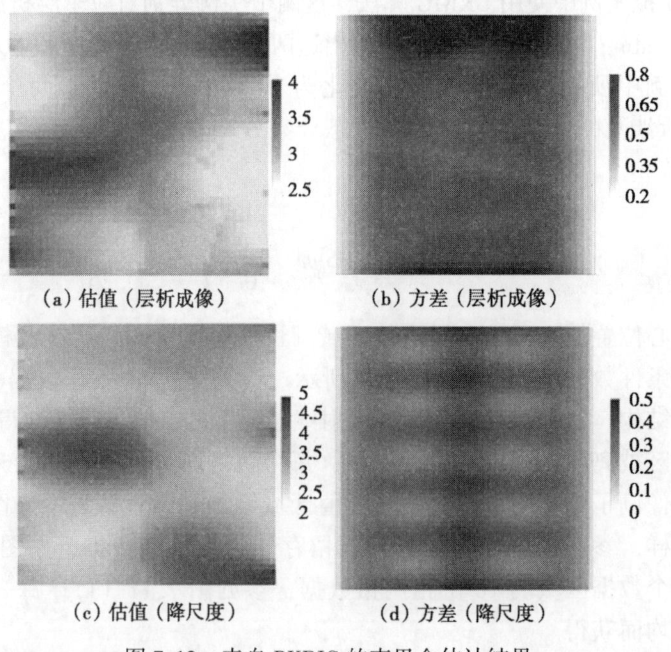

图 7.12　来自 BKRIG 的克里金估计结果

8 随机模拟算法

本章主要介绍 SGeMS 中所包含的随机模拟算法。

8.1 节介绍了传统的基于变差函数算法（两点），SGSIM（序贯高斯模拟），SISIM（序贯指示器模拟），COSGSIM（序贯高斯协同模拟），COSISIM（序贯指示器协同模拟），DSSIM（直接序贯模拟），BSSIM（块序贯模拟）和 BESIM（块误差模拟）。SGSIM，COSGSIM 和 DSSIM 用于连续变量；SISIM 和 COSISIM 都为分类变量所设计；BSSIM 和 BESIM 都针对以块平均数据和点数据作为条件数据的模拟所设计。

8.2 节给出两种多点统计算法（MPS）的详细描述：SNESIM（单正态方程模拟）和 FILTERSIM（基于过滤器的模拟）。SNESIM 对于相分布这种分类变量模拟效果较好。而这里的 FILTERSIM 范式包含两种算法；一个是用于连续属性的 FILTERSIM_CONT，一个是用于分类属性的 FILTERSIM_CATE。因此，FILTERSIM 的框架更适用于连续变量，并且其对分类变量也能够获得良好的模拟效果。

本章中出现的每种模拟算法都会通过一个例子来论证。

8.1 基于变差函数模拟

本节中的内容覆盖了 SGeMS 中所执行的基于变差函数的序贯模拟算法。这些算法中任意一个用于模拟时，其得到的实现结果都会依照输入的协方差模型绘制其空间模式。基于变差函数的算法更适用于模拟适度不定形分布（即高熵分布）。若有些实例中存在一些无法使用变差函数来表现的特定空间模式，可以使用多点地质统计学算法来对其描述，这部分将在下一节介绍。

基于变差函数的序贯模拟已经成为最常用的随机模拟算法，主要是因为它们的鲁棒性及软、硬数据条件化实现的简易性。而且它们不需要点阵化网格（规则化或笛卡儿化）；还允许在像点集那样的不规则网格上进行模拟。

SGeMS 保留了该灵活性；本节描述的所有基于变差函数的模拟算法都适用于点集与笛卡儿坐标集。条件数据在模拟网格中可有可无。然而，基于点集的算法会降低一定性能，比如在搜索近邻域数据时，点集会明显较规则（笛卡儿）网格付出更多的代价。当模拟网格是笛卡儿坐标集时，所有的算法都具有一个选项，能够将条件数据重置到最近的网格节点上，以增加执行速度。重置策略是为了把每个基准值移动到最近的网格节点。当两个数据共享同一个最近网格节点时，较远的（网格节点）会被忽略。

本小节首先介绍需要以高斯假设为前提的模拟算法：LU 模拟 LUSIM、序贯高斯模拟 SGSIM 以及通过协同区域化模型整合次信息的序贯高斯协同模拟 COSGSIM。接下来，介绍直接序贯模拟 DSSIM；DSSIM 并不需要高斯假设，因此，它（DSSIM）能够使用原始变量开展工作，而不需要进行正态分数变换。接下来介绍两种指示器模拟算法 SISIM 和 COSISIM。对于连续变量来说，指示器算法依赖于一组阈值来对累积分布函数进行离散化。在任意位置，不超过每个阈值的概率将由指示克里金进行估计，随后这些概率将会合并起来根据连续变量的模拟值来构造局部条件概率累积分布函数（ccdf）。最后是BESIM和BSSIM算法，它们都能够处理线性块平均。

8.1.1 LUSIM：LU模拟

LU模拟算法是一个多高斯算法，适用于小数据集（Deutsch 和 Journel，1998，p.146）。LUSIM是一个用来模拟高斯随机域的精确算法；它执行一个协方差矩阵的Cholesky分解（Davis，1987）。此方法的优势在于LU分解只需执行一次，每次增加实现只需要单纯执行一次矩阵乘法便可。其主要的缺点来自于LU分解，虽然在模拟中只需要执行一次，但代价仍然很大，因此该方法的应用范围局限于小区域或小数据集（Dimitrakopoulos 和 Luo，2004）。

LU模拟等效于使用简单克里金并将搜索邻域设置为无限大时的序贯高斯模拟模拟（Alabert，1987；Dimitrakopoulos 和 Luo，2004）；沿模拟路径上的每个节点中，其克里金系统都会使用所有原始条件数据与先前完成的模拟值。LU分解算法在算法8.1中详细讲解。

[算法8.1] LU模拟。

1：将数据转换到正态分数空间。$Z(\boldsymbol{u}) \to Y(\boldsymbol{u})$
2：建立协方差矩阵
3：用Cholesky分解对协方差矩阵进行LU分解
4：对步骤3的结果乘以一个独立的高斯随机偏差向量
5：从高斯模拟域转换回数据空间。$Y(\boldsymbol{u}) \to Z(\boldsymbol{u})$
6：重复执行步骤4以得到另一个实现

LUSIM算法由算法面板（Algrithm Panel）中的 *Simulation→lusim* 激活。LUSIM界面包含3个页面："General""Data"和"Variogram"（参见图8.1）。下面"[ ]"中的文本对应于LUSIM参数文件中的关键字。参数描述：

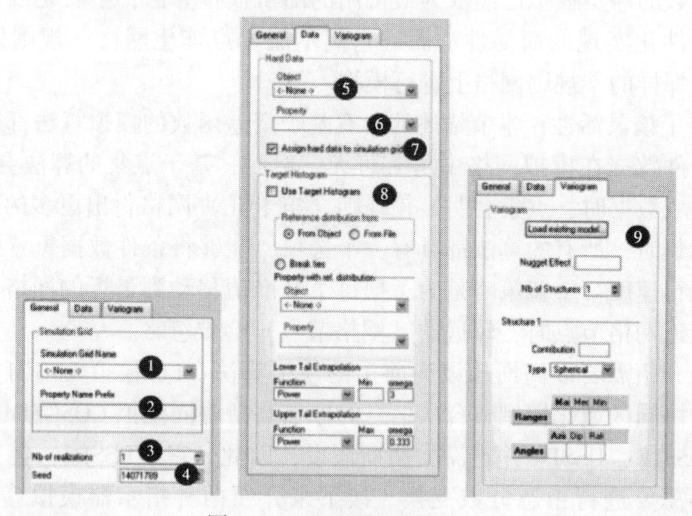

图8.1 LUSIM的用户界面

（1）Simulation Grid Name [Grid_Name]：所模拟的网格名称。

（2）Property Name Prefix [Property Name]：模拟输出的前缀。suffix real#会被增加到每个实现的名字里。

（3）# of realizations [NbRealizations]：需要生成的模拟数量。

（4）Seed [Seed]：随机数生成器的种子（一般选择较大的奇整数）。

（5）Hard Data | Object [Hard Data. grid]：含有条件数据的网格的名字。如果该网格不存在，该实现则为无条件约束的。

（6）Hard Data | Property [Hard Data. property]：条件数据的属性。只有当 Hard Data | Object [Hard Data. grid] 中选择一个网格时，该选项才会被需要。

（7）Assign hard data to simulation grid 若选中 [Assign_Hard_Data]：硬数据会在模拟网格中被重置。如果重置失败，则程序不会继续运行下去。该选项能够显著的增加执行速度。

（8）Target Histogram：若使用，会在模拟运算之前先进行正态分数变换，并且模拟域也将转换到原始空间中。Use Target Histogram [Use Target Histogram] 标志用于使用正态分数变换。目标直方图由 [nonParamCdf] 进行参数输入，详见 6.8 节。

（9）Variogram [Variogram]：正态分数变差函数的参数输入，详见 6.5 节。

8.1.2 SGSIM：序贯高斯模拟

SGSIM 算法使用序贯模拟形式来实现高斯随机函数的模拟。当 $Y(\boldsymbol{u})$ 成为一个零均值、单位方差以及一个给定变差函数模型 $\gamma(\boldsymbol{h})$ 的多元高斯随机函数，$Y(\boldsymbol{u})$ 的实现便可通过算法 8.2 生成。

[算法 8.2] 序贯高斯模拟。

1：定义一个访问网格中每个节点的随机路径
2：for 对每个节点 $\boldsymbol{u}$ 沿着路径进行循环 do
3：　获得由相邻的初始硬数据(n)与先前模拟值所组成的条件数据
4：　通过由克里金方差法所获取克里金与方差来估计呈高斯分布的局部条件概率累积分布函数
5：　从高斯累积函数中取出一个数值，并将该模拟值添加到数据集中
6：end for
7：对另外一个实现进行重复

对于非高斯随机函数 $Z(\boldsymbol{u})$，首先需要转换成高斯随机函数 $Y(\boldsymbol{u})$：$Z(\boldsymbol{u})\rightarrow Y(\boldsymbol{u})$。若无解析模型可用，那么便应使用正态分数变换。被模拟的高斯值也应在随后进行反变换。算法 8.2 就变成了算法 8.3。

[算法 8.3] 带有正态分数变换的序贯高斯模拟。

1：将数据转换到正态分数空间。$Z(\boldsymbol{u})\rightarrow Y(\boldsymbol{u})$

2：执行算法 8.2
3：再将高斯模拟场转换回数据空间。$Y(\boldsymbol{u}) \rightarrow Z(\boldsymbol{u})$

这个算法所要求的是正态分数的变差函数，而 *not*（不是）原始数据。只有正态分数可以确保其变差函数在遍历波动中仍能够被重构，而原始 Z 值变差函数则无法保证这点。然而大多数情况下，反变换不会对 Z 值变差函数的重构产生不利影响。若需要，SGeMS 中的 SGSIM 能够自动实现原始硬数据到正态分数的变换，还能够将模拟实现反变换回去。用户仍然需要独立使用 TRANS 程序来完成硬数据的正态分数变换，详见算法 9.1，其目的是为了计算并建立正态分数变差函数模型。

在每个仿真网格节点上，可以使用带有局部均值的简单克里金、普通克里金或趋势克里金法来确定高斯累积分布函数。只有使用简单克里金时才能在理论上保证变差函数的重构。

(1) 带有局部变化的均值的 SGSIM

在许多应用中，局部变化的均值 $z_m(\boldsymbol{u}) = E\{Z(\boldsymbol{u})\}$ 都是可用的，该值在 Z-unit 单元中给出，因此必须转换到高斯空间中，如 $y_m(\boldsymbol{u}) = E\{Y(\boldsymbol{u})\}$。使用 Z 边缘累积分布函数 F_Z 将 $z_m(\boldsymbol{u})$ 转换成 $y_m(\boldsymbol{u})$，而保秩（rank preserving）变换严格来说，无法确保 $y_m(\boldsymbol{u}) = E\{Y(\boldsymbol{u})\}$。

$$y_m(\boldsymbol{u}) = G^{-1}(F_Z(z_m(\boldsymbol{u})))$$

因此 $G(\cdot)$ 是原型的正态累积分布函数 cdf，F_Z 是 $(\cdot)$ z-目标的直方分布。更好的办法是通过对次信息与主属性 z 的正态分布变换值 y 进行一些直接标定来推断正态分数变化的均值 $y_m(\boldsymbol{u})$。

(2) 高斯空间规则中的一条注意事项。

高斯随机函数拥有非常特殊并且重要的空间结构与分布规律。例如，中值在空间中拥有最大的相关性，而极值间的相关性则逐渐变小。这条性质被称为非结构效应（Goovaerts, 1997, p. 272）。如果研究结果表现出具有高相关性的极值或高、低值间的相关性不同，那么此时就不适合使用高斯相关的模拟算法了。

而且，对于给定的协方差/变差函数模型，高斯随机函数模型会最大化空间熵，这会带来空间无序性。那么对有序系统进行低熵建模需要多个变差函数，也因此对于它们的模拟，需要超越两点统计变差函数的多点统计学，详见 3.9 节。

由算法面板中的 *Simulation→sgsim* 激活 SGSIM 算法。SGSIM 主界面包含 3 个页面："General""Data" 和 "Variogram"（详见图 8.2）。"[ ]" 中的文本对应于 SGSIM 参数文件的关键字。参数描述：

①Simulation Grid Name [Grid_Name]：所模拟的网格名称。

②Property Name Prefix [Property Name]：模拟输出的前缀。suffix real#会被增加到每个实现前面。

③# of realizations [NbRealizations]：需要生成的模拟数量。

④Seed [Seed]：随机数生成器的种子（一般选择较大的奇整数）。

⑤Kriging Type [KrigingType]：沿随机路径上的每个节点，选择其待求解的克里金系统。为拟合一个稳态标准高斯模型而将简单克里金法（SK）均值置零。

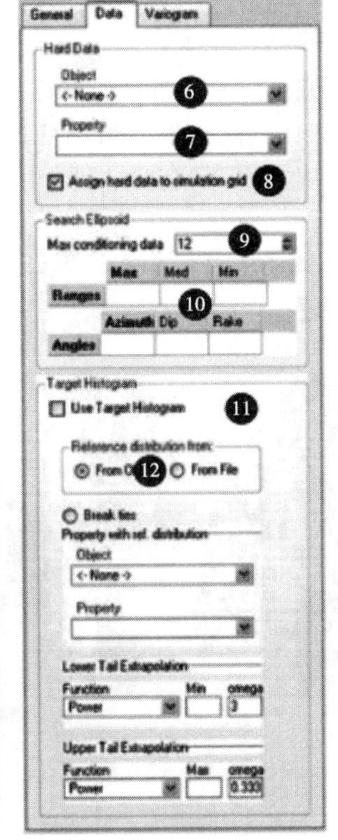

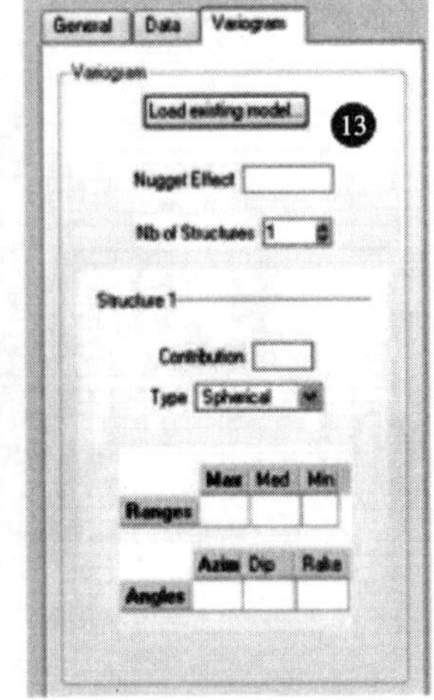

图 8.2　SGSIM 的用户界面

⑥Hard Data | Object [Hard Data. grid]：含有条件数据的网格名称。如果该网格不存在，该实现则为无条件约束的。

⑦Hard Data | Property [Hard Data. property]：条件数据的属性。只有当 Hard Data | Object [Hard Data. grid] 中选择一个网格时，才需要该选项。

⑧Assign hard data to simulation grid：若选中 [Assign_ Hard_ Data]，硬数据会在模拟网格中被重置。如果重置失败，则程序不会继续运行下去。该选项能够显著地增加执行速度。

⑨Max Conditioning data [Max ConditioningData]：搜索邻域中所保留的最大主数据数量。

⑩Search Ellipsoid Geometry [Search_ Ellipsoid]：搜索椭球体参数。

⑪Use Target Histogram [Use Target Histogram]：使用正态分数变换的标志。如果使用，在模拟之前数据会先进行正态分数转换，再将模拟工区转换回原始空间。

⑫Target Histogram [nonParamCdf]：目标直方分布的参数（详见 6.8 节）。

⑬Variogram [Variogram]：正态分数变差函数的参数，详见 6.5 节。

[实例]　如图 4.1（a），SGSIM 算法在点集网格中运行。图 8.3 列出了两种 SGSIM 实现，该实现将图 4.1（e）中的 50 个硬数据进行正态分数变换后作为条件约束。简单克里金法用于测定累积分布函数的均值和方差（详见算法 8.2 的步骤 4）。正态分数变差函数模型为：

$$\gamma(h_x,\ h_y) = 0.88Sph\sqrt{\left(\frac{h_x}{35}\right)^2 + \left(\frac{h_y}{45}\right)^2} + 0.27Sph\sqrt{\left(\frac{h_x}{65}\right)^2 + \left(\frac{h_y}{10000}\right)^2}$$

搜索椭球体尺寸是 80×80×1，最多 25 个条件数据。使用参数为 3、极小值为 3.4 的幂函数模型对低尾部数据进行外推；高尾部数据外推则使用参数为 0.333、极大值 8.4 的幂函数模型实现。

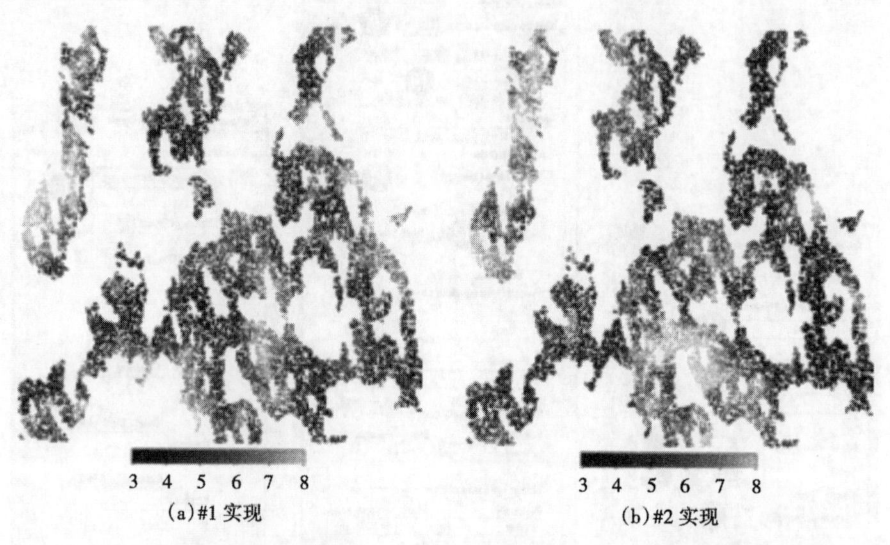

图 8.3　两种 SGSIM 实现

8.1.3　COSGSIM：序贯高斯协同模拟

COSGSIM 允许在模拟正高斯变量时考虑次信息。$Y_1(\boldsymbol{u})$ 和 $Y_2(\boldsymbol{u})$ 为两个相关的多元高斯随机变量。$Y_1(\boldsymbol{u})$ 是主变量、$Y_2(\boldsymbol{u})$ 是次变量。算法 8.4 中介绍了如何以主数据和次数据共同作为条件约束来利用 COSGSIM 模拟主变量 Y_1。

[算法 8.4]　序贯高斯协同模拟。

1：定义访问网格中每个节点 $\boldsymbol{u}$ 的一条路径
2：for 对每个节点 $\boldsymbol{u}$ 执行循环　do
3：　　获得由相邻的原始数据和先前模拟结果值所组成的条件数据和次数据
4：　　获得主属性的局部高斯累积分布函数，其均值等于协克里金估计，方差等于协克里金方差
5：　　从高斯累积分布函数中提取一个数值，并将其添加到数据集中
6：end for

如果主变量和次变量都是非高斯的，那么一定要确保变换后的变量 Y_1 和 Y_2 至少为单变量高斯。如果它们都不是，就应该考虑使用其他的模拟算法，例如 COSISIM（详见 8.1.6 小节）。如果没有合适的解析模型针对这样的变换，那么应当对两个变量分别单独的进行正态分

数变换，这样算法 8.4 就会变为算法 8.5。TRANS 算法只需要确保其各自的边缘分布是高斯的即可。

[**算法 8.5**]　非高斯变量的序贯高斯协同模拟。

1：将 Z_1 和 Z_2 变换为高斯变量 Y_1 和 Y_2
2：执行算法 8.4
3：对模拟值进行反变换

由算法面板中的 *Simulation→cosgsim* 激活 COSGSIM 算法。COSGSIM 界面包含 5 个页面："General""Primary Data""Secondary Data""Primary Variogram" 和 "Secondary Variogram"（详见图 8.4）。"[ ]" 中的文本对应于 COSGSIM 参数文件中的关键字。参数描述：

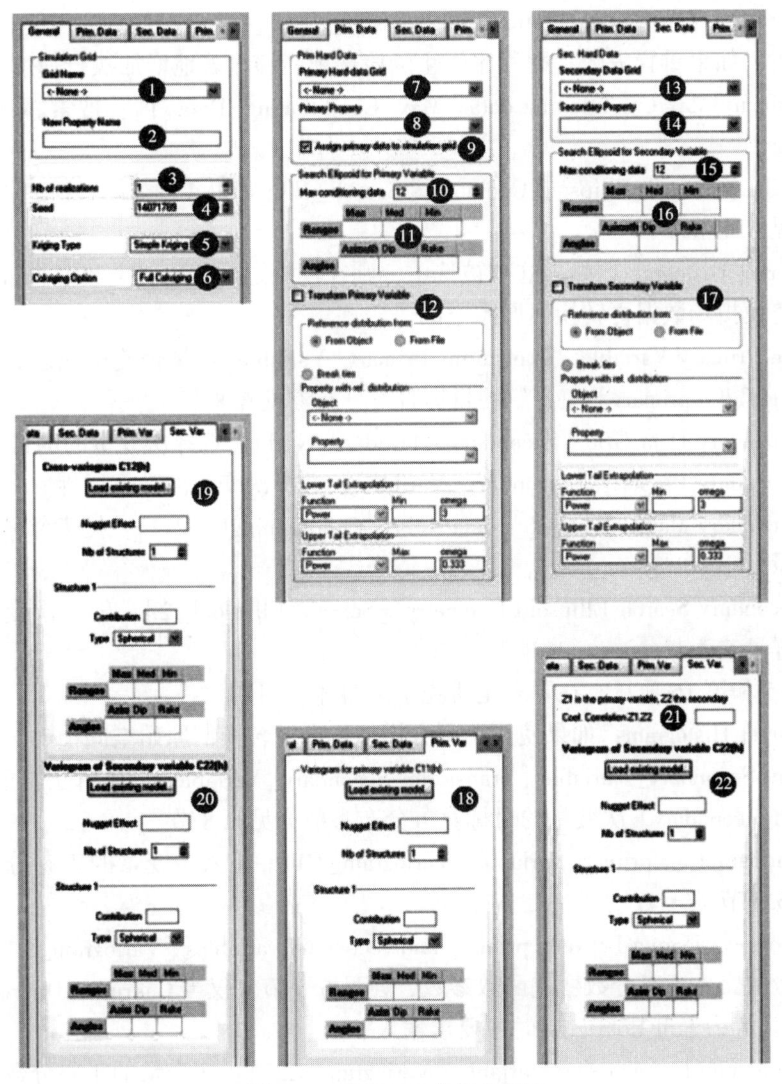

图 8.4　COSGSIM 的用户界面

（1）Simulation Grid Name［Grid_Name］：所模拟的网格名称。

（2）Property Name Prefix［Property Name］：模拟输出的前缀。suffix real#会被增加到每个实现前面。

（3）# of realizations［NbRealizations］：需要生成的模拟数量。

（4）Seed［Seed］：随机数生成器的种子（一般选择较大的奇整数）。

（5）Kriging Type［KrigingType］：沿随机路径上的每个节点，选择其待解决的克里金系统。

（6）Cokriging Option［Cokriging_Type］：选择协同区域化模型的类型 LMC，MM1 或 MM2。

（7）Primary Hard Data Grid［Primary_HardData_Grid］：选择主变量的网格，如果没有网格，那么该实现为无条件约束的。

（8）Primary Property［PrimaryVariable］：为主变量选择硬数据的属性。

（9）Assign hard data to simulation grid［Assign_Hard_Data］：若选中，硬数据会在模拟网格中被重置；如果重置失败，则程序停止。该选项能够显著地增加执行速度。

（10）Primary Max Conditioning data［Max_Conditioning_Data_1］：搜索邻域中留存的最大主数据数量。

（11）Primary Search Ellipsoid Geometry［Search_Ellipsoid_1］：输入主变量的搜索椭球体参数，详见 6.4 节。

（12）Target Histogram：如果这项被选中，则在模拟之前，先对主数据进行正态分数变换，随后会将模拟场数据再转换回原始空间。

Transform Primary Variable［Transform_Primary_Variable］：是否使用正态分数变换的标志。［nonParamCdf _primary］主变量的目标直方分布参见 6.8 节。

（13）Secondary Data Grid［Secondary_Harddata_Grid］：选择次变量的网格。

（14）Secondary Property［Secondary_Varible］：选择次变量的数据属性。

（15）Secondary Max Conditioning data［Max_ConditioningData_2］：搜索邻域中留存的次数据最大数量。

（16）Secondary Search Ellipsoid Geometry［Search_Ellipsoid_2］：输入次变量的搜索椭球体参数，详见 6.4 节。

注：第 15 和第 16 项只有在要求全协克里金时才会用到。

（17）Target Histogram：如果使用，则主模拟场会被转换回原始空间中。

Transform_Secondary_Variable［Transform_Secondary_Variable］：执行正常的分数变换。［nonParamCdf_secondary］次变量的目标直方分布参数详见 6.8 节。

（18）Variogram for primary variable［Variogram_C11］输入主变量的正态分数变差函数参数，详见 6.5 节。

（19）Cross-variogram between primary and secondary variables［Variogram_C12］：输入主变量和次变量的交叉正态分数变差函数参数，详见 6.5 节。仅当 Cokriging Option［Cokriging_Type］选项设置为 Full Cokriging 时才要求输入。

（20）Variogram for secondary variable［Variogram_C22］：次变量的正态分数变差函数参数输入，详见 6.5 节。仅当 Cokriging Option［Cokriging_Type］选项设置为 Full Cokriging 时

才需要输入。

(21) Coef. Correlation Z1, Z2：主变量和次变量间的相关系数。仅当 Cokriging Option [Cokriging_ Type] 设置为 MM1 或 MM2 时才需要输入。与 MM1 协同区域化相对应的相关关键字是 [Correl_Z1Z2]，而与 MM2 则对应于 [MM2 Correl Z1Z2]。

(22) Variogram for secondary variable [MM2_ Variogram_ C22] 输入次变量的正态分数变差函数参数，详见 6.5。仅当 Cokriging Option [Cokriging_ Type] 选项设置为 MM2 时需要输入。

[实例] 在图 4.1 (a) 中的点集网格中运行 COSGSIM 算法。图 8.5 中显示分别采用 MM1 型的协同区域和简单克里金法两种方法的条件 COSGSIM 实现。两个主要的硬条件数据 [图 4.1 (e)] 和次信息 [图 4.1 (d)] 都进行了正态分数变换。主变量的正态分数变差函数模型为：

$$\gamma(h_x,\ h_y) = 0.88Sph\sqrt{\left(\frac{h_x}{35}\right)^2 + \left(\frac{h_y}{45}\right)^2} + 0.27Sph\sqrt{\left(\frac{h_x}{65}\right)^2 + \left(\frac{h_y}{10000}\right)^2}$$

主变量和次变量间的相关系数为 0.7。搜索的椭球体尺寸为 80×80×1，最大条件数据数量为 25。低尾部外推采用一个幂函数模型，参数为 3、最小值为 3.4；高尾部外推仍然使用幂函数模型，参数为 0.333、最大值为 8.4。

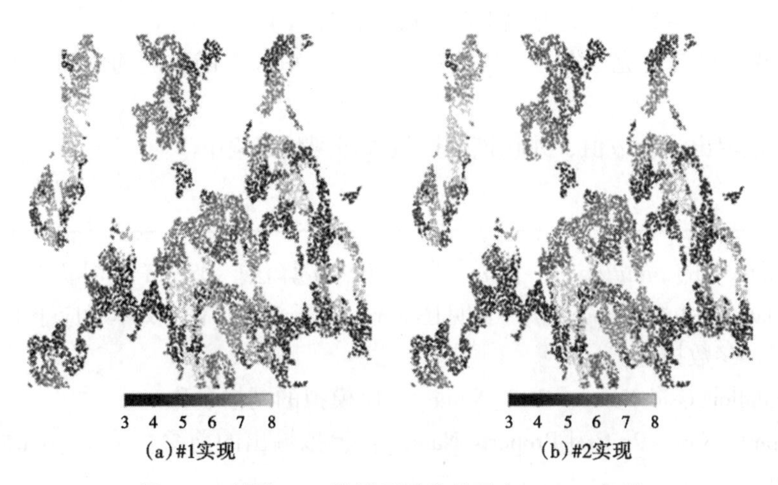

图 8.5 利用 MM1 协同区域化的两个 SGSIM 实现

8.1.4 DSSIM：直接序贯模拟

直接序贯模拟算法 DSSIM 能够在无需预先进行指示编码或高斯转换的条件下实现连续属性的模拟。正如 3.8.2 小节所述，重构（无偏）变差函数模型的唯一条件就是，简单克里金估计和方差中拥有带均值与方差的 ccdf。ccdf 的形状（shape）无关要紧；甚至每个模拟节点的 ccdf 都可以是不同的。但其缺点在于无法确保边缘分布是否能够被重构（Journel, 1994）。

一种解决办法是使用保秩（rank-preserving）变换对模拟实现进行预处理以确定目标直方分布；详见 9.1 节的 TRANS 算法。这样做有可能会影响变差函数重构。另一种办法就是测定沿路径所有位置处的局部 ccdf 互补累积分布函数，如此便能在每次实现的尾部近似地去估计边缘分布。

DSSIM 为互补累积分布函数提供两个选项的选择分类，一个是均匀分布，另一个是对数正态分布。但当实现拥有均匀或对数正态任意一种边缘分布时，这两种分布分类都无法生成实现，因此这里需要一些后处理操作来识别目标边缘直方分布。

对于第二种选项，采用由 Soares（2001）和 Oz 等（2003）所提出的方法。从数据边缘分布中抽样出 ccdf，并按照克里金方差展开，对其进行修改以逼近克里金估计。使用这些算法能够使简单克里金产生更好的结果，为每个位置的局部 ccdf 结果模型带来差异。该方法还能够实现目标对称（即使是多模态的）分布的合理重构，但在高度不平衡分布中应用的结果较差。接下来的实例中，对第一选项使用对数正态互补累积分布函数分类，随后利用 TRANS 进行了一个最终的后处理，这样可能会得到较好的结果。常用的 DSSIM 算法在算法 8.6 中给出。

[**算法 8.6**]　直接序贯模拟。

1：定义一个访问网格中每个节点 $\boldsymbol{u}$ 的随机路径
2：for 对沿着 $\boldsymbol{u}$ 路径上的每个节点　do
3：　获得由相邻初始数据和先前模拟值组成的条件数据
4：　通过克里金估计和克里金方差得到局部互补累积分布函数的均值和方差，得以定义该函数
5：　由 ccdf 值取出一个数值，并将该模拟值添加到数据集中
6：end for

从算法面板中的 *Simulation→dssim* 激活 DSSIM 算法。DSSIM 主界面包含 3 个页面："General""Data"和"Variogram"（详见图 8.6）。"[ ]"中的文本对应于 DSSIM 参数文件中的关键字。参数描述：

（1）Simulation Grid Name [Grid_Name]：所模拟的网格名称。

（2）Property Name Prefix [Property Name]：模拟输出的前缀。suffix_real#会被增加到每个实现前面。

（3）# of realizations [NbRealizations]：需要生成的模拟数量。

（4）Seed [Seed]：随机数生成器的种子（一般选择较大的奇整数）。

（5）Kriging Type [KrigingType]：对于沿着随机路径上的每个节点，选择其待求解的克里金系统。简单克里金法（SK）均值按照固定原型高斯模型的要求而置零。

（6）SK_Mean [SK_Mean]：属性的均值。仅当 Kriging Type [Kriging_Type] 设置为简单克里金（SK）时才要求输入。

（7）Hard Data | Object [Hard Data. grid]：含有条件数据的网格名称。如果该网格不存在，则该实现为无条件约束的。

（8）Hard Data | Property [Hard Data. property]：条件数据的属性。仅当 Hard Data | Object [Hard Data. grid] 中选择一个网格时，才会需要该选项。

(9) Assign hard data to simulation grid [Assign_Hard_Data]：若选中，硬数据会在模拟网格中被重置；如果重置失败，则程序停止。该选项能够显著地增加执行速度。

(10) Max Conditioning data [Max ConditioningData]：在搜索近邻域节点时保留的最大数据数量。

(11) Search Ellipsoid Geometry [Search_Ellipsoid]：输入搜索椭球体的参数，（详见6.4节）。

(12) Distribution type [cdf_type]：选择随机路径中每个位置上所建立的ccdf分类。

(13) LogNormal parameters：仅当Distribution type [cdf_type] 设置为LogNormal时才会被激活。全局对数正态分布的参数由它的均值和方差给出，其中均值由Mean [LN_Mean] 指定，方差由Variance [LN_variance] 指定。

(14) Uniform parameters：仅当Distribution type [cdf_type] 设置为Uniform时才会被激活。全局均匀分布参数，最小值由Min [U_min] 指定，最大值由Max [U_max] 指定。

(15) Soares Distribution [nonParamCdf]：仅当Distribution type [cdf type] 设置为Soares时才会被激活。其全局分布的参数与采样的局部分布相同（详见6.8节）。

(16) Variogram [Variogram]：输入变差函数的参数。算法中变差函数的基台值是条件克里金方差的关键输入，其值不能被标准化为1。

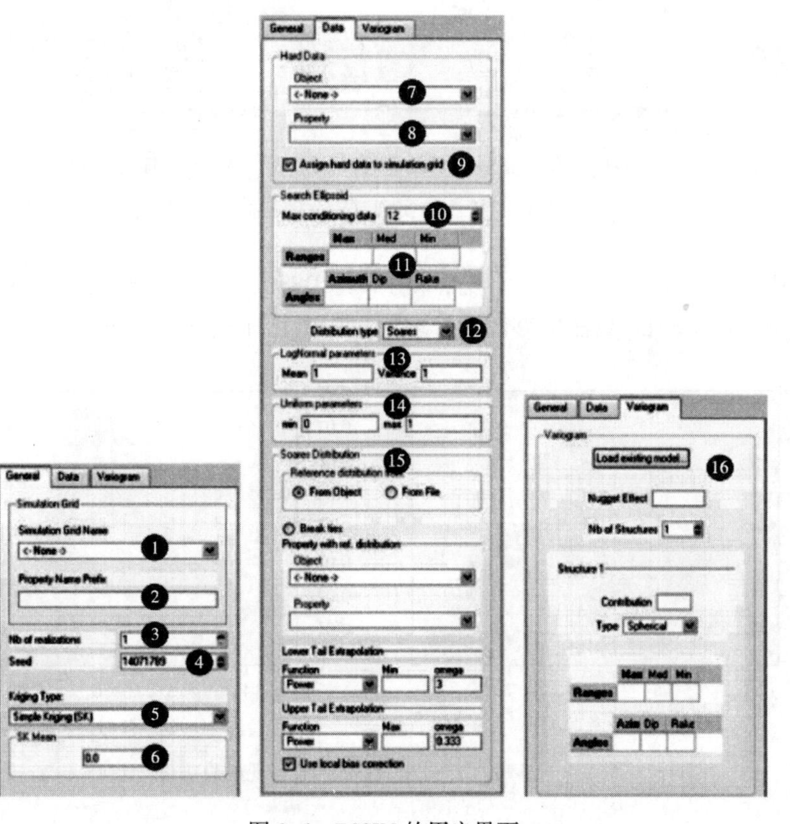

图8.6 DSSIM的用户界面

[实例] 在图 4.1（a）的点集网格中运行 DSSIM 算法。两个条件 DSSIM 的实现分别采用 Soares 方法和简单克里金，它的均值如图 8.7 所示为 5.45。硬条件数据在图 4.1（e）中给出。主变量的变差函数模型（在原始数据空间内）为：

$$\gamma(h_x, h_y) = 1.2Sph\sqrt{\left(\frac{h_x}{35}\right)^2 + \left(\frac{h_y}{45}\right)^2} + 0.2Sph\sqrt{\left(\frac{h_x}{35}\right)^2 + \left(\frac{h_y}{100000}\right)^2}$$

搜索的椭球体尺寸为 80×80×1，最大条件数据数量为 25。低尾部外推采用一个幂函数模型，参数为 3，最小值为 3.4；高尾部外推仍然使用幂函数模型，参数为 0.333，最大值为 8.4。

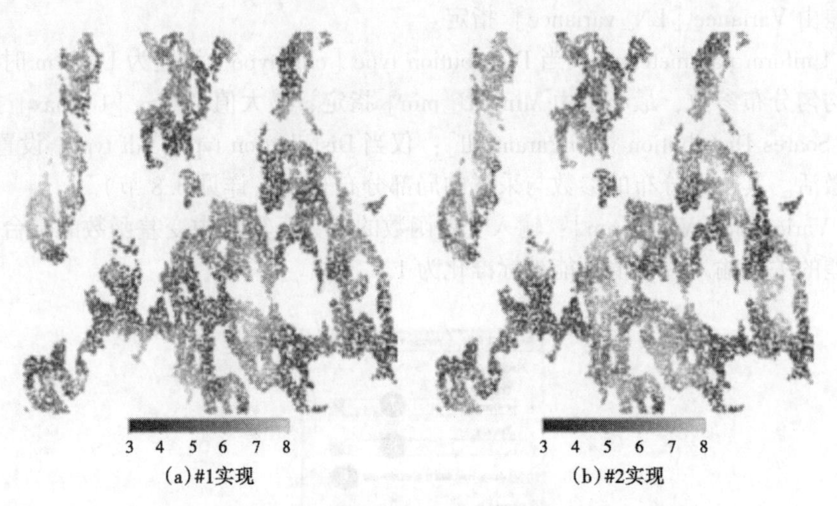

图 8.7 两种 DSSIM 法的实现（Soares 和简单克里金法）

图 8.8 中的直方分布图中绘制了参照系分布与 DSSIM 的 #1 实现；从该例中可以看出，结合 Soares 方法的 DSSIM 算法能够较为合理地重构出目标直方分布图。

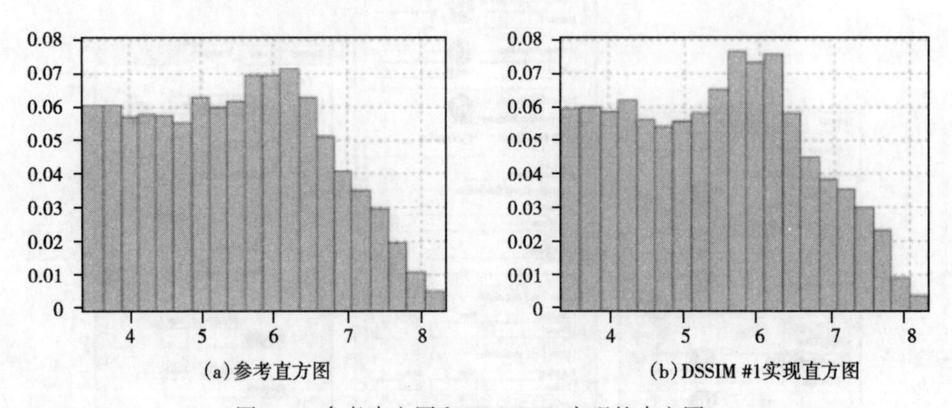

图 8.8 参考直方图和 DSSIM #1 实现的直方图

图 8.9 给出了用 Soares 法与结合局部变化均值的克里金法［图 4.1（b）］的两种 DSSIM 实现。

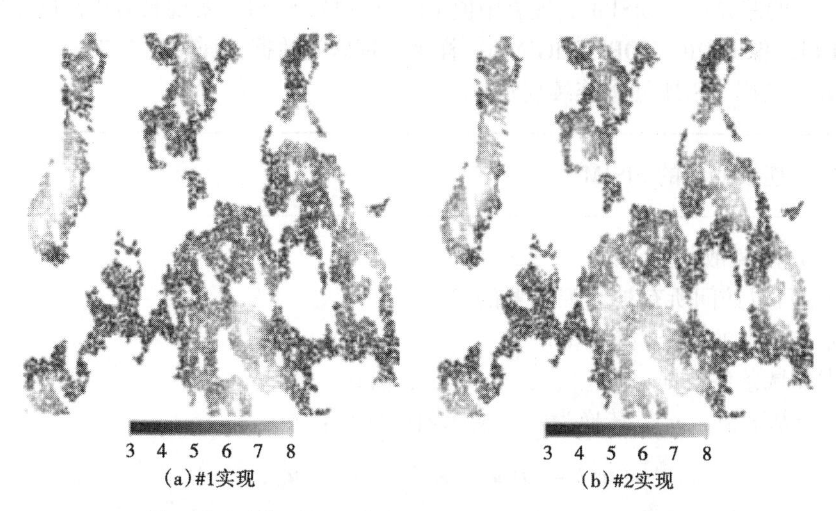

图 8.9 两种 DSSIM 实现（Soares 和局部变化均值法）

8.1.5 SISIM：序贯指示模拟

序贯指示器模拟 SISIM 将指示器形式和序贯范式结合起来，模拟非参数连续分布或离散分布。在连续例子中，沿模拟路径每个位置上的每个非参数 ccdf 值都会拥有一个阈值，该 ccdf 值通过指示器克里金法由邻域的指示变换数据来进行估计。而在离散分类例子中，每个分类发生的概率都由指示克里金估计。

序贯指示模拟（算法 8.7）不需要任何高斯假设。相反，在连续情况下，ccdf 建立在一系列概率估算基础上，这些概率不超过一个有限集合的阈值。保留的阈值越多，条件概率累积分布函数细节就越丰富。指示器形式消除了对正态分数变换的需求，但除非选择中值 IK 选项，否则需要增加一个额外的变差函数模型。

SGeMS 中的 SISIM 不需要对数据进行预先的指示器编码，无论在连续还是在离散分类的情况下，所有的编码都是在内部完成。如 7.2 节带有间隔的或不完整的数据也可以输入，但需要事先进行预编码。

当建立一组指示器变差函数模型时，用户会收到警告，声明不是所有变差函数组合都能够被重构。例如，如果一个工区数据包含 3 个分类，那么第 3 类数据的空间模式就完全由前两类数据的变差函数模型来决定。

（1）连续变量。

SISIM 算法依赖于指示器克里金法来推断局部 ccdf 值。与 z 连续变量对应的指示器变量定义为：

$$i(\boldsymbol{u},\ z_k)=\begin{cases}1 & z(\boldsymbol{u})\leqslant z_k\\0 & \text{其他}\end{cases}\quad (k=1,\ \cdots,\ K)$$

指示器模拟可使用两种区域化分类。完全 IK 选项需要为每个阈值 z_k 赋予一个对应的变差函数模型。中值 IK（Goovaerts，1997，p. 304）选项只需要为阈值的中值赋一个变差函数模型即可，其余的指示器变差函数都假设为与这一个变差函数模型成比例。

虽然带有中值 IK 的 SGSIM 和 SISIM 都需要一个变差函数，但它们会产生不同的输出和空间模式。主要的差异在于 SISIM 实现里中值 IK 的极值较 SGSIM 实现具有更高的空间相关性。

SISIM 可以像 INDICATOR KRIGING 一样来处理区间数据，详见 7.2 节。

算法 8.7 利用 SISIM 处理连续属性。

[算法 8.7] 连续变量的 SISIM。

1：选择 $Z(\boldsymbol{u})$ 的离散范围：z_1，…，z_K
2：定义一个可以访问所有被模拟位置的路径
3：for 对 $\boldsymbol{u}$ 路径上的每个位置 do
4：　检索邻域条件数据：$z(\boldsymbol{u}_\alpha)$，$\alpha=1$，…，$n(\boldsymbol{u})$
5：　把每个基准值 $z(\boldsymbol{u}_\alpha)$ 转换为一个指示值的向量：

$$i(\boldsymbol{u}_\alpha)=[i(\boldsymbol{u}_\alpha,\ Z_1),\ \cdots,\ i(\boldsymbol{u}_\alpha,\ z_k)]$$

6：　通过求解克里金系统，估计每个阈值 K 的指示器随机变量 $I(\boldsymbol{u},\ z_k)$
7：　在对顺序关系的偏差进行修正后，估计值 $i^*(\boldsymbol{u},\ z_k)=\text{Prob}^*(Z(\boldsymbol{u})\leqslant z_k\,|\,(n(\boldsymbol{u})))$ 能够定义变量 $Z(\boldsymbol{u})$ 的 ccdf 互补累积分布函数 $F_{Z(\boldsymbol{u})}$ 估计
8：　从 ccdf 中取出数值，并将其赋给位置 $\boldsymbol{u}$ 作为一个基准值
9：end for
10：重复之前的步骤以生成另一个模拟实现

（2）估计的分布函数抽样。

在被模拟的每个位置处，按照 K 个阈值 z_1，…，z_K 来估计其互补累积分布函数 $F(\boldsymbol{u};\ z_k\,|\,(n))$。然而要如算法 8.7 中步骤 7 表述的那样从该分布函数中进行抽样，来获知所有 z 值的 ccdf 互补累积分布函数 $F(\boldsymbol{u};\ z\,|\,(n))$。因此在 SISIM 中，其 ccdf 需要采用以下方法进行插值：

$$F^*(\boldsymbol{u};\ z)=\begin{cases}\phi_{\text{lti}}(z) & z\leqslant z_1\\ F^*(\boldsymbol{u};\ z_k)+\dfrac{z-z_k}{z_{k+1}-z_k}(F^*(\boldsymbol{u};\ z_{k+1})-F^*(\boldsymbol{u};\ z_k)) & z_k\leqslant z\leqslant z_{k+1}\\ 1-\phi_{\text{uti}}(z) & z_{k+1}\leqslant z\end{cases}\tag{8.1}$$

其中 $F^*(\boldsymbol{u};\ z_k)=i^*(\boldsymbol{u},\ z_k)$ 是由指示器克里金获得的，而 $\phi_{\text{lti}}(z)$ 和 $\phi_{\text{uti}}(z)$ 是由用户所选择的低部和高部外推方法求取，详见 6.8 节。阈值 z_i 和 z_{i+1} 之间的值由线性插值计算，该值也因此可从区间 $[z_i,\ z_{i+1}]$ 间的均匀分布中抽取。

（3）离散分类变量。

如果 $Z(\boldsymbol{u})$ 果是一个离散分类变量，只需 K 个整数值 $\{0,\ \cdots,\ K-1\}$ 来代表，那么算法 8.7 可修改为算法 8.8 所描述的内容。

分类指示器变量可定义为：

$$i(\boldsymbol{u},\ k)=\begin{cases}1 & \text{若 } Z(\boldsymbol{u})=k\\ 0 & \text{其他}\end{cases}$$

在分类实例中，均值 IK 选项暗示着所有分类共享相当于一个比例系数的相同变差函数。

[算法 8.8] 离散分类变量的 SISIM。

1：定义一个访问所有被模拟位置的路径
2：for 路径 $\boldsymbol{u}$ 上的每个位置 do
3：　检索邻域分类条件数据：

$$z(\boldsymbol{u}_\alpha),\ \alpha = 1,\ \cdots,\ n(\boldsymbol{u})$$

4：　将每个基准值 $z(\boldsymbol{u}_\alpha)$ 转换成指示器向量数据：

$$i(\boldsymbol{u}_\alpha) = [i(\boldsymbol{u}_\alpha,\ z_1),\ \cdots,\ (\boldsymbol{u}_\alpha,\ z_k)]$$

5：　通过求解克里金系统，估计每个阈值 K 的指示器随机变量 $I(\boldsymbol{u},\ k)$
6：　在对顺序关系的偏差进行修正后，估计值 $i^*(\boldsymbol{u},\ k) = \text{Prob}^*(Z(\boldsymbol{u}) = k|(n))$ 能够定义离散条件变量 $Z(\boldsymbol{u})$ 的离散分类条件概率密度函数（cpdf）的估计
7：　从 cpdf 中抽取所模拟的分类，并将其赋值给位置 $\boldsymbol{u}$ 作为基准值
8：end for
9：重复之前的步骤以生成另一个实现

SISIM 算法是在算法面板中 *Simulation->sisim* 中。主要的 SISIM 界面包含 3 个页面“General”“Data”和“Variogram”（详见图 8.10）。“[ ]”中的文本对应于 SISIM 参数文件的关键字。参数描述：

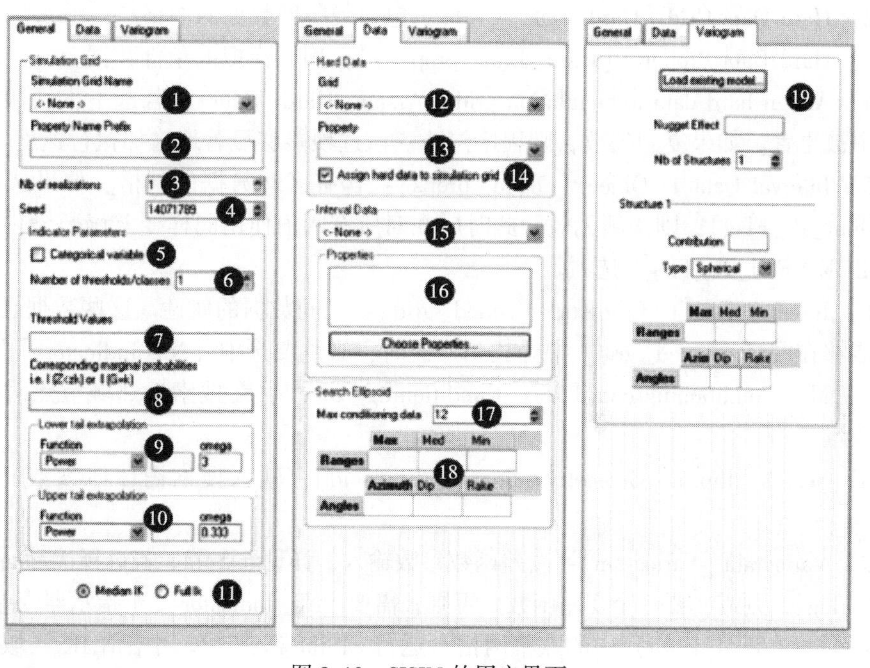

图 8.10　SISIM 的用户界面

（1）Simulation Grid Name [Grid_Name]：模拟网格的名字。

（2）Property Name Prefix [Property_Name]：模拟输出的前缀。The suffix_real#会被添加到每次实现的前面。

（3）# of realizations [Nb_Realizations]：需要生成的模拟数量。

（4）Seed [Seed]：随机数生成器的种子（一般是较大的奇整数）。

（5）Categorical variable [Categorical_Variable_Flag]：表明数据是否为分类类型。

（6）#ofthresholds/classes [Nb_Indicators]：当选中 [Categorical_Variable_Flag] 时的类型数，或对连续属性来说的阈值数。

（7）Threshold Values [Thresholds]：按照升序排列的，由空格间隔的阈值。这个阈值的设置只针对连续数据。

（8）Marginal probabilities [Marginal_Probabilities]。

①If continuous 连续情况：低于上面任何一个阈值的概率。条目单调递增，且由空格分隔。

②If categorical 分类情况：每个类别的的百分比。第一个条目对应分类 0，第二个对应分类 1，以此类推。所有类别的比例之和应该为 1。

（9）Lower tail extrapolation [lowerTailCdf]：用参数表示连续属性的累积分布函数的低尾部。输入端“MIN”一定小于或等于硬数据的最小值，“Ω”是功率因子。

（10）Upper tail extrapolation [upperTailCdf]：用参数表示连续属性的累积分布函数的高尾部。输入端“MAX”一定大于或等于硬数据的最大值，“Ω”是功率因子。

（11）Indicator kriging type：若选中 Median IK [Median_Ik_Flag]，程序会使用均值指示器克里金法来评价这个互补累积分布函数。否则，如果 Full IK [Full_Ik_Flag] 被选中，IK 系统就会使用一个不同的变差函数模型来解决每个阈值/分类。

（12）Hard Data Grid [Hard_Data_Grid]：包含硬条件数据的网格。

（13）Hard Data Property [Hard_Data_property]：用于模拟的条件数据。

（14）Assign hard data to simulation grid [Assign_Hard_Data]：若选中，硬数据会在模拟网格中被重置。如果复制失败，则程序停止。该选项能够显著地增加执行速度。

（15）Interval Data | Object [coded_props]：含有区间数据的网格。如果选中 Median IK [Median_Ik_Flag]，则该项无效，此时应在对所有阈值使用同样变差函数条件下，转而使用 Full IK [Full_Ik_Flag] 选项。

（16）Interval Data | Properties [coded_grid]：区间数据的属性。这些数据已被正确编码，并能够在网格 [coded_grid] 中寻找到。此时，必须要选中 [Nb_Indicators] 属性。

（17）Max Conditioning data [Max_Conditioning_Data]：在搜索近邻域节点时保留的最大数据数量。

（18）Search Ellipsoid Geometry [Search_Ellipsoid]：输入搜索椭球体参数（详见 6.4 节）。

（19）Variogram [Variogram]：变差函数参数输入，详见 6.5 节。若选择 Median IK [Median_Ik_Flag]，则需，要一个变差函数。否则，需要 [Nb_Indicators] 个指示器变差函数。

[实例] 在图 4.1（a）中的点集网格上运行 SISIM 算法。使用中值 IK 区域化的两种条件 SISIM 的实现（图 8.11）。所使用的单指示器变差函数为：

$$\gamma(h_x, h_y) = 0.07Sph\sqrt{\left(\frac{h_x}{10}\right)^2 + \left(\frac{h_y}{15}\right)^2} + 0.14Sph\sqrt{\left(\frac{h_x}{40}\right)^2 + \left(\frac{h_y}{75}\right)^2}$$

搜索的椭球体尺寸为 80×80×1，最大条件数据数量为 25。低尾部外推采用一个幂函数模型，参数为 3，最小值为 3.4；高尾部外推仍然使用幂函数模型，参数为 0.333，最大值为 8.4。表 8.1 中给出了 10 个所用阈值及它们各自的 cdf。注意：在模拟得到的实现中，阈值中的极值表现出较 SGSIM 结果更强的连续性。

表 8.1　SISIM 模拟的阈值和 cdf

阈值	cdf	阈值	cdf
3.5	0.0257	6.0	0.6415
4.0	0.1467	6.5	0.7830
4.5	0.2632	7.0	0.8888
5.0	0.3814	7.5	0.9601
5.5	0.5041	8.0	0.9934

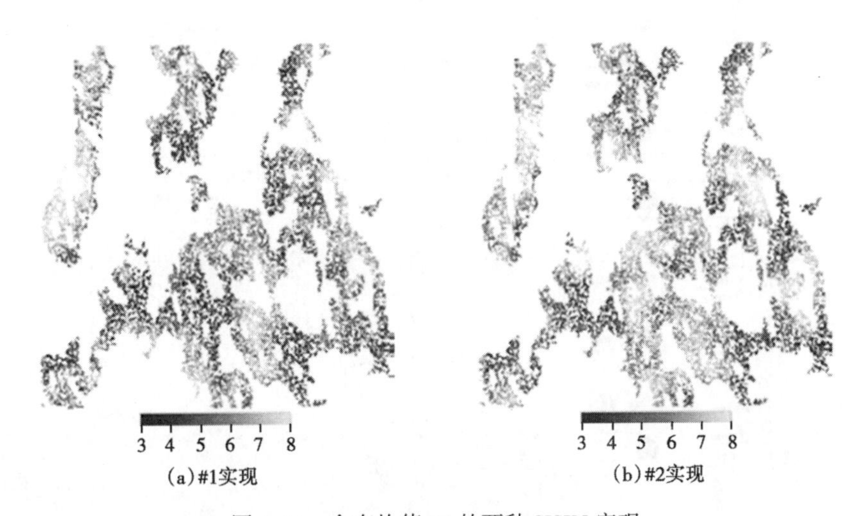

图 8.11　含有均值 IK 的两种 SISIM 实现

8.1.6　COSISIM：序贯指示器协同模拟

算法 COSISIM 作为 SISIM 算法的扩展，用于处理次数据。与 SISIM 对比，在使用 COSISIM 前，数据必须要进行指示器编码。该算法不区分硬数据与区间数据，两种都可使用；对于给定的任意阈值，这两种类型数据必须与同一属性相关。如果不选择次数据，那么 COSISIM 算法会执行一个传统序贯指示模拟。

次数据通过马尔科夫—贝叶斯算法进行整合，详见 3.6.4 小节、Zhu 和 Journel（1993）以及 Deutsch 和 Journel（1998，p.90）。同主属性一样，次信息在使用之前也必须被编码成指示器。Markov - Bayes 标定系数不在内部进行计算，需要作为输入给定（Zhu 和 Journel，1993）。10.2.2 小节给出了一个 Python 脚本来计算这样的系数值。SGeMS 允许将 Markov - Bayes 算法与完全 IK 或中值 IK 区域化模型相结合来进行应用。

关于条件的注意事项：SISIM 指示器编码在内部完成，与其相反的是，COSISIM 无法准确地将硬数据赋给（honor）连续属性，只能赋予硬数据的近似值，也就是说模拟值会落在正确阈值的间隔范围内。无法将准确的原始连续数据值直接进行赋值的原因在于它们无法提供给程序。可在实现完成后采用后处理方法，将条件硬数据拷贝以覆盖所模拟节点来解决该问题。

COSISIM 算法是在算法面板中 *Simulation→cosisim* 中。主要的 COSISIM 界面包含 3 个页面“General”“Data”和“Variogram”（详见图 8.12）。“［ ］”中的文本对应于 COSISIM 参数文件的关键字。参数描述：

（1）Simulation Grid Name［Grid_ Name］：模拟网格的名字。

（2）Property Name Prefix［Property_ Name］：模拟输出的前缀。The suffix_ real#会被添加到每个实现的前面。

（3）# of realizations［Nb_ Realizations］：所生成的模拟数量。

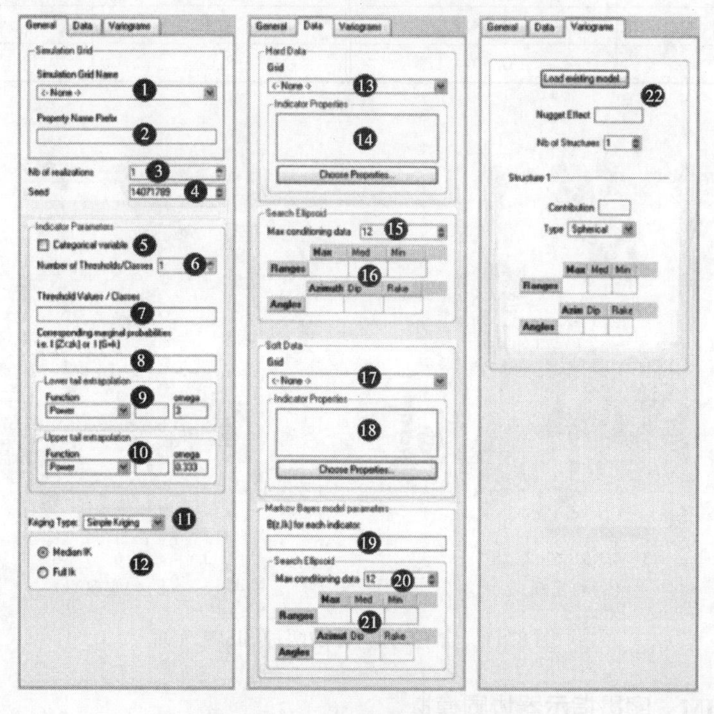

图 8.12　COSISIM 的用户界面

（4）Seed［Seed］：随机数生成器的种子（一般是较大的奇整数）。

（5）Categorical variable［Categorical_ Variable_ Flag］：表明数据是否为分类类型。

（6）#of thresholds/classes［Nb_ Indicators］：当选中［Categorical_ Variable_ Flag］时的类型数，或对连续属性来说的阈值数。

（7）Threshold Values［Thresholds］：按照升序排列的，由空格来分隔阈值。这个阈值的设置只针对连续数据。

（8）Marginal probabilities［Marginal_ Probabilities］。

①If continuous 连续情况：低于上面任何一个阈值的概率。条目单调递增。

②If categorical 分类情况：每个类别的的百分比。第一个条目对应分类 0，第二个对应

分类 1，……

（9）Lower tail extrapolation [lowerTailCdf]：用参数表示连续属性的累积分布函数的低尾部。输入端“MIN”一定小于或等于硬数据的最小值，“Ω”是功率因子。

（10）Upper tail extrapolation [upperTailCdf]：用参数表示连续属性的累积分布函数的高尾部。输入端“MAX”一定大于或等于硬数据的最大值，“Ω”是功率因子。

（11）Kriging Type [Kriging_Type]：所选的克里金系统类型。

（12）Indicator kriging type：若选中 Median IK [Median_Ik_Flag]，程序会使用均值指示器克里金法来评价这个互补累积分布函数。否则，如果 Full IK [Full_Ik_Flag] 被选中，IK 系统就会用一个不同的变差函数模型来求解每个阈值/分类。

（13）Hard Data Grid [Hard_Data_Grid]：包含硬条件数据的网格。

（14）Hard Data Indicators Properties [Primary_Indicators]：用于模拟的主条件数据。一定要选中 [Nb_Indicators] 属性，第一个对应分类 0，第二个对应分类 1，依此类推。如果选中 Full IK [Full_Ik_Flag]，可能不会将所有阈值传递给某个位置。

（15）Primary Max Conditioning data [Max_Conditioning_Data_1]：在搜索近邻域节点过程中，需要保留的主要指示器数据最大值。

（16）Primary Search Ellipsoid Geometry [Search_Ellipsoid_1]：输入主变量的搜索椭球体参数，详见 6.4 节。

（17）Secondary Data Grid [Secondary_Harddata_Grid]：包含软条件数据指示器的网格。如果不选择网格，那么会执行一个单变量模拟。

（18）Secondary Data Indicators Properties [Secondary_Indicators]：为了模拟调节二级数据。[Nb_Indicators] 一定被设置，第一个对应分类 0，第二个对应分类 1，依此类推。如果 Full IK [Full_Ik_Flag] 被设置了，这个位置不用通知其他阈值。

（19）B（z，IK）for each indicator [Bz_Values]：Markov - Bayes 模型参数，每个指示器都需要输入一个 B-系数。仅当使用次数据时才需要输入。

（20）Secondary Max Conditioning data [Max_ConditioningData_Secondary]：在搜索近邻域节点过程中需要保留的次数据最大值。

（21）Secondary Search Ellipsoid Geometry [Search_Ellipsoid_1]：输入次变量的搜索椭球体参数，详见 6.4 节。

（22）Variogram [Variogram]：输入指示器变差函数参数，详见 6.5 节。若选择 Median IK [Median_Ik_Flag]，则只需要一个变差函数，否则需要有 [Nb_Indicators] 个指示器变差函数。

[实例] COSISIM 算法运行在图 4.1（a）中的点集网格上。图 8.13 中显示了使用两种均值 IK 区域化方法的 SISIM 实现。主变量的均值指示器阈值变差函数为：

$$\gamma(h_x,\ h_y) = 0.02 + 0.23Sph\sqrt{\left(\frac{h_x}{22.5}\right)^2 + \left(\frac{h_y}{84}\right)^2}$$

搜索椭球体尺寸为 60×60×1，25 个条件数据。低尾部外推使用一个幂函数模型，参数为 3，最小值为 3.4；高尾部外推也使用一个幂函数模型，参数为 0.333，最大值为 8.4。10 个阈值和它们各自的 cdf 都在表 8.1 中给出。

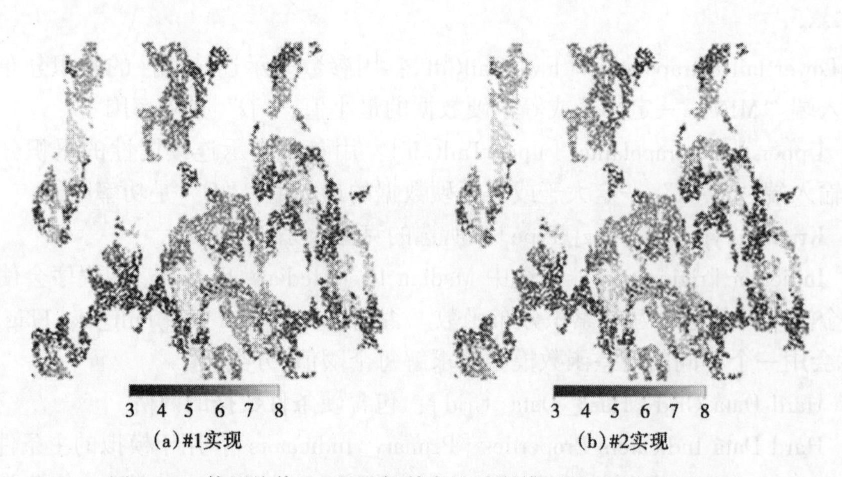

图 8.13　使用均值 IK 和马尔科夫贝叶斯模型的 COSISIM 实现

8.1.7　BSSIM：块序贯模拟

BSSIM 是以块或点数据为条件来模拟点值的算法。该算法使用块克里金和直接序贯模拟（Hansen 等，2006；Liu，2007）。

（1）模拟路径。

在 BSSIM 中能够选择两种模拟路径选项。第一个选项是普通的完全随机模拟路径，即模拟区中的所有节点依照随机顺序被访问。第二个选项是优先模拟由较多数量块所覆盖的节点。由同样块数所覆盖的节点在模拟序列中拥有同样的优先级。这种分层的随机路径策略即所谓的“block-first 块优先”模拟路径。

（2）块与点数据搜索。

对每个模拟节点，所有的块数据都按照块—节点间的协方差值进行排序。块—节点协方差值为零的块将从该节点邻域中排除。块排序只执行一次，其结果会被保存下来，随后可以在所有实现中使用。所保留条件块的最大数量值 N 由用户指定。

为了块数据的重构，即使会导致超出点数据设定的最大数值，但在当前模拟节点所在的块中，先前已模拟节点仍然必须要加入点数据的搜索邻域中。例如，图 8.14 中，块#1

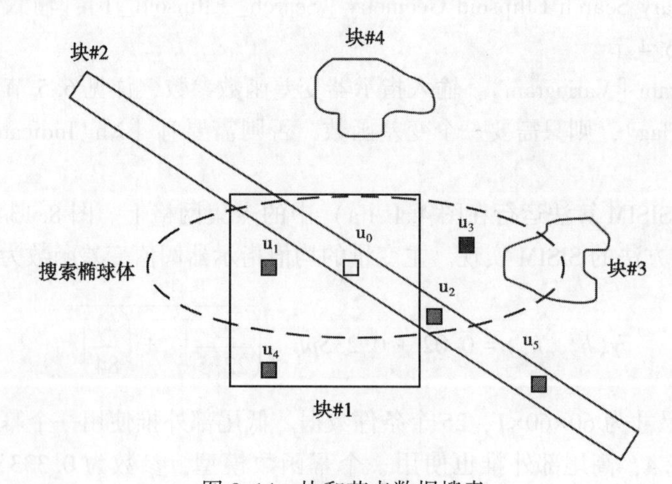

图 8.14　块和节点数据搜索

中的节点 $\boldsymbol{u}_4$、块#2 中的 $\boldsymbol{u}_5$ 都应该在节点 $\boldsymbol{u}_0$ 的模拟中被考虑在内。然而，这可能会带来大量的点条件数据，加大 CPU 压力。在 BSSIM 中，提供了 3 个选项用于解决该问题。第一种方法是将所有节点包含在邻域范围内，该方法对于大数据集来说效果最好，但代价较高。例如，图 8.14 中，在将已知节点 $\boldsymbol{u}_1$，$\boldsymbol{u}_2$ 和 $\boldsymbol{u}_3$ 加入搜索椭球体中之外，还要将已知节点 $\boldsymbol{u}_4$ 和 $\boldsymbol{u}_5$ 加入条件数据集 $\boldsymbol{u}_0$ 中。第二种方法只考虑搜索椭球体中的已知节点 $\boldsymbol{u}_1$，$\boldsymbol{u}_2$ 和 $\boldsymbol{u}_3$。第三种方法是在与待模拟位置重叠的块中，指定超过搜索椭球体范围的已知节点数最大值 N'，例如，图 8.14 中，若 N' 设置为 1，那么 $\boldsymbol{u}_4$ 就包括在内，而 $\boldsymbol{u}_5$ 不在。这是由于 $\boldsymbol{u}_5$ 和 $\boldsymbol{u}_0$ 之间的协方差值 $\boldsymbol{u}_5$ 较小。

BSSIM 的流程在算法 8.9 中给出。

［**算法 8.9**］ 块序贯模拟。

1：生成点到点的协方差查询表。如果使用 FFT-集成混合的块协方差计算方法，那么便可计算块到点间的协方差图
2：定义一个访问网格中每个节点 $\boldsymbol{u}$ 的完全随机或块优先模拟路径
3：for 对路径 $\boldsymbol{u}$ 上的每个节点 do
4：　搜索条件数据，它包含最近的原始点数据、先前的模拟值与块数据
5：　计算或检索局部块到块、块到点、点到块和点到点间的协方差值
6：　建立混合尺度（mixed-scale）克里金系统并求解
7：　从克里金估计与方差中得到均值和方差来定义一个恰当的局部 ccdf
8：　从 ccdf 中提取一个数值，并将模拟值添加到数据集中
9：end for
10：重复执行以生成另一个模拟实现

BSSIM 算法是在算法面板中 *Simulation→bssim* 中。BSSIM 界面包含 4 个页面：“General”“Data”“Variogram”和“Distribution”（详见图 8.15）。“［ ］”中的文本对应于 BSSIM 参数文件的关键字。参数描述：

①Simulation Grid Name［Grid_Name］：模拟网格的名字。

②Property Name Prefix［Property_Name］：模拟输出的前缀。The suffix_real#会被添加到每次实现的前面。

③# of realizations［Nb_Realizations］：所生成的模拟数量。

④Seed［Seed］：随机数生成器的种子（一般是较大的奇整数）。

⑤Kriging Type［Kriging_Type］：沿着随机路径上的每个节点，选择的待求解的克里金系统：Simple Kriging（SK）或者 Ordinary Kriging（OK）。

⑥SK Mean［SK_Mean］：属性均值。仅当 Kriging Type［Kriging_Type］设置为 Simple Kriging（SK）时才有效。

⑦Block Covariance Computation Approach［Block_Cov_Approach］：选择计算块协方差的方法 FFT with Covariance-Table 或 Integration with Covariance-Table。

⑧Simulation Path［Simulation_Path］：选择访问区域中每个节点的模拟路径 Block First

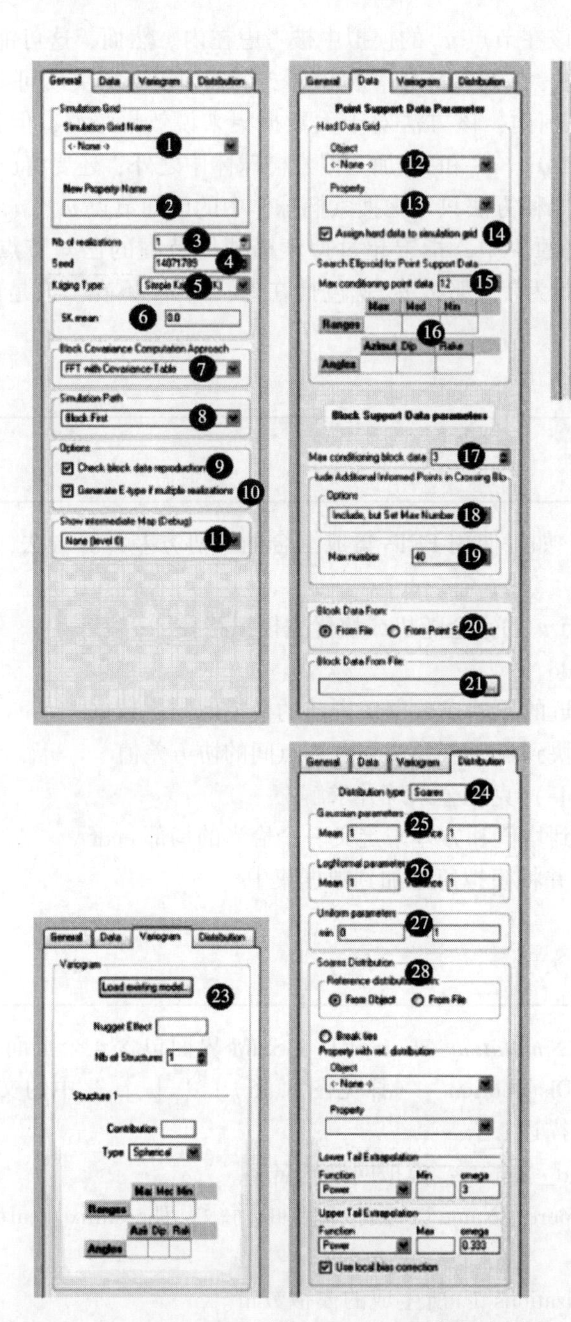

图 8.15　DSSIM 的用户界面

或 Fully Random。

⑨Check block data reproduction [Check_ Block_ Reproduction]：若选中该项，模拟块的平均值便会被计算，并且每次实现的相对误差（与输入块数据相比）也会被计算。结果在由 *View* | *Commands Panel* 所激活的 Commands Panel 中显示。

⑩Generate E-type if multiple realizations [Generate_ Etype]：若设置该项，则会在多于一次实现时生成 E 类型。

⑪Show intermediate Map（Debug） [Debug_ Info]：若设置为 Show interme-diate Map（Debug），那么一些中间图或体数据便会被生成，如模拟路径、点或块数据邻域以及在中间步骤的生成中所消耗的 CPU 代价，等等。

⑫Hard Data |Object [Hard_ Data. grid]：包含条件数据的网格的名称。如果不选择网格，那么会在无条件点数据下生成实现。

⑬Hard Data |Property [Hard Data. property]：作为点数据的条件属性。仅当 Hard Data |Object [Hard_ Data. grid]（第 12 点）中选择一个网格后才需要设置。

⑭Assign hard data to simulation grid [Assign_ Hard_ Data]：若选择该选项，那么硬数据会被重置到模拟网格中。

⑮Max Conditioning point data [Max_ Conditioning_ Data_ Point]：搜索邻域中需要保留的点数据最大值。

⑯Search Ellipsoid for Point Support Data [Search_ Ellipsoid_ Point]：输入点支持数据的搜索邻域参数。

⑰Max conditioning block data [Max_ Conditioning_ Data_ Block]：搜索近邻域中需要保留的块数据的最大值 N。所有块都按照当前模拟节点间的协方差值进行排序。只有拥有非零块到当前节点协方差值的最近 N 个或更少块才会被考虑。

⑱Include Additional Informed Points in Crossing Blocks 提供 3 个选项：Include All Available [Include_ All_ Available] 对应 8. 1. 7 小节中的第一个选项，Not Include [Not_ Include] 对应 8. 1. 7 小节中的第二个选项，以及 Include，but SetMax Number [Include，but Set Max Number] 对应 8. 1. 7 小节中的第三个选项。

⑲Max conditioning points within blocks [Max_ Cond_ Points_ In_ Blocks]：仅当 Include，but Set Max Number 设置后该项后才会被激活。只有穿过块数据区的最近的 N' 个点会被作为附加的条件数据而研究。

⑳Block Data From：选择块数据的来源。两个选项：From File [Block_ From_ File] 和 From Point Set Object [Block_ From_ Pset]。

㉑Block Data From File [BlockData File]：仅当在 Block Data From（第 20 点）中选择 From File [BlockFrom File] 时，该项才会被激活。应指定块数据文件的条目地址。块数据文件格式如图 7. 9 所示。如果没有输入块数据文件，会仅使用点数据来执行该估计。

㉒Block Data From Point Set Objects：只有在 Block Data From（第 20 个选项）中选择 From Point Set Object [BlockFrom Pset] 时该项才被激活。详见 7. 4 节。

㉓Variogram [Variogram_ Cov]：变差函数模型参数，详见 6. 5 节。

㉔Distribution type [cdf_ type]：选择随机路径的每个位置上建立的 ccdf 类型 Soares，LogNormal，Gaussian 和 Uniform。

㉕Gaussian parameters：仅当 Distribution type [cdf_ type] 设置为 Gaussian 时才有效。全局高斯分布的参数通过 Mean [Gaussian_ Mean] 指定的均值和 Variance [Gaussian_ variance] 指定的方差来输入。

㉖LogNormal parameters：仅当 Distribution type [cdf_ type] 设置为 LogNormal 时才被激活。全局对数正态分布的参数按它的均值和方差输入，其中均值指定为 Mean [LN_ mean]，方差指定为 Variance [LN_ variance]。

㉗Uniform parameters：仅当 Distribution type［cdf_type］设置为 Uniform 时才被激活。全局均匀分布参数按照最小值为 Min［U_min］、最大值为 Max［U_max］来输入。

㉘Soares Distribution［nonParamCdf］：仅当 Distribution type［cdf_type］设置为 Soares 时才被激活。从局部分布中取样的全局分布参数详见 6.8 节。

［实例］ 在使用层析成像和降尺度情况的 BKRIG 实例中（图 7.11）使用 BSSIM 来运行。

在所有这些 BSSIM 中，都运行简单克里金。层析成像实例的 SK 均值为 3.0，降尺度实例中则为 2.8。模拟路径为完全随机。块协方差通过 FFT 集成混合方法计算。在当前模拟节点的块中，所有先前模拟的节点值都包含在数据邻域中。使用（7.11）的变差函数模型。点和块的条件数据的最大值都是 12。Soares 法用于直方分布重构。幂函数用于低尾部外推法，参数 $\omega=3$，高尾部外推法中参数 $\omega=0.333$。

图 8.16（a）给出了层析成像数据集，也就是以 18 条射线数据与两口井数据作为条件数据的实现。参考模型［图 7.11（a）］中大致模式都能被合理的重构。该实现以绝对误差率 0.8%重构了块数据。

图 8.16（b）给出了降尺度的实例。块数据再次得到很好的重构：其绝对误差率为 0.4%。注意这些误差都要比层析成像实例中更小，因为层析成像的射线数据具有更长的跨距，超过了相关性的范围，使得对应的块数据重构十分困难。

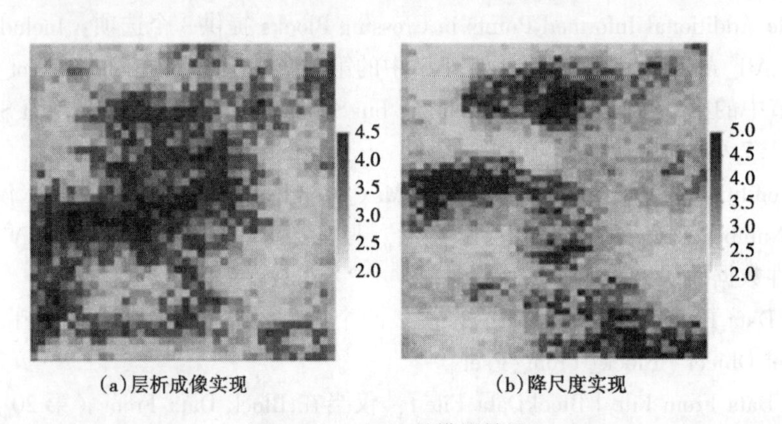

图 8.16 BSSIM 的模拟结果

8.1.8 BESIM：块误差模拟

BESIM（Journel 和 Huijbregts，1978；Gloaguen 等，2005；Liu，2007）是另一种能够允许以点数据和块数据作为条件数据，生成随机实现的算法；它使用直接误差模拟方法，详见 3.8.3。该方法进行了如下扩展来处理块数据。式（3.40）中，克里金估计 $Z_K^*(\boldsymbol{u})$ 和 $Z_{Ks}^{*l}(\boldsymbol{u})$ 由点数据 $D_p(\boldsymbol{u}_\alpha)$ 和块数据 $D_B(\boldsymbol{v}_\beta)$ 表示为：

$$Z_K^*(\boldsymbol{u}) = \sum_{\alpha} \lambda_\alpha D_P(\boldsymbol{u}_\alpha) + \sum_{\beta} \upsilon_\beta D_B(\boldsymbol{v}_\beta)$$

$$Z_{Ks}^{*(l)}(\boldsymbol{u}) = \sum_{\alpha} \lambda_\alpha D_{Ps}(\boldsymbol{u}) + \sum_{\beta} D_{Bs}(\boldsymbol{v}_\beta)$$

其中 $\lambda_\alpha s$ 是点数据的克里金权值，$\lambda_\beta s$ 是块数据的克里金权值。

与次克里金估计 $Z_{Ks}^{*l}(\boldsymbol{u})$ 相关的一个问题是：从无条件模拟中衍生出来的条件模拟块

数据 $D_{Bs}(\boldsymbol{v}_\alpha)$ 不包括误差分量。为给模拟中的条件块数据中存入一个误差，需要从一些分布中，诸如均值为 0 及协方差为 $\sigma_R^2(\boldsymbol{v}_\alpha)$ 的高斯分布提取随机误差值 $R_s(\boldsymbol{v}_\alpha)$ 。因此，在每个块数据位置 $\boldsymbol{v}_\alpha$ 处都有：

$$D_{Bs}(\boldsymbol{v}_a) = B_s(\boldsymbol{v}_\alpha) + R_s(\boldsymbol{v}_\alpha)$$

BESIM 还是 BSSIM?

BESIM 算法比 BSSIM 更加快速，详见 3.8.3 小节。有两个理由。首先，不论实现的次数多少，每个节点只需要求解一次克里金系统。而在 BSSIM 中，必须对每个节点、每次实现都求解一次克里金系统。其次，在 BSSIM 中，数据邻域中包括了所有当前模拟节点所在块中的已模拟节点值。这会产生一个大型的克里金系统并因此使得模拟速度降低。

除非目标直方分布是高斯的，否则 BESIM 无法重构它。在其他情况下，BESIM 实现仅能通过使用像 TRANS 之类的后处理来近似的逼近目标直方分布，使用此类后处理方法的代价是弱化了块数据的条件作用，详见 9.1 节以及 Deutsch 和 Journel（1998，p. 227）。

算法 8.10 给出 BESIM 的工作流程。

[算法 8.10] 块误差模拟。

1：生成并保存点到点的协方差查询表。若使用 FFT 集成的混合块协方差计算方法，则计算并保存块到点协方差图
2：使用原始点数据与块数据，对 $Z_K^*(\boldsymbol{u})$ 执行克里金估计。存储每个模拟位置的克里金权重。注意每个位置只执行一次
3：执行无条件模拟，$Z_S(\boldsymbol{u})$
4：原始位置处的模拟点与块数据由无条件模拟实现恢复。从高斯分布 $G(0,\ \sigma_R^2(\boldsymbol{v}_\alpha))$ 里提取噪声数据并添加到块数据中
5：使用模拟数据和之前保存的克里金权值，计算所模拟的克里金估计，$Z_{Ks}^*(\boldsymbol{u})$。
6：计算条件模拟的实现，$Z_{CS}(\boldsymbol{u})$。
7：重复步骤 3 的过程以生成另一个实现

BESIM 算法是在算法面板中 *Simulation→besim* 中。BESIM 界面包含 4 个页面：“General”“Data”“Variogram” 和 “Dsitribution”（详见图 8.17）。“[ ]” 中的文本对应于 BESIM 参数文件的关键字。参数描述：

（1）Simulation Grid Name [Grid_Name]：模拟网格的名字。

（2）Property Name Prefix [Property_Name]：模拟输出的前缀。The suffix_real#会被添加到每次实现的前面。

（3）# of realizations [Nb_Realizations]：所生成的模拟数量。

（4）Seed [Seed]：随机数生成器的种子（一般是较大的奇整数）。

（5）Kriging Type [Kriging_Type]：沿着随机路径上的每个节点，选择待解决的克里金系统 Simple Kriging（SK）或 Ordinary Kriging（OK）。

（6）SK Mean [SK_Mean]：属性均值。仅当 Kriging Type [Kriging_Type] 设置为 Simple Kriging (SK) 时才有效。

(7) Block Covariance Computation Approach [Block_ Cov_ Approach]：选择计算块协方差的方法 FFT with Covariance-Table 或 Integration with Covariance-Table。

(8) Check block data reproduction [Check_ Block_ Reproduction]：如果选中该选项，那么模拟块的平均值会被计算，并且每次实现的相对误差（与输入块数据相比）也会被计算。结果在由 *View|Commands Panel* 激活的 Commands Panel 中显示。

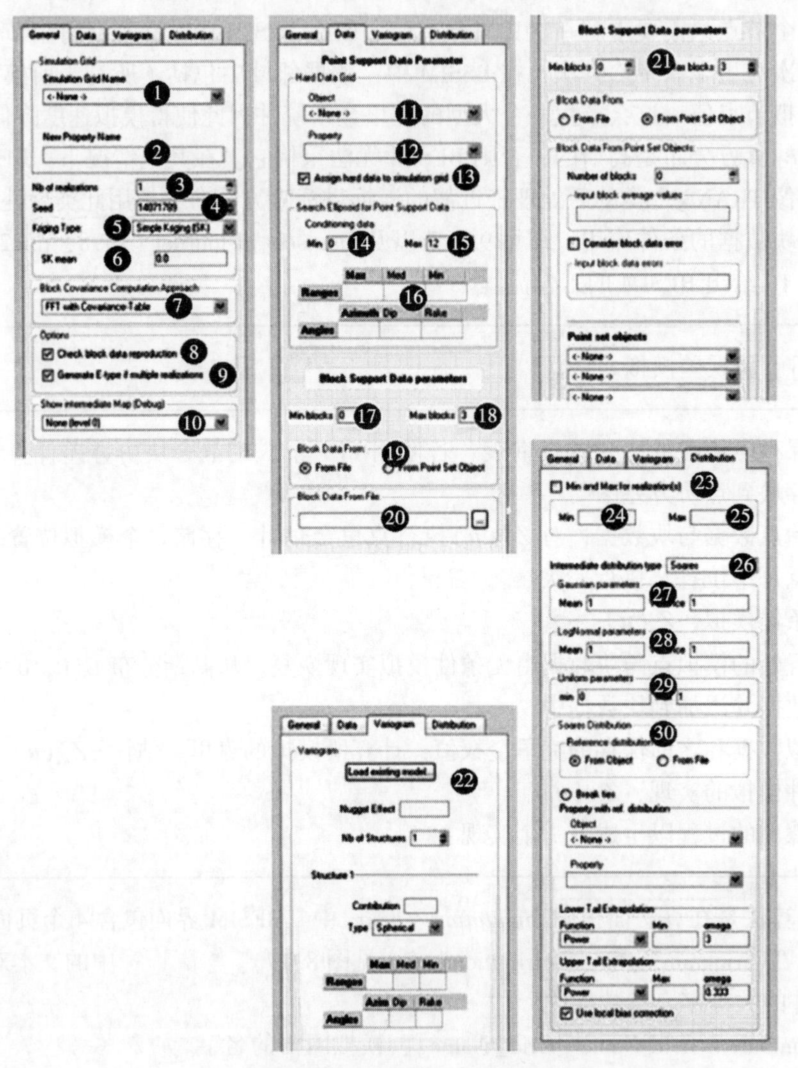

图 8.17　BESIM 的用户界面

(9) Generate E-type if multiple realizations [Generate_ Etype]：若选择该选项，则在多于一次实现时会生成 E 类型。

(10) Show intermediate Map (Debug) [Debug_ Info]：若设置为 Show interme-diate Map (Debug)，会生成一些中间图，如模拟路径、点或块数据邻域以及中间步骤的时间代价等。

(11) Hard Data | Object [Hard_ Data. grid]：包含条件数据的网格的名称。如果没有

选中网格，那么实现会在无条件点数据情况下生成。

（12） Hard Data | Property [Hard Data. property]：用于为点数据增加条件属性。仅当选中 Hard Data | Object [Hard_Data. grid] 时才需要设置该选项。

（13） Assign hard data to simulation grid [Assign_Hard_Data]：如果选中该选项，硬数据会被重置到模拟网格中。

（14） Min Conditioning point data [Min_Conditioning_Data_Point]：会在 BESIM 的克里金估计中用到，搜索近邻域节点过程中需要保留的点数据最小值。

（15） Max Conditioning point data [Max_Conditioning_Data_Point]：搜索邻域中需要保留的点数据最大值。

（16） Search Ellipsoid for Point Support Data [Search_Ellipsoid_Point]：点支持数据的搜索椭球体参数，详见 6.4 节。

（17） Min conditioning block data [Min_Conditioning_Data_Block]：会在 BESIM 的克里金估计用到，搜索邻域中需要保留的块数据最小值。

（18） Max conditioning block data [Max_Conditioning_Data_Block]：搜索近邻域中需要保留的块数据最大值。

（19） Block Data From：选择块数据的来源。两个选项：From File [Block_From_File] 和 From Point Set Object [Block_From_Pset]。

（20） Block DataFrom File [Block_Data_File]：仅当 Block Data From 中选择 From File [BlockFrom File] 时该项才会被激活。应该指定块数据文件的条目地址。块数据文件格式如图 7.9 所示。如果没有输入块数据文件，那么该估计只使用点数据来执行。

（21） Block Data From Point Set Objects：仅当 Block Data From 中选择 From Point Set Object [BlockFrom Pset] 时该项才被激活。详见 7.4 节。

（22） Variogram parameters [Variogram_Cov]：变差函数模型参数，详见 6.5 节。

（23） Min and Max for realization (s) [Set_Realization_Min_Max]：设置最终实现的最小值和最大值。

（24） Min [Realization_Min]：仅当选中 Min and Max for realization (s) 时，该项才被激活。设置最终实现的最小值。所有比 Min 小的模拟值都会被设置成 Min。

（25） Max [Realization_Max]：仅当选中 Min and Max for realization (s)，该项才被激活。设置最终实现的最大值。所有比 Max 大的模拟值都会被设置成 Max。

（26） Intermediate distribution type [cdf_type]：选择随机路径的每个位置上建立的 ccdf 类型：Soares，LogNormal，Gaussian 和 Uniform。这些 ccdf 只在 BESIM 的无条件模拟中使用。这里建议使用一个中间分布来逼近你的目标。但直方分布的重构无法预测。

（27） Gaussian parameters：仅当 Distribution type [cdf_type] 设置为 Gaussian 时才有效。全局高斯分布参数通过由 Mean [Gaussian_Mean] 所指定的均值和 Variance [Gaussian_variance] 所指定的方差来输入。

（28） LogNormal parameters：仅当 Distribution type [cdf_type] 设置为 LogNormal 时才被激活。全局对数正态分布参数根据它的均值和方差输入，其中均值指定为 Mean [LN_Mean]，方差指定为 Variance [LN_variance]。

（29） Uniform parameters：仅当 Distribution type [cdf_type] 设置为 Uniform 时才被激

活。全局均匀分布参数，最小值指定为 Min [U_min]，最大值为 Max [U_max]。

(30) Soares Distribution [nonParamCdf]：仅当 Distribution type [cdf_type] 设置为 Soares 时才被激活。从局部分布中取样的全局分布参数详见 6.8 节。

[实例] 这里使用之前的两个实例来演示 BKRIG 算法（图 7.11），它们都使用 BESIM 来再次运行。块与点数据都作为条件数据。

图 8.18（a）给出了层析成像的 BESIM 实现。块数据被重构，其绝对误差为 2.6%。图 8.18（b）展示了降尺度实例的实现。注意右下角和中间的高异质值区域如何被捕获。这里块数据重构的平均绝对误差率为 1.0%，较上面提到的层析成像实例好，但不如使用 BSSIM 的结果（详见 8.1.7 小节）。

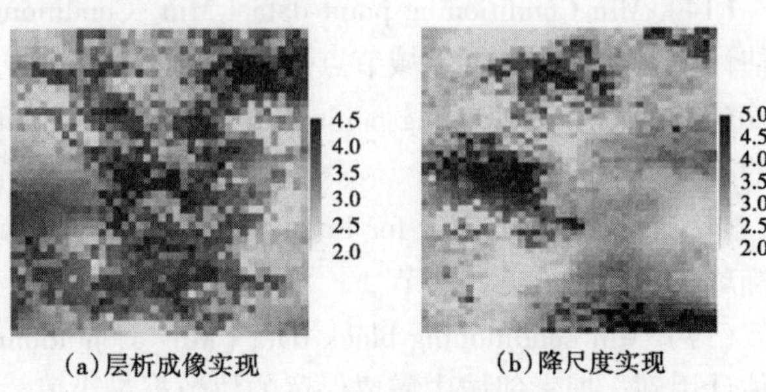

(a)层析成像实现　(b)降尺度实现

图 8.18 BESIM 的模拟结果

8.2 多点模拟算法

在引入多点地质统计学前，有两类模拟算法可用于相建模：基于像素算法与基于目标算法。利用基于像素的算法所建立的模拟实现按照每次一个像素的次序进行，因此，能够为多种支持体以及多种分类数据的条件化提供巨大的灵活性。然而，基于像素算法运行较慢，并且难于重构复杂的几何形状，特别是当这些像素值约束于两点统计学模拟（如变差函数或协方差）时。基于目标算法则按照每次将一个目标或一个模式直接放置于模拟网格上的次序来建立实现，因此，该方法能够快速并且可靠地建立目标几何形状。然而，它们难以实现不同支持体的局部数据条件化，尤其在如包含有地震勘测网等数据较为密集的情况下时。

SGeMS 为基于目标模拟（9.9 节）提供了程序 TIGENERATOR，其他许多免费的和商业软件中的程序也可用，如“fluvsim”（Deutsch 和 Tran，2002）和“SBED”（http://www.geomodeling.com）。

多点模拟（mps）概念由 Guardiano 和 Srivastava（1993）提出，并由 Strebelle（2000）首先实现高效应用，该方法结合了上述两类模拟算法的优势。其能够通过条件概率对每个像素值执行像素策略，其中每个像素值像条件比例一样从训练图像中抽取，而训练图像能够描述那些被认为在实际区域中较可能出现的对象几何形状以及分布。训练图像（Ti）是一个不需任何局部精度的完全概念化描述，可以由基于目标算法构建。mps 将训练图像中的空间模式和结构提取出来，取代了传统两点地质统计学中的变差函数/协方差模型所得到的两点结构。在本质上，mps 试图将从搜索模板/邻域中所寻找的完整数据集与一个或者更多组的训练集进行匹配（准确或近似）。匹配寻找不是每次以一个基准进行的，而是多个数据值合在一起的模式匹配，即为“multiple-point 多点”。

8.2.1 SNESIM：single normal equation simulation 单正态方程模拟

1993 年，最初多点统计算法由 Guardiano 和 Srivastava 提出，但其执行速度却非常慢。因为这个算法要求对每一个模拟节点上的每一个新增的多点条件数据事件而重新扫描整个训练图像 Ti。该扫描能够检索所需的条件比例，通过该比例能够直接提取模拟值。2000 年，Streblle 提出了 SNESIM，将多点统计概念推向了实际应用。SNESIM 算法仅对训练图像扫描一次；以给定的搜索模板尺寸，将该训练图像中所有的条件比例都存储在搜索树数据结构中，这样能够有效地对其进行检索。

SNESIM 算法包含了两个主要部分：保存所有训练比例的搜索树结构；模拟部分，在这部分中，之前那些比例可被读取并用于抽取模拟值。

（1）搜索树结构。

一个搜索模板 T_J 由 J 个向量 $\boldsymbol{h}_j$ 来定义，其中 $j=1$，…，J，这些向量从中心节点 $\boldsymbol{u}_0$ 延伸出来。因此模板由 J 个节点($\boldsymbol{u}_0+\boldsymbol{h}_j$, $j=1$，…，J)构成。利用搜索模板来扫描训练图像并将所有训练模式 $pat(\boldsymbol{u}'_0)=\{t(\boldsymbol{u}'_0)$；$t(\boldsymbol{u}'_0+\boldsymbol{h}_j)$，$j=1$，…，$J\}$ 记录下来。其中 $\boldsymbol{u}_0$ 是训练图像的 Ti 任意中心节点；$t(\boldsymbol{u}'_0+\boldsymbol{h}_j)$ 是网格节点 $\boldsymbol{u}'_0+\boldsymbol{h}_j$ 处的训练图像值。所有的这些训练模式都存储在搜索树结构中，可以很容易检索到如下数据：

①具有 J 个相同数据值 $D_J=\{d_j$，$j=1$，…，$J\}$ 的模式总数（n）。这种模式可写为：

$$\{t(\boldsymbol{u}'_0+\boldsymbol{h}_j)=d_j,\ j=1,\ \cdots,\ J\}$$

②对于这些模式，数量(n_k)能够突显出中心位置 $t(\boldsymbol{u}_0)=k$，($k=0$，…，$K-1$)特定值 $t(\boldsymbol{u}'_0)$。

③K 为总分类数。这两个数的比值给出了训练模式的比例，而训练模式则会描述所有那些被识别为 J 的“data”值 $t(\boldsymbol{u}'_0+\boldsymbol{h}_j)=d_j$，其中心值 $t(\boldsymbol{u}'_0)=k$ 的特征：

$$P(t(\boldsymbol{u}'_0)=k\,|\,D_J)=\frac{n_k}{n}\qquad k=0,\ \cdots,\ K-1 \tag{8.2}$$

（2）单层网格模拟。

SNESIM 序贯模拟按照模拟网格 G 上的随机路径访问所有节点，并且每次只处理一个像素。硬数据被放置到模拟网格 G 中最近的节点上，随后对所有未知节点执行经典序贯模拟（详见 3.3.1 小节）。

对于每一个模拟节点 $\boldsymbol{u}$，模板 T_J 用于检索条件数据事件 $dev(\boldsymbol{u})$，条件数据事件定义如下：

$$dev_J(\boldsymbol{u})=\{z^{(l)}(\boldsymbol{u}+\boldsymbol{h}_1),\ \cdots,\ z^{(l)}(\boldsymbol{u}+\boldsymbol{h}_J)\} \tag{8.3}$$

其中 $z^{(l)}(\boldsymbol{u}+\boldsymbol{h}_j)$ 是第 l 个 SNESIM 实现的一个已知节点值，这个值可以是原始硬数据或先前的模拟值。注意在以 $\boldsymbol{u}$ 为中心的搜索模板 T_J 的 J 个可能位置处包含有任意数量未知节点值。

接下来，从搜索树中找到与 $dev_J(\boldsymbol{u})$ 值相同的训练模式数量 n。如果 n 小于固定阈值 $c_{\min}$（重复次数的最小值），则将距 $dev_J(\boldsymbol{u})$ 最远的已知节点抛弃来定义一个较小的数据事件 $dev_{J-1}(\boldsymbol{u})$，并随后重复进行搜索。这一步骤将会循环直至停止 $n\geqslant c_{\min}$ 停止。设 $J'(J'\leqslant J)$ 为 $n\geqslant c_{\min}$ 的数据事件尺寸。

节点值 $z^{(s)}(\boldsymbol{u})$ 从条件概率中抽取，而条件概率则等于相应的训练图像比例：

$$P(Z(\boldsymbol{u})=k|dev_J(\boldsymbol{u}))\approx P(Z(\boldsymbol{u})=k|dev_{J'}(\boldsymbol{u}))$$
$$=P(t(\boldsymbol{u}'_0)=k|dev_{J'}(\boldsymbol{u}))$$

这个概率也因此成为利用搜索模板 T_J 所寻找到的多点数据集合（最大不超过 J 数据值）条件参数。

算法 8.11 描述了 SNESIM 算法的一个极简版本，其包含 K 个分类变量 $Z(\boldsymbol{u})$，值在 $\{0, \cdots, K-1\}$ 范围内。

搜索树存储了所有的训练模式重复次数 $\{t(\boldsymbol{u}'_0);\ t(\boldsymbol{u}'_0+\boldsymbol{h}_j),\ j=1, \cdots, J\}$，并且能够在 $O(J)$ 中快速检索第 7 步的条件概率分布。这种速度是以消耗大量内存为代价的。N_{Ti} 是训练图像中位置点的总数。不论搜索模板的尺寸 J 是多少，训练图像中都不能超过 N_{Ti} 个不同数据事件。这样的话，搜索树的内存空间上限定义为：

$$Memory\ Demand \leqslant \sum_{j=1}^{j=J} \min(K^j,\ N_{Ti})$$

其中 K 种分类和 j 个节点组合的可能数据值的总个数为 K^j。

[**算法 8.11**] 简单单网格的 SNESIM。

1：定义一个搜索模板 T_J
2：构造由搜索模板 T_J 所指定的搜索树
3：将硬数据放置入最近的模拟网格节点，并在模拟时使其不变
4：定义一个随机路径访问所有待模拟位置
5：for 这个路径的每一个位置 $\boldsymbol{u}$ do
6：　　找到由模板 T_J 定义的条件数据事件 $dev_J(\boldsymbol{u})$
7：　　检索条件概率分布 *ccdf*
　　从搜索树得到 $P(Z\boldsymbol{u}=k|dev_J(\boldsymbol{u})|)$
8：　　据条件概率得到模拟值 $z^{(s)}(\boldsymbol{u})$ 并将它加入数据集
9：end for

建议 1

搜索模板中的节点总数 J 是 SNESIM 的关键。J 的值越大，最终的模拟实现效果越好，其所能够提供的训练图像留存信息也越多，也能为此类较大的 J-点数据事件提供足够的重复次数。然而随着 J 值的增大，所消耗内存会急剧增加。对于大多数的三维模拟，J 值应该设置于 60~100，比如 80。

建议 2

多点统计模拟内存消耗还与训练图像的分类总数 K 有关。通常训练图像不超过 4 种分类时，SNESIM 效果较好。若果训练图像超过 5 种分类时，就应考虑 Maharaja 在 2004 年提出的层次模拟算法，或采用 FILTERSIM 算法（详见 8.2.2 小节）。

（3）多层网格模拟。

多层网格模拟算法（1994，Tran）使用同样的搜索模板 T_J 但却仅通过相当小数量的节点便能捕获大尺度结构。G 代表所模拟的三维笛卡儿网格。将 G^g 定义为 G 的第 g 个子集，因此：$G^1=G$，而 G^g 是通过沿着 3 个坐标方向，对 G^{g-1} 以因数 2 进行降采样得到的；通过保留 G^{g-1} 中所有其他节点所获得 G^{g-1} 子集 G^g。G^g 被称为第 g 层多层网格。图 8.19 展示了一个划分成 3 种多层网格的模拟区域。

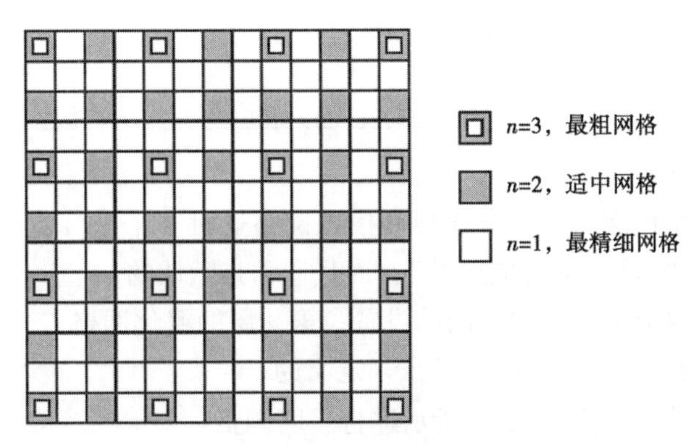

图 8.19　三重多层网格

在第 g 个子网格 G^g 中，搜索模板 T_J 也根据调节因子 2^{g-1} 进行相应的尺度重调整：

$$T_J^g = \{2^{g-1}h_1, \cdots, 2^{g-1}h_J\}$$

模板 T_J^g 有和 T_J 相同的节点数，但是 T_J^g 有较大空间范围，因此允许在不增加搜索树尺寸的条件下捕获更大尺度的结构。图 8.20 描述了一个尺寸为 3×3 的精细模板和一个二级粗化网格中的扩展粗模板。注意必须为每一个多层网格创建一个新的搜索树。

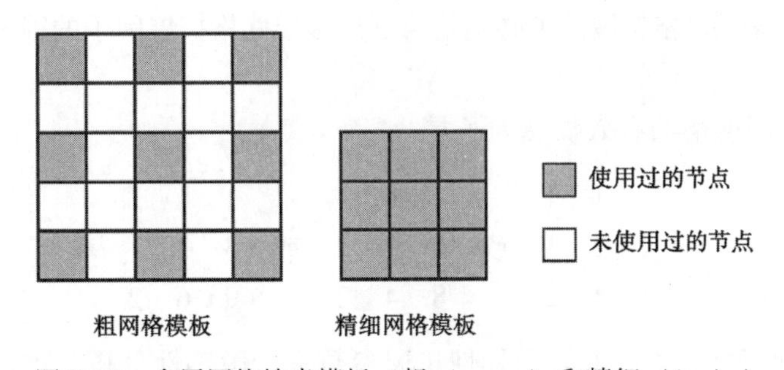

图 8.20　多层网格搜索模板（粗（coarse）和精细（fine））

在模拟中，所有在预先粗化网格中的模拟节点都会被冻结，也就是说这些节点不会被重复访问。算法 8.12 描述了 SNESIM 算法的多层网格执行过程。

［算法 8.12］　多层网格 SNESIM。

1：选择多层网格数 N_G

2：在粗网格 G^g 上开始，其中 $g=N_G$
3：while $g>0$ do
4：将硬数据重置到当前多层网格中距离最近的网格节点上
5：通过对模板 T_J 进行尺度调整来建立新模板 T_J^g
6：利用训练图像和模板 T_J^g 创建搜索树 $Tree^g$
7：如算法 8.11 一样模拟 G^g 的所有节点
8：如果 $g>1$，则从当前多层网格中删除重置的硬数据
9：移动到下一个更精细的网格 $G^{g-1}(g=g-1)$
10：end while

（4）各向异性模板扩展。

为了获取第 g 层粗化网格，搜索模板和模拟网格通过 3 个坐标方向的常量因子 2^{g-1} 进行扩展。这个扩展为“isotropic 各向同性”，而且通常是默认的。

每个方向的扩展因子可以采用不同的设置。第 g 层的粗化网格 G^g 是通过分别留存 x 方向、y 方向和 z 方向的每个 f_x^g，f_y^g 和 f_z^g 节点来定义的。

因此相应的搜索模板 T_J^g 按照如下所示进行尺度调整：

$$T_J^g=\{f^g h_1,\ \cdots,\ f^g h_J\}$$

其中，$f^g=\{f_x^g, f_y^g, f_z^g\}$。注意，所有网格的模板节点总数 J 都一样。这种“anisotropic 各向异性”扩展需要从多点统计算法界面输入扩展因子。

令 $i=x,\ y,\ z,\ 1\leqslant g\leqslant G(G\leqslant 10)$。输入的各向异性扩展因子需要满足以下要求：

①所有的扩展因子(f_i^g)都必须是正整数。

②最精细网格的扩展因子必须是 $1(f_i^1\equiv 1)$。

③第 $g-1$ 层的多层网格扩展因子必须小于等于第 g 层的多层网格扩展因子($f_i^{g-1}\leqslant f_i^g$)。

④第 $g-1$ 层的多层网格扩展因子必须是第 g 层多层网格扩展因子的因子，也就是($f_i^g \bmod f_i^{g-1}=0$)。

例如，3 个多层网格的有效扩展因子是：

$$\begin{matrix}1 & 1 & 1\\ 2 & 2 & 1\\ 4 & 4 & 2\end{matrix}\quad 或 \quad \begin{matrix}1 & 1 & 1\\ 4 & 2 & 2\\ 8 & 4 & 2\end{matrix}\quad 或 \quad \begin{matrix}1 & 1 & 1\\ 3 & 3 & 1\\ 9 & 6 & 2\end{matrix}$$

在任意应用执行前，需要对各向异性扩展参数进行敏感性分析。可以考虑为每个不同的多层网格使用一个不同的训练图像，这是一个除代码方面之外具有意义的进展。

（5）边缘分布重构。

通常我们希望被模拟变量的直方分布能够与给定的目标分布近似，如样本直方分布。然而，算法 8.11 和算法 8.12 中的 SNESIM 没有约束条件来保证此类目标分布的重构。建议选择一个拥有合理逼近目标边缘比例直方分布的训练图像。SNESIM 算法提供一个伺服系统来校正搜索树中所读取的每个节点位置处的条件分布函数，以逐步将当前模拟值的直方分布向目标推进。

使 p_k^c 代表当前 k 分类的值在模拟中所占的比例（$k=0$，…，$K-1$）。p_k^t 代表目标比例（$k=0$，…，$K-1$）。对算法 8.11 的第 7 步进行如下修改：

①与算法 8.11 第 7 步最初所描述的相同，计算条件概率分布。

②将概率 $P(Z(\boldsymbol{u})=k|dev_J(\boldsymbol{u}))$ 变为：

$$P^*(Z(\boldsymbol{u})=k|\ dev_J(\boldsymbol{u}))=P(Z(\boldsymbol{u}))=k|dev_J(\boldsymbol{u}))\ +\frac{\omega}{1-\omega}(p_k^t-p_k^c)$$

其中 $\omega\in[0,1)$ 是伺服系统的强度因子。如果 $\omega=0$，则不对概率进行校正。相反，如果 $\omega\to1$，目标分布的重构会完全控制模拟过程，带来的风险是可能会造成训练图像所表示的地质构造重构失败。

如果 $P^*(Z(\boldsymbol{u})=k|dev_J(\boldsymbol{u}))\notin[0,1]$，则需要重置最近边界。所有更新后的概率值要进行尺度调整使其总和为 1：

$$P^{**}(Z(\boldsymbol{u})=k|dev_J(\boldsymbol{u}))=\frac{P^*(Z(\boldsymbol{u})=k|dev_J(\boldsymbol{u}))}{\sum_{k=1}^{K}P^*(Z(\boldsymbol{u})=k|dev_J(\boldsymbol{u}))}$$

这里还能够调用一个类似的过程，重构每个水平层的垂向比例曲线。垂向比例可作为一个 1D 属性由输入端提供，其中包含有 x 方向与 y 方向的节点数，当然在这里都为 1，还有 z 方向的节点数，其值等于模拟节点的数量。当用户输入垂向比例曲线和全局目标比例后，剩下的基本可以忽略了，若需要了解有关目标比例控制的更多细节，参考 8.2.1 小节。

（6）集成软数据。

软数据（次数据）可以有效约束模拟结果。软数据的来源可以来自于远程感应技术，例如地震数据。通常软数据能够提供整个模拟网格上详尽的、但分辨率较低的信息。SNESIM 能够处理这样的次信息。首先软数据 $Y(\boldsymbol{u})$ 需要标定到先前的概率数据 $P(Z(\boldsymbol{u}))=k|Y(\boldsymbol{u}))$ 中，这个概率数据与以位置 $\boldsymbol{u}$ 为中心的某个确定分类 k 是否存在相关，K 是分类总数。

tau 模型（参见 3.10 节）通常用于集成软数据与训练图像中所得到的概率。将算法 8.11 中第 7 步的条件分布函数 $P(Z(\boldsymbol{u})=k|dev_J(\boldsymbol{u}))$ 改变为：

$P(Z(\boldsymbol{u})=k|dev_J(\boldsymbol{u}),\ Y(\boldsymbol{u}))$，如：

$$P(Z(\boldsymbol{u})=k|dev_J(\boldsymbol{u}),\ Y(\boldsymbol{u}))=\frac{1}{1+x} \tag{8.4}$$

计算距离 x 如下：

$$\frac{x}{x_0}=\left(\frac{x_1}{x_0}\right)^{\tau_1}\left(\frac{x_2}{x_0}\right)^{\tau_2},\quad \tau_1,\ \tau_2\in(-\infty,\ +\infty) \tag{8.5}$$

其中，x_0，x_1 和 x_2 定义如下：

$$x_0=\frac{1-P(Z(\boldsymbol{u})=k)}{P(Z(\boldsymbol{u})=k)}$$

$$x_1=\frac{1-P(Z(\boldsymbol{u})=k|dev_J(\boldsymbol{u}))}{P(Z(\boldsymbol{u})=k|dev_J(\boldsymbol{u}))}$$

$$x_2 = \frac{1 - P(Z(\boldsymbol{u}) = k \mid Y(\boldsymbol{u}))}{P(Z(\boldsymbol{u}) = k \mid Y(\boldsymbol{u}))}$$

$P(Z(\boldsymbol{u})=k)$是分类 k 的目标边缘比例。权值 τ_1 和 τ_2 用于计算局部条件数据事件 $dev_J(\boldsymbol{u})$ 和软数据 $Y(\boldsymbol{u})$ 之间的冗余。默认 $\tau_1=\tau_2=1$，对应于无冗余数据。关于 τ 模型更多的细节参见 3.10 节。

算法 8.11 第 7 步修改如下：

①如算法 8.11 所描述的，首先估计概率 $P(Z(\boldsymbol{u}) = k \mid dev_J(\boldsymbol{u}))$。

②采用式（8.4）来计算更新后的概率 $P(Z(\boldsymbol{u}) = k \mid dev_J(\boldsymbol{u}), Y(\boldsymbol{u}))$。

③从更新后的概率分布函数中提取实现。

（7）子网格概念。

如 8.2.1 小节所描述的，若 SNESIM 无法给出足够的数据事件 dev_J 重复次数，它会自动丢弃 dev_J 中最远的节点，并且重复搜索直到重复次数大于或等于 $c_{\min}$（最小模式重复次数）。数据丢弃过程不仅会降低模式重构的质量，而且会显著增加 CPU 的消耗。

因此，提出子网格概念来减少数据丢弃带来的影响。图 8.21（a）展示了一个 3D 模拟网格的 8 个邻接节点。这些节点如图 8.21（b）所示的一个立方体的 8 个角点。在这些节点中，节点 1 和节点 8 属于子网格 1；节点 4 和节点 5 属于子网格 2；其余的节点都属于子网格 3。图 8.21（c）展示了二维模式下的子网格概念。模拟时首先执行子网格 1，其次执行子网格 2，最后执行子网格 3。这种子网格模拟概念可以应用于除最粗化网格之外的所有多层网格。图 8.21（d）显示了二级多层网格上的 3 个子网格。“A”表示第一子网格，“B”表示第二子网格，“C”表示第三子网格。

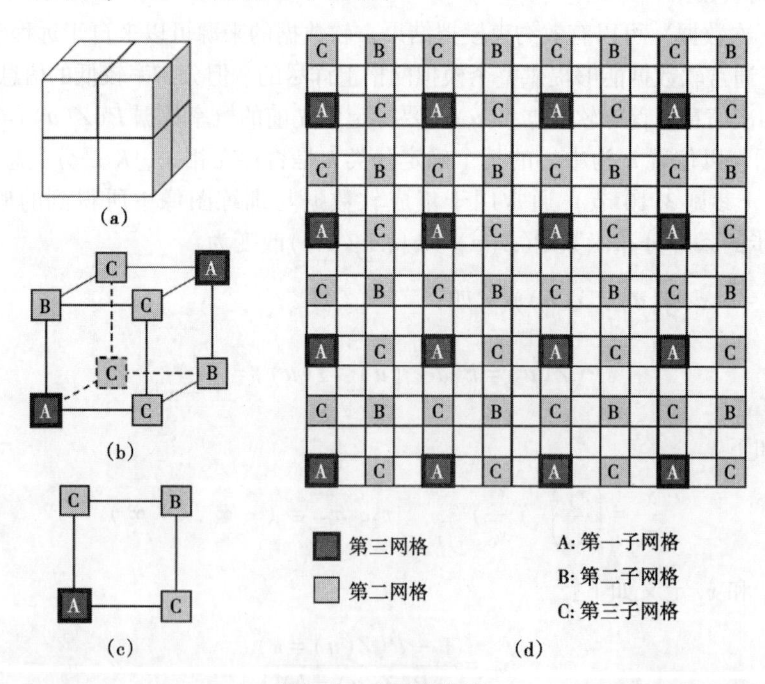

图 8.21　子网格概念

（a）三维网格中的 8 个邻接节点；（b）展示一个立方体顶点的 8 个节点；（c）二维网格中的 4 个邻接节点；（d）二重多层网格上的 3 个子网格

在第 g 层多层网格的第一子网格上，（A 分类）大多数节点都已经在先前的第 g+1 层粗多层网格上完成了模拟。在默认各向同性扩展的情况下，这些节点中不仅 80%已经在三维粗网格完成了模拟，并且 100%都已在二维粗网格上完成了模拟。在该第一子网格上，将搜索模板设计为仅采用 A 分类节点作为条件数据，因此，此时数据事件几乎是完整的。注意，粗网格中先前已模拟的节点不会在这些子网格上重复模拟。

在第二子网格中，图 8.21（d）中所有标记为“A”分类的节点目前都已由模拟值赋值。在该子网格上，搜索模板 T_J 被设计为仅使用 A 分类节点，但条件数据却增加了 J'个最接近的 B 分类节点。默认 $J'=4$。总体来讲，第二子网格的搜索模板 T 上总共包含有 $J+J'$个节点。在一个具有各向同性扩展简单实例中，图 8.22（a）展示了其第二子网格节点和模板节点。基本搜索模板的尺寸为 14，并用实线圆圈标注。$J'=4$ 个额外增加的条件节点由虚线圆圈标注。注意：从基本搜索模板节点（实线圆圈标注）得到的数据事件总是完整的。

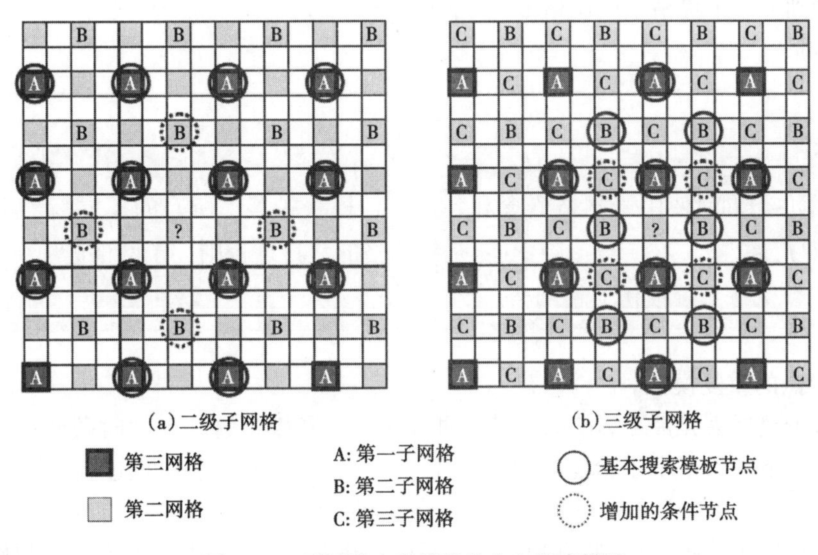

图 8.22　子网格上的模拟节点和搜索模板

当第三子网格进行模拟时，第一和第二子网格上的所有节点（A 类与 B 类）都已全部被赋予模拟值。在第三子网格中，对于由原始硬数据或先前模拟数据所赋值的条件数据时间来说，所设计的基本模板 T_J 被设计为只搜索 A 类与 B 类节点。同样的，当前子网格中距离最近的 J'个 C 分类节点也会额外增加到条件数据中。图 8.22（b）中，第三子网格的基本搜索模板用实线圆圈标注，$J'=4$ 个额外增加的条件节点用虚线圆圈标注。

通过子网格方法来模仿交错网格形式，其中每一个子网格在模拟期间都允许寻找更多的条件数据，同时，这些数据的搜索速度相当快。对于三维模拟，*strongly*（强烈）建议使用这种子网格方式。算法 8.12 修改成以下算法 8.13。

[算法 8.13]

1：for 每一个子网格 s　do

2：　创建一个联合搜索模板 $T^s_{J,J'}=\{h_i, i=1, \cdots, (J+J')\}$

3：end for
4：选择要处理的多层网格数 L
5：从粗网格 G^g，$g=L$ 开始
6：while $g>0$ do
7： 将硬数据重置到距当前多层网格中距离最近的网格节点上
8： for 每一个子网格 s do
9：   通过模板 $T^s_{J,J'}$ 的尺度调整，创建一个新的几何模板 $T^{g,s}_{J,J'}$
10：   使用训练图像和搜索模板 $T^g_{J,J'}$ 来创建搜索树 $Tree^{g,s}$
11：   与算法 8.11 一样模拟 $G^{g,s}$ 的所有节点
12： end for
13： 如果 $g>1$，从当前多层网格中删除所放置的硬数据
14： 移动到下一个更精细的网格 G^{g-1}（同时 $g=g-1$）
15：end while

建议 3

如果用户想同时使用子网格概念和各向异性模板扩展，所有的扩展因子应该都是 2 的幂次，如 $f^g_i=2^n$，其中 $i=x$，y，z，g 是粗网格的数目。否则，子网格选项会自动关闭，因为 SNESIM 无法继续模仿交错网格。

（8）节点的重复模拟。

解决减少数据丢弃带来影响的另外一种办法是重新模拟这些模拟时条件数据过于少的节点，也就是条件数据小于给定的阈值的节点。SNESIM 记录了模拟过程中所丢弃的数据事件节点数 N_{drop}。在每个多层网格的每一个子网格完成模拟后，系统不会对这些 N_{drop} 中模拟值大于阈值的节点赋值，而会将其拖入一个新的随机路径中。然后，在新的随机路径中再次执行 SNESIM。这种后处理技术（2001 年由 Remy 提出）增强了大尺度模式的重构质量。

在当前的 SNESIM 编码中，阈值由图形接口输入。SNESIM 允许使用多次迭代来重复这种后处理。

（9）局部不稳定性分析。

任何的训练图像应该都是合理稳态的，这样通过扫描训练图像便可推断出有意义的概率统计。一个在其他方面稳态的 Ti，在经过局部旋转和尺度改变后，可能会在模拟期间引发一些不稳定因素。SNESIM 提供了两种处理此类不稳定模拟的方法：①修改局部训练图像；②使用不同的训练图像。第一种方法随后在本章介绍；第二种方法详见 8.2.1 小节。

模拟区域 G 可由一些旋转区域分割开，每一个旋转区域都与其旋转角度有关。r^i（$i=0$，…，$N_{\text{rot}}-1$）是第 i 个旋转区域 R^i 中关于 z 轴（垂向）的旋转角度。其中 N_{rot} 是旋转区域的总数，并且 $R^0\cup\cdots\cup R^{rot-1}=G$。在目前 SNESIM 算法版本中，只允许围绕 z 轴有一个方位角的旋转，该角度以度为单位并以 y 轴为起点进行顺时针方向测量。如果需要的话，在使用 SNESIM 前还可增加数据集与模拟网格的旋转。

模拟网格 G 也可以分割成一系列的缩放区域，每一个区域跟 $x/y/z$ 轴方向上的缩放因

子相关。$f^j=\{f_x^j, f_y^j, f_z^j\}$ 是第 j 个区域 S^j 的缩放因子，同时也称为缩放比例，其中 $j=0, \cdots, N_{\mathrm{aff}}-1$，$N_{\mathrm{aff}}$是缩放区域总数。$S^0\cup\cdots\cup S^{N_{\mathrm{aff}}-1}=G$，且 f_x^j，f_y^j，f_z^j分别是 $x/y/z$ 方向的缩放因子。所有的缩放因子都为正，属于（0，+∞）。缩放因子越大，沿该方向的地质构造就越大。当缩放因子等于 1 时，意味着不对训练图像进行缩放。

N_{rot}个旋转区域和 N_{aff}个缩放区域之间相互独立，从而允许缩放区域和旋转区域重叠。

给定旋转区域数 N_{rot} 和缩放区域数 N_{aff} 后，经过旋转和缩放后的新训练图像总数为 $N_{\mathrm{rot}}\cdot N_{\mathrm{aff}}$。相应地，对于每个新训练图像 $Ti_{i,j}$，必须使用模板 T_J 创建一个不同的搜索树，其定义如下：

$$Ti_{i,j}(\boldsymbol{u})=\Theta_i\cdot\leqslant\Lambda_j\cdot Ti(\boldsymbol{u})$$

其中 $\boldsymbol{u}$ 是训练图像中的节点，Θ_i 是旋转区域 i 的旋转矩阵，Λ_j 是缩放区域 j 的缩放矩阵：

$$\boldsymbol{\Theta}_i=\begin{bmatrix}\cos r^i & \sin r^i & 0\\ -\sin r^i & \cos r^i & 0\\ 0 & 0 & 1\end{bmatrix}\qquad \Lambda_j=\begin{bmatrix}f_x^i & 0 & 0\\ 0 & f_y^i & 0\\ 0 & 0 & f_z^i\end{bmatrix}\tag{8.6}$$

$N_{\mathrm{rot}}=1$ 意味着对训练图像 Ti 进行全局旋转，这步可通过指定一个全局旋转角度实现（可见后续参数描述章节）。类似的，$N_{\mathrm{aff}}=1$ 意味着对训练图像进行全局缩放。

相应的 SNESIM 算法如算法 8.14 所述：

由于每个缩放因子 f_j 与旋转角度 r_i 对都需要创建一个新的搜索树，因此这种解决方案会消耗大量的内存。实践证明使用限区域数就可能会产生相当复杂的模型。因此大多数情况下，五个旋转区域和五个缩放区域对于正常训练图像来说就足够了。

[算法 8.14] 局部变化方位角和缩放因子的 SNESIM。

1：定义一个搜索模板 T_J
2：for 每一个旋转区域 i do
3：　for 每一个缩放区域 j do
4：　　利用模板 T_J 对训练图像 $Ti_{i,j}$创建一个搜索树 $Tr_{i,j}$
5：　end for
6：end for
7：将硬数据重置于最近的网格节点上
8：定义一个随机路径来访问所有待模拟位置
9：for 路径中每一个位置 $\boldsymbol{u}$ do
10：　查找由模板 T_J 定义的条件数据 $dev_J(\boldsymbol{u})$
11：　查找位置 $\boldsymbol{u}$ 的区域索引(i, j)
12：　从相应的搜索树 $Tr_{i,j}$中获取条件概率分布 $P(Z(\boldsymbol{u})=k\,|\,dev_J(\boldsymbol{u}))$
13：　将从条件分布中提取的模拟值 $z^{(s)}\boldsymbol{u}$ 加载到数据集中
14：end for

（10）区域概念。

如前节所述，在面对那些不同子域地质结构具有除方向与尺寸外其余特征近似的情况时，旋转与缩放概念仅能处理有限不稳定性。在更加困难的情况下，每一个区域的地质构造可能会完全不同，因此，不同的区域需要调用不同的训练图像，如图 8.23 中的 R1，R2 和 R3。并且部分研究区域也有可能并未激活（如图 8.23 中的 R4），因此在这些位置处便无需执行 SNESIM，目标比例也会仅限于激活单元中。这些子域之间的过渡应当较为平缓，这需要在边界上进行数据共享。区域概念允许这种梯度式的过渡，并不用另外进行一组完全独立的模拟。

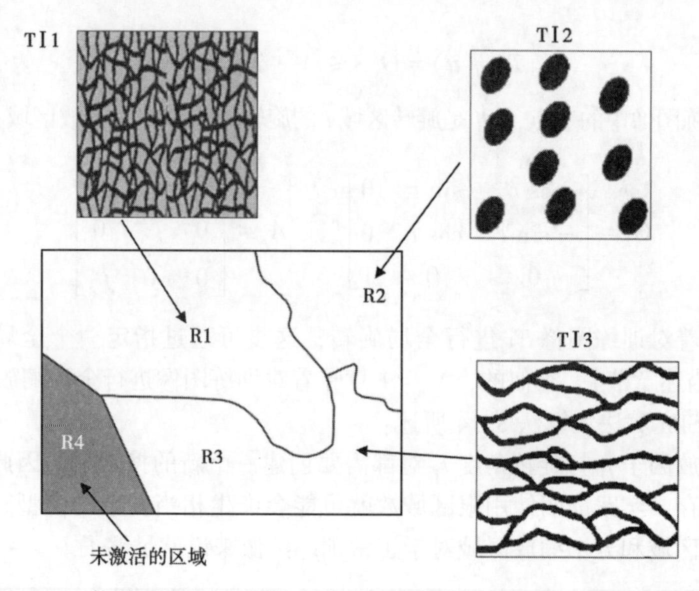

图 8.23　使用区域概念的模拟：每个区域都跟一个特定的训练图像有关

将模拟网格 G 首先分成一系列的子区域 G^i，$i=0$，…，N_R-1。其中 N_R 是区域总数并且 $G^0\cup\cdots\cup G^{N_R-1}=G$。对于每个激活区域，使用其各自特定的训练图像及参数设置，来执行普通 SNESIM 模拟。这些区域的执行顺序可以任意指定，或者通过访问所有区域的随机路径来同时模拟。

为了模拟一个使用区域概念的域，用户必须逐次对每一个区域进行模拟。除了第一个区域外，为了减少跨区域边界的不连续性，任一区域的模拟都会以临近模拟值为条件参数。这样使得模拟结果不但包含了当前区域的属性值，还包括了从其他作为条件的区域复制过来的属性。如图 8.23 所示，当区域 2（R2）以区域 1（R1）中 re_1 为条件参数模拟时，模拟结果 $re_{1,2}$ 的属性同时具有 R1 与 R2 的属性。接下来，属性 $re_{1,2}$ 可作为条件数据对区域 3（R3）进行 SNESIM 模拟。区域 3 的模拟结果包含了所有的激活区域（R1+R2+R3）。

建议 4

尽管区域概念需要手动开启，但高级用户可以使用 Python 脚本语言来自动完成模拟任务。因为这些区域都是顺序执行的，在模拟过程中始终只有一个搜索树保存在内存中。这在很大程度上减少了内存消耗。因此，用户使用 Python 脚本语言可以利用更多的旋转以及缩放区域来处理局部非稳态约束，例如，$N_{rot}\times N_{aff}>25$。

（11）目标分布。

SNESIM 算法支持 3 种分类的目标分布：全局目标比例、垂向比例曲线以及软概率立方体。I_1，I_2 和 I_3 三个参数的定义如下：

$$I_1=\begin{cases}1 & \text{给定全局目标比例}\\ 0 & \text{其他情况}\end{cases}$$

$$I_2=\begin{cases}1 & \text{给定垂向比例曲线}\\ 0 & \text{其他情况}\end{cases}$$

$$I_3=\begin{cases}1 & \text{给定软概率多维数据集}\\ 0 & \text{其他情况}\end{cases}$$

总共有 $2^3=8$ 种可能选项。SNESIM 根据给定的选项，其执行过程如下：

①$I_1=I_2=I_3=1$（全局目标、垂向比例曲线和概率立方体）。SNESIM 忽略全局目标之后，仅检查软概率立方体和垂向比例之间的一致性。如果这两者间不一致，算法状态条上会发出警告，程序不会停止而进行不一致性校正，而是继续执行。局部条件概率分布函数 ccdf 首先使用 tau 模型更新软概率立方体，随后将垂向比例值作为每一层的目标比例来制定伺服系统。

②$I_1=I_2=1$，$I_3=0$（全局目标和垂向比例曲线，没有概率立方体）。SNESIM 不考虑全局目标，利用伺服系统将垂向比例值作为每一层的目标比例来校正条件分布累积函数。

③$I_1=1$，$I_2=0$，$I_3=1$（全局目标比例和概率立方体、没有垂向比例曲线）。SNESIM 检查软概率立方体和全局目标比例之间的一致性。如果不一致，算法状态条上会发出警告，程序仍继续运行而不对其进行校正。使用 tau 模型更新软概率立方体的条件累积函数 ccdf，随后制定构造伺服系统来逼近全局目标比例。

④$I_1=1$，$I_2=I_3=0$（定全局目标比例、没有垂向比例曲线和概率立方体）。SNESIM 利用伺服系统对条件累积函数 ccdf 进行校正，使其逼近全局目标比例。

⑤$I_1=0$，$I_2=I_3=1$（垂向比例曲线和概率立方体、没有全局目标比例）。同情况①。

⑥$I_1=0$，$I_2=1$，$I_3=0$（垂向比例曲线、没有全局目标比例和概率立方体）。同情况②。

⑦$I_1=I_2=0$，$I_3=1$（概率立方体、没有全局目标比例和垂向比例曲线）。SNESIM 算法首先从训练图像中得到目标比例，然后检查软概率立方体与目标比例之间的一致性。如果两者之前没有一致性，则在算法状态条上发出警告，但程序会继续执行而不对不一致性进行校正。首先使用 tau 模型更新软概率立方体的条件累积函数 ccdf，然后制定构造伺服系统使其逼近目标比例。

⑧$I_1=I_2=I_3=0$（没有全局目标比例、垂向比例曲线和概率立方体）。SNESIM 算法从训练图像中获得目标比例，然后利用伺服系统来校正条件累积函数，使其逼近全局目标比例。

（12）参数描述。

从算法面板上面部分的 *Simulation→snesim_std* 激活 SNESIM 算法。SNESIM 主界面包括 4 个页面："General""Conditioning""Rotation/Affinity" 和 "Advanced"（图 8.24）。SNESIM 参数随后介绍。"[ ]" 中的文本对应于 SNESIM 参数文件的关键字。

①Simulation Grid Name [GridSelector_Sim]：执行模拟的网格名称。

②Property Name Prefix [Property_Name_Sim]：模拟输出的前缀。后缀_real#会被添加

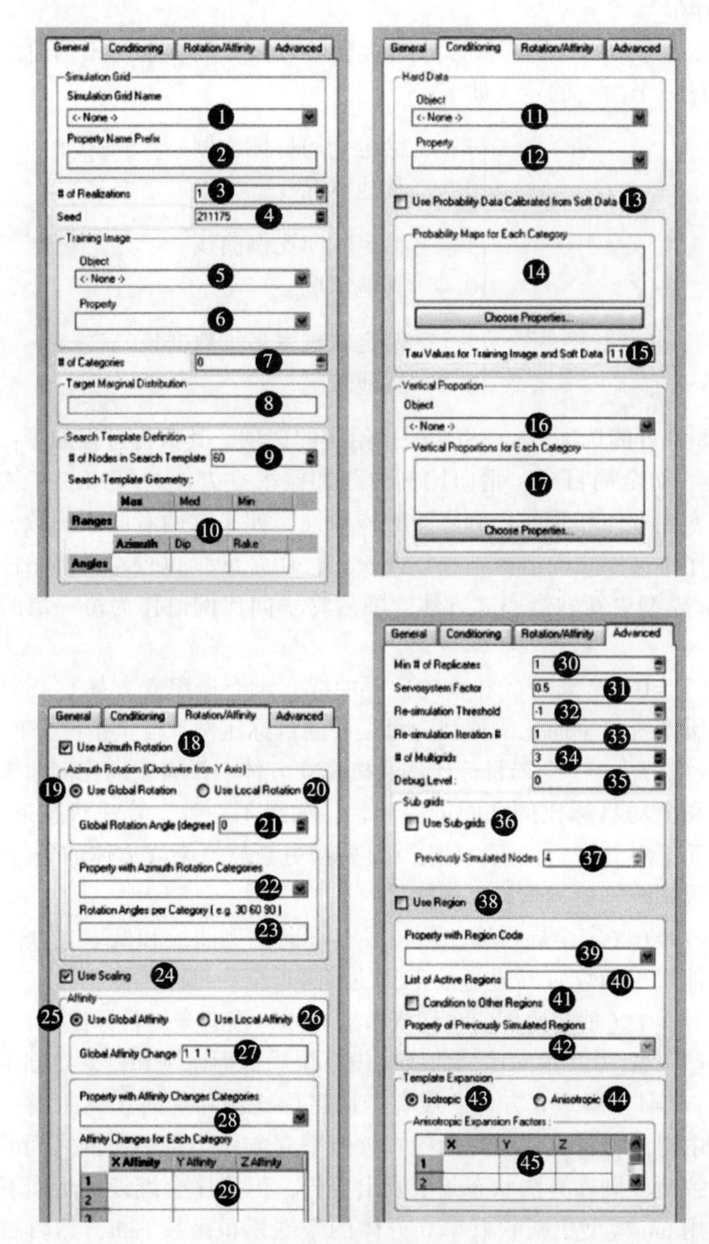

图 8.24　SNESIM 界面

给每个实现结果。

③# of Realizations [Nb_ Realizations]：模拟实现的数量。

④Seed [Seed]：用于初始化伪随机数生成器的一个大的奇数值。

⑤Training Image | Object [PropertySelector_ Training. grid]：包含训练图像的网格名称。

⑥TrainingImage | Property [PropertySelector_ Training. property]：训练图像属性，其必须是分类变量，其值要求在 0 和 $K-1$ 之间，其中 K 是分类总数量。

⑦# of Categories [Nb_ Facies]：训练图像中所包含的分类数量 K。

⑧Target Marginal Distribution [Marginal_Cdf]：目标分类比例，必须按照从分类 0 至分类 Nb_Facies-1 的顺序给出。所有目标比例之和要求为 1。

⑨# of Nodes in Search Template [Max_Cond]：搜索模板中所包含节点的最大值 J。若所对应的训练图像较大，那么 J 值越大，则模拟质量越好，但是会有更大的内存需求。通常多层网格的二维选项可选择 60 个节点，三维 80 个节点，这样会产生较好的实现结果。

⑩Search Template Geometry [Search_Ellipsoid]：定义搜索邻域条件数据椭球体的范围和角度参数，搜索模板 T_J 根据保留 J 最近节点的搜索椭球体而自动生成的。

⑪Hard Data | Object [Hard_Data. grid]：包含硬条件数据的网格。硬数据对象必须是一个点集。默认输入为“None”，表示不使用硬条件数据。

⑫Hard Data | Property [Hard_Data. property]：硬条件数据的属性，其必须是分类变量，值介于 0 和 $K-1$ 之间。当选择无硬条件数据时可忽略该参数。

⑬Use Probability Data Calibrated from Soft Data [Use_ProbField]：这个标志表明是否使用先前的局部概率立方体作为条件约束来进行模拟。若标记，则在先前局部概率信息的条件约束下执行 SNESIM。默认值为不使用软概率立方体。

⑭Soft Data | Choose Properties [ProbField_properties]：选择软概率数据。必须为每个分类 k 指定一个属性。属性顺序决定模拟结果：第 k 个属性对应 $P(Z(\boldsymbol{u})=k \mid Y(\boldsymbol{u}))$。如果 Use_ProbField 设置为 0 则忽略该参数。注意软概率数据必须置于与①所定义的相同模拟网格中。

⑮Tau Values for Training Image and Soft Data [TauModelObject]：输入两个 tau 参数值：第一个 tau 值为训练图像，第二个为软条件数据。默认 tau 值是“11”。如果 Use_ProbField 设置为 0，则忽略该参数。

⑯Vertical Proportion | Object [VerticalPropObject]：网格包含的垂向比例曲线。网格必须为一维：x 和 y 方向的单元数量必须是 1，z 方向的单元数量必须和模拟网格相同。默认输入为“None”，表示不使用垂向比例数据。

⑰Vertical Proportion | Choose Properties [VerticalProperties]：为每个分类 k 选择一个且仅一个属性。属性顺序决定模拟结果。如果 VerticalPropobject 为“None”，则忽略该参数。

⑱Use Azimuth Rotation [Use_Rotation]：使用方位角旋转概念来处理不稳定模拟的标记。若标记（设置为 1），则使用旋转概念。默认是不使用旋转。

⑲Use Global Rotation [Use_Global_Rotation]：以一个方位角来旋转训练图像。如果被标记（设置为 1），该角度必须在“Global Rotation Angle”中指定。

⑳Use Local Rotation [Use_Local_Rotation]：在每个区域中旋转其训练图像。如果已选中，则每个区域的旋转角度必须在 Rotation_categories 中指定。注意 Use_Global_Rotation 和 Use_Local_Rotation 两者只能二选一。

㉑Global Rotation Angle [Global_Angle]：以度为单位给出全局方位旋转角。训练图像会在模拟之前根据该角度进行顺时针旋转。若 Use_Global_Rotation 设置为 0，则忽略该参数。

㉒Property with Azimuth Rotation Categories [Rotation_property]：包含旋转区域编码的属性，必须与①中所定义的模拟网格相同。区域编码范围从 0 到 $N_{rot}-1$，其中 N_{rot} 是区域总数。对应所有区域的角度由 Rotation_categories 指定。

㉓Rotation Angles per Category [Rotation_categories]：对应于每个区域的以度为单位角度。

角度必须以空格间隔并按顺序给出。如果 Use_ Global_ Rotation 设置为 0，则忽略该参数。

㉔Use Scaling [Use_ Affinity]：使用缩放概念来处理不稳定模拟的标记。如果标记（设置为 1），使用缩放概念。默认是不使用缩放。

㉕Use Global Affinity [Use_ Global_ Affinity]：表明是否在 x/y/z 方向以相同的常量因子来缩放训练图像的标记。如果选中（设置为 1），那么 3 个缩放值必须在“Global Affinity Change”中指定。

㉖Use Local Affinity [Use_ Local_ Affinity]：缩放每个缩放区域的训练图像。若设置为 1，必须为每个区域指定 3 个缩放因子。注意 Use_ Global_ Affinity 和 Use_ Local_ Affinity 两者只能够二选一。

㉗Global Affinity Change [Global_ Affinity]：分别为 x/y/z 方向输入 3 个值（由空格分开）。如果缩放值在某确定方向为 f，则这个方向上的分类宽度是原始宽度的 f 倍；f 值越大，则模拟对象越宽。

㉘Property with Affinity Changes Categories [Affinity_ property]：包含缩放区域编码的属性，必须与①中所定义的模拟网格相同。区域编码范围从 0 到 $N_{\mathrm{aff}}-1$，其中 N_{aff} 是缩放区域的总数。缩放因子应当由 Affinity_ categories 指定。

㉙Affinity Changes for Each Category [Affinity_ categories]：输入表中的缩放因子：x/y/z 方向和每个区域的缩放因子。区域索引（表中第一列）实际是区域指示器数值加 1。

㉚Min # of Replicates [Cmin]：在给定条件数据事件情况下，能够在搜索树中在检索到其条件概率的最小训练重复次数。默认值为 1。

㉛ServosystemFactor [Constraint_ Marginal_ ADVANCED]：参数（∈［0，1］），用于控制伺服系统的修正。伺服系统的参数值越高，则目标分类比例的重构就越好。默认值为 0.5。

㉜Re-simulation Threshold [resimulation_ criterion]：再模拟时需要的阈值。那些具有 N_{drop}（在模拟过程中丢弃的条件节点数量）个大于输入阈值的模拟节点会被重新模拟。默认值为-1，表示不进行重新模拟。

㉝Re-simulationIteration # [resimulation_ iteration_ nb]：重复上述后处理程序的迭代次数。若 resimulation_ criterion 为-1，则忽略该参数。默认值为 1。

㉞# of Multigrids [Nb_ Multigrids_ ADVANCED]：在多层网格模拟中考虑的多层网格数量。默认值为 3。

㉟Debug Level [Debug_ Level]：该选项控制模拟网格的输出。Debug level 设置越大，则 SNESIM 的输出越多：

a. 如果是 0，则只有最终的模拟结果输出（默认值）；

b. 如果是 1，则会有一个显示模拟过程中丢弃节点数量的图输出；

c. 如果是 2，则除了选项 0 和 1 之外，中间模拟过程的结果也会输出。

㊱Use subgrids [Subgrid_ choice]：这个标记将当前多层网格上的模拟节点划为 3 个组来进行顺序模拟。*Strongly*（强烈）推荐在三维模拟时使用该选项。

㊲Previously simulated nodes [Previously_ simulated]：当前子网格中作为条件数据的节点数量。默认值为 4。若 Subgrid_ choice 设置为 0 则忽略该参数。

㊳Use Region [Use_ Region]：表明是否使用区域概念的标记。若标记（设置为 1），则

以区域概念执行 SNESIM 模拟；否则，在整个网格上进行 SNESIM 模拟。

㊴Property with Region Code [Region_Indicator_Prop]：包含区域编码索引的属性，必须与①中所定义的模拟网格相同。区域编码范围从 0 至 N_R-1，其中 N_R 是区域总数。

㊵List of Active Regions [Active_Region_Code]：输入要模拟的区域索引，或同时模拟的区域索引。如果多区域模拟，所输入的区域索引（编码）应当由空格分开。

㊶Condition to Other Regions [Use_Previous_Simulation]：执行以其他区域数据作为条件情况下的区域模拟选项。

㊷Property of Previously Simulated Regions [Previous_Simulation_Pro]：其他区域所模拟的属性。区域互相间的属性可以不同。参见 8.2.1 小节。

㊸Isotropic Expansion [expand_isotropic]：使用各向同性扩展方法来产生一系列级联搜索模板和多层网格的标记。

㊹AnisotropicExpansion [expand_anisotropic]：使用各向异性因子产生一系列级联搜索模板和多层网格的标记。

㊺Anisotropic Expansion Factors [aniso_factor]：为 $x/y/z$ 方向和表中的每个多层网格输入一个整数扩展因子。表中第 1 列表明多层网格等级；数字越小，网格越细。初学者不推荐使用这个选项。

（13）例子。

这部分举了 4 个例子，分别展示在训练图像条件数据具备与否情况下，SNESIM 算法的 2D 和 3D 模拟如何进行。

[例 1] 2D 无条件模拟。

图 8.25（a）展示了一个尺寸为 150×150 的河道训练图像。这个训练图像包含了 4 种相：泥岩背景、河道砂体、天然堤和决口扇。相的比例分别是 0.45，0.2，0.2 和 0.15。执行一个无条件 SNESIM 模拟，其训练图像最大条件参数数量为 60（在 RMT1.0 中就是搜索模板节点数目）以及 0.5 的伺服系统。2D 搜索模板是各向同性的，并使用各向同性模板扩展。用 4 个多层网格来获取大尺度河道结构。图 8.25（b）给出了 SNESIM 的模拟实现，其中各个相比例分别为 0.44，0.19，0.2 和 0.17。可以看出河道的连续相和沉积相的接触关系都得到了很好的重构。

(a)4种分类的训练图像

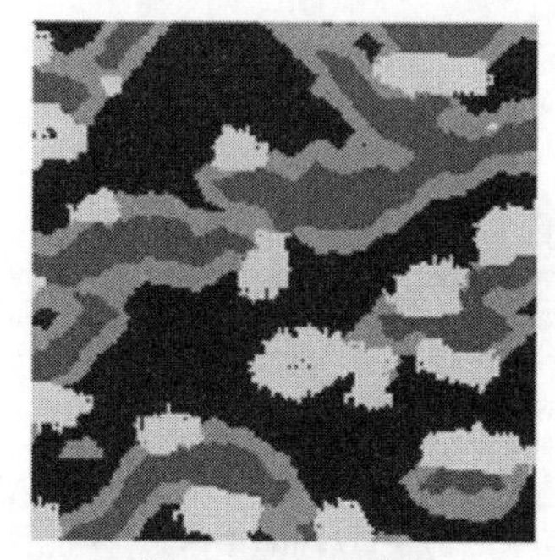

(b)一个SNESIM实现

图 8.25 [例 1] 具有 4 种沉积相的训练图像和 SNESIM 算法模拟结果

黑色：泥岩相；深灰：河道；浅灰：天然提；白色：决口扇

[例 2]　3D 情况下以井数据和软地震数据作为条件数据。

在这个例子中，使用基于目标程序“fluvsim”（Deutsch 和 Tran，2002）创建一个大型 3D 训练图像［训练图像如图 8.26（a）所示］。训练图像尺寸为 150×195×30，泥岩背景、河道砂和决口扇这 3 种相的比例分别是 0.66，0.3 以及 0.04。河道南北走向，具有不同的曲度和宽度。

模拟区域的尺寸是 100×130×10。在开发初期钻了 2 口直井、5 口斜井和 2 口水平井。这些井提供了井位置处的硬条件数据，如图 8.26（b）所示。基于测井数据，一条地震测线根据井硬数据进行标定，并加入到每个相的软概率立方体中，如图 8.26（c）（d）（e）所示。

SNESIM 模拟中，搜索模版中所保留的条件数据节点数为 60。搜索椭球体的 3 个轴搜索半径分别为 20，20 以及 5。方位角、倾角以及斜度都为 0。在 4 个多层网格中采用各向

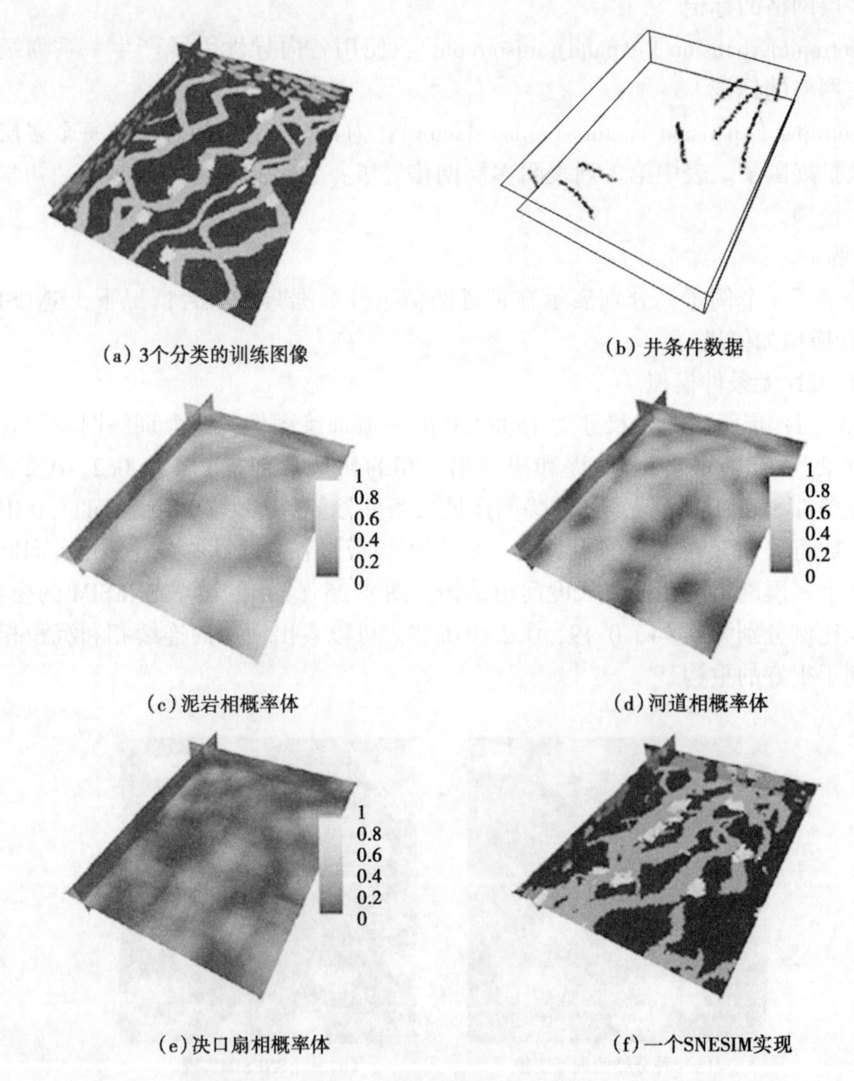

(a) 3个分类的训练图像　(b) 井条件数据

(c) 泥岩相概率体　(d) 河道相概率体

(e) 决口扇相概率体　(f) 一个SNESIM实现

图 8.26　[例 2] 具有 3 种沉积相的 3D 训练图像

（黑色：泥岩相；灰色：河道；白色：决口扇），井数据、沉积相概率立方体和 SNESIM 算法的模拟结果。图（c）至图（f）使用的是相同切片（$x=12$，$y=113$，$z=4$）

同性模板扩展。在当前子网格中使用以额外 4 个节点作为条件数据的子网格概念。伺服系统值为 0.5。图 8.26（f）为一个以井硬数据以及地震软数据为条件数据的 SNESIM 模拟实现。模拟区域包含南北走向的河道，其具有高砂体概率，因此拥有较多的砂体相。模拟相比例分别是 0.64，0.32 以及 0.04。

［**例 3**］ 带有缩放和旋转区域的 2D 硬数据模。

在这个例子中，SNESIM 使用缩放和旋转操作来处理局部非稳态性。模拟区域位于图 8.26（b）最后一层，分为缩放区域［图 8.27（a）］和旋转区域［图 8.27（b）］。对于图 8.27（c）中位于图 8.26（a）第 4 层的河道训练图像来说，每一个缩放区域（0，1，2）的河道宽度分别乘以因子 2，1 和 0.5。每一个旋转区域（0，1，2）的河道走向分别为 0°，-60°和 60°。3 个多层网格中使用各向同性扩展模板执行模拟。伺服系统设置为 0.5。图 8.27（d）给出了同时具有缩放和旋转区域情况下，只使用井数据作为条件数据时，SNESIM 得到的模拟实现。可以看出每个区域的河道宽度都是不同的，区域之间的河道连接很自然。

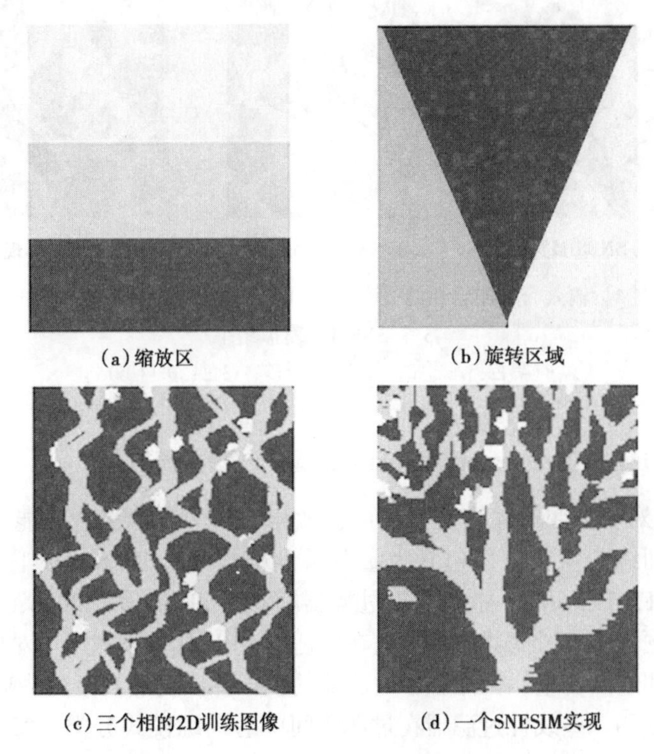

（a）缩放区　　（b）旋转区域

（c）三个相的2D训练图像　　（d）一个SNESIM实现

图 8.27 ［例 3］缩放和旋转的区域

（黑色：区域 0；灰色：区域 1；白色：区域 2）；具有 3 种沉积相的 2D 训练图像在缩放和旋转区域中的 SNESIM 模拟结果（黑色：泥岩相；灰色：河道砂；白色：决口扇）

［**例 4**］ 使用软条件数据的 2D 模拟。

在最后这个例子中，模拟网格仍为图 8.26（b）的最后一层。这一层中的软数据和井硬数据都作为条件数据。图 8.28（c）给出工区内的泥岩相概率。图 8.27（c）作为训练图像。而搜索模板则为各向同性并包含 60 个条件节点。4 重多层网格与各向同性模板扩展一同被留存（retained），随后运行 SNESIM 算法得到 100 个模拟结果。图 8.28（c）（d）

(e) 展示了其中 3 个模拟结果：河道的方向符合南北走向；并且河道位置与软概率数据一致。[图 8.28 (a) 中的黑色区域就是河道的位置]。图 8.28 (b) 展示了从 100 个模拟结果中得到的实验泥岩相概率，这个概率与图 8.28 (a) 中所输入的泥岩相概率一致。

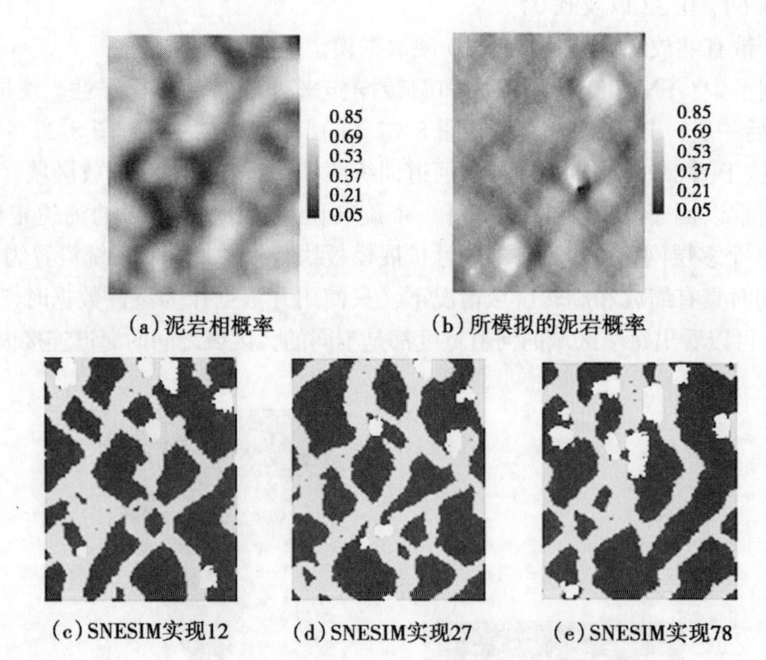

图 8.28 [例 4] 输入目标泥岩相的概率，从 100 个模拟结果中获取模拟的泥岩相概率和 3 个 SNESIM 模拟结果

(黑色：泥岩相；灰色：河道砂；白色：决口扇)

8.2.2 FILTERSIM：filter-based simulation 基于过滤器模拟

SNESIM 是针对分类变量建模所设计的，如相分布等。然而它所能处理的分类变量个数是有限的。当训练图像较大并包含大量分类和模式时，SNESIM 对内存有巨大的要求。多点统计学算法 FILTERSIM，称作基于过滤器模拟 (Zhang 等，2006；Wu 等，待发表)，用于避免这些问题。基于过滤器模拟算法在合适的 CPU 代价下减少了对内存的要求，并且能同时处理分类和连续变量，但是基于过滤器的模拟算法仍然具有一些缺点，见下文。

FILTERSIM 使用一些线性过滤器在过滤空间中对训练模式分类，实现降维目的。类似的训练模式以被称为原型的平均模式形式存储在分类中。模拟期间，首先确定距离条件数据事件最接近的原型分类，随后能够从该原型分类中提取出一个训练模式，并将其粘贴回模拟网格中。这就类似于由一堆相似碎片组建一个拼图。

SNESIM 忠实的将所有训练的重复保存到搜索树中，而 FILTERSIM 只在内存中保存了每个训练模式的中心位置，这样一来就减少了对 RAM 的需求。

原始的基于过滤器模拟算法分为两个程序：一种是针对连续数据的模拟 (FILTERSIM_CONT)，第二种是针对分类数据的模拟 (FILTERSIM_CATE)。下列属性描述适用这两种程序。

(1) 过滤器和分数 (scores)。

过滤器是一组与尺寸为 J 的特定数据结构/模板 $T_J = \{\boldsymbol{u}_0;\ \boldsymbol{h}_i,\ i = 1,\ \cdots,\ J\}$ 相关的权

值。模板上的每个节点 $\boldsymbol{u}_i$ 由到模板中心节点 $\boldsymbol{u}_0$ 的相对偏移向量 $\boldsymbol{h}_i(x, y, z)_i$ 定义，并与特定过滤器值或权值 f_i 相关。偏移坐标 x，y，z 都为整数。对于 J 个节点的模板，它的相关过滤器为$\{f(\boldsymbol{h}_i);\ i=1, \cdots, J\}$。过滤器的结构可以是任意形状，图 8.29（a）显示了一个不规则形状的过滤器，图 8.29（b）给出的是一个尺寸为 5×3×5 的块状过滤器。每个训练模式中都考虑或应用很多不同的过滤器。

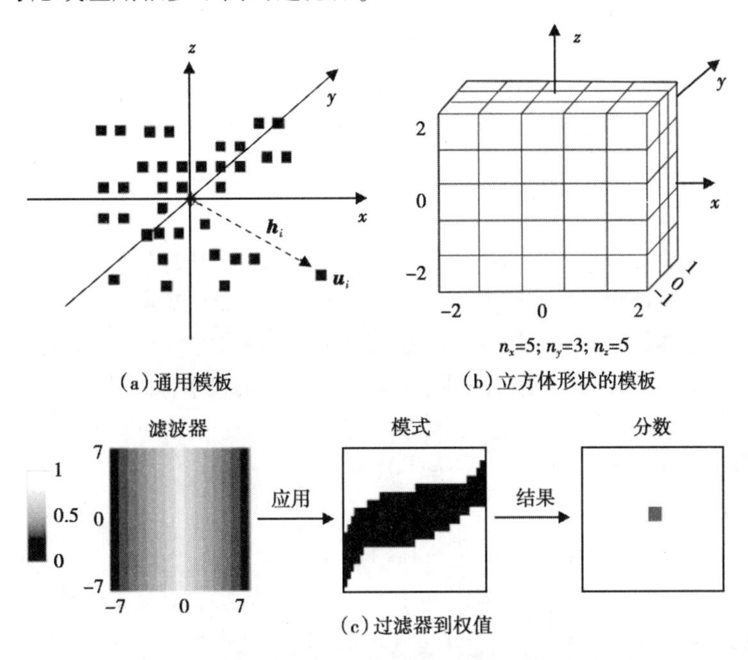

图 8.29　过滤器和权值

搜索模板用于从训练图像中定义模式。FILTERSIM 的搜索模板必须是尺寸为（n_x，n_y，n_z）的矩形，其中 n_x，n_y，n_z 是正奇整数。通过搜索模板的每个节点以其与图心的相对位移方式记录。图 8.29（b）显示了一个尺寸为 5×3×5 的搜索模板。

FILTERSIM 要求所有过滤器结构必须与搜索模板相同，这样以来过滤器就可在以位置 $\boldsymbol{u}$ 为中心的训练模式中应用。每个训练模式可以概括为一组分数值 $S_T(\boldsymbol{u})$，每个过滤器的一个分数值为：

$$S_T(\boldsymbol{u}) = \sum_{j=1}^{J} f(\boldsymbol{h}_j) \cdot pat(\boldsymbol{u} + \boldsymbol{h}_j) \tag{8.7}$$

其中 $pat(\boldsymbol{u}+\boldsymbol{h}_j)$ 是模式节点值，$J=n_x n_y n_z$。图 8.29（c）阐明了以一个特定 2D 过滤器产生过滤器分数的过程。

明显，一个过滤器不足以捕获任意给定训练模式所携带信息。因此需要采用一系列 F 个过滤器来捕获训练模式中的多样化特征。这 F 个过滤器能建立一个包含 F 个分数的向量来概括每个训练模式。式（8.7）可改写为：

$$S_T^k(\boldsymbol{u}) = \sum_{j=1}^{J} f_k(\boldsymbol{h}_j) \cdot pat(\boldsymbol{u} + \boldsymbol{h}_j) \qquad k=1, \cdots, F \tag{8.8}$$

注意模式的维数从模板尺寸 $n_x \times n_y \times n_z$ 减少到 F。如，过滤器模拟中尺寸为 11×11×3 的三维模式可以通过 9 个默认过滤器分数描述。

对于连续的训练图像（Ti），F 个过滤器可以直接用于组成每个训练模式的连续值。对于具有 K 类的分类训练图像，应该首先转换为 K 组二进制指示器 $I_k(\boldsymbol{u})$，其中 $k=0$，…，$K-1$，$\boldsymbol{u} \in Ti$：

$$I_k(\boldsymbol{u}) = \begin{cases} 1 & \text{如果 } \boldsymbol{u} \text{ 是第 } k \text{ 个类} \\ 0 & \text{其他情况} \end{cases} \tag{8.9}$$

K 组二进制模式表示一个 K 类模式，每个都表示在某个位置存在或/缺少一个分类。K 个二进制模式应用 F 个过滤器就会得到 $F \cdot K$ 个分数。一个连续的训练图像可看作是一种特殊的分类训练图像，即一个单分类数，$K=1$。

（2）过滤器定义。

FILTERSIM 能够接受两种形式的过滤器：默认过滤器和用户自定义过滤器。

默认情况下，FILTERSIM 为 $x/y/z$ 的每个方向提供了三个过滤器（均值、梯度和曲率），其中过滤器结构与搜索模板完全相同。n_i 是 i 方向的模板尺寸（i 表示的是 x，y 或 z），$m_i=(n_i-1)/2$ 和 $\alpha_i=-m_i$，…，$+m_i$ 是过滤器节点在 i 方向的偏移量，默认过滤器定义为：

①均值过滤器：$f_1^i(\alpha_i) = 1 - \dfrac{|\alpha_i|}{m_i} \in [0, 1]$。

②梯度过滤器：$f_2^i(\alpha_i) = \dfrac{|\alpha_i|}{m_i} \in [-1, 1]$。

③曲率过滤器：$f_3^i(\alpha_i) = \dfrac{2|\alpha_i|}{m_i} - 1 \in [-1, 1]$。

2D 搜索模板的过滤器默认为 6 个，3D 为 9 个。

用户也可以设计自己的过滤器，然后将其输入数据文件。过滤器数据文件应当遵循下列格式（图 8.30）。

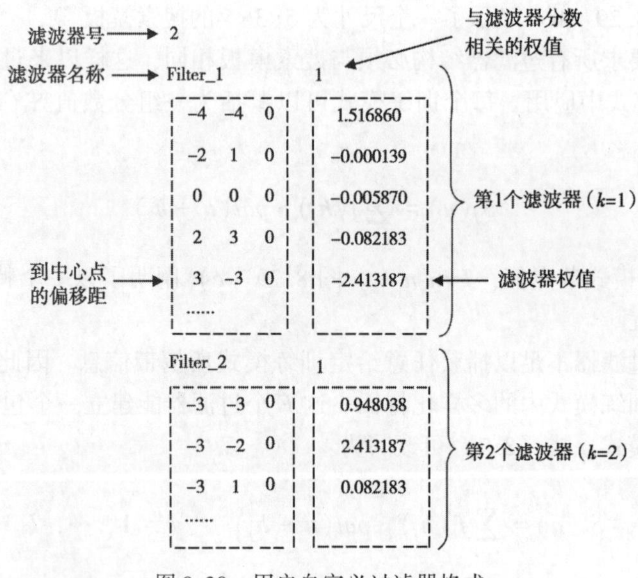

图 8.30　用户自定义过滤器格式

①第一行必须是整数，表明数据文件中的过滤器总数。从第二行开始，依次列出每个所定义的过滤器。

②对每个过滤器，第一行给出过滤器名称，必须为字符串以及对应于过滤器分数的相关权值（这个权值用于后期的模式分类）。下来的每列列出每个模板的节点偏移(x，y，z)和它的相关权值($f(x, y, z)$)。这4个数必须由空格分开。

尽管用户自定义的过滤器可以选择任意形状和任意尺寸，但只有搜索模板中的那些过滤器节点实际上被保留下来，用于分数计算以保证过滤器形状与搜索模板中相同。由于搜索模板中的那些节点并不在过滤器模板中，FILTERSIM 利用一个零过滤器来增加虚拟节点。创建过滤器的方法有很多，主成分分析（PCA）是一个选择（Jolliffe，1986）。

建议 5

对简单的训练几何形状，各个方向上的三个默认过滤器中最后一个曲率过滤器可能会是冗余的。基于该点考虑，用户可以使用自定义过滤器来丢弃每个方向的曲率过滤器，这样能够将 3D 中的过滤器总数减少到 6 个；这能够节省大量 CPU 消耗，特别是分类模拟中，但同时会由于较差的模式重构而带来风险。

（3）模式分类。

在 K 类训练图像中滑动这 F 个过滤器能产生 $F \cdot K$ 个分数图，其中每个局部训练模式由过滤器权重空间中的一个长度为 $F \cdot K$ 的向量来概括。通常，$F \cdot K$ 远小于过滤器模板 T，因此，降维是有意义的。

类似的训练模式会具有类似的 $F \cdot K$ 分数。因此，通过过滤器值空间的分割，类似模式能够实现分组。每个模式分类由模式原型 $prot$ 表示，定义为该类中所有训练模式的点策略平均。原型与过滤器模板的尺寸相同，并作为模式分组的 ID（识别数字）使用。

对连续训练图像，相关搜索模板 T_J 的原型计算如下：

$$prot(\boldsymbol{h}_i) = \frac{1}{c}\sum_{j=1}^{c} pat(\boldsymbol{u}_j + \boldsymbol{h}_i) \qquad i = 1, \cdots, J \tag{8.10}$$

其中 $\boldsymbol{h}_i$ 是搜索模板 T_J 中第 i 个偏移位置，c 是原型分类的训练重复次数；$\boldsymbol{u}_j$（$i=1, \cdots, c$）是特定训练模式的中心。

对于分类变量，式（8.10）应用于式（8.9）所定义的每个 K 组二进制指示映射中。因此分类原型由 K 个比例映射所组成，每个映射给出一个概率值，其值表征模板位置 $\boldsymbol{u}_j+\boldsymbol{h}_i$ 处的出现某个分类的概率：

$$prot(\boldsymbol{h}_i) = \{prot^k(\boldsymbol{h}_i), \ k = 1, \cdots, K\} \tag{8.11}$$

其中

$$prot^k(\boldsymbol{h}_i) = P(z(\boldsymbol{u} + \boldsymbol{h}_i) = k)$$

为最大化 CPU 效率，提出两步分割方法。

①使用快速分类算法对所有训练模式进行粗略模式聚类；这些粗略的模式聚类称作双亲类。每个双亲类由自己的原型所表征。

②使用相同的（之前的）分类算法分割那些仍具有太多以及太多样化模式的双亲类。产生的子分类称作孩子类。如果这些孩子类仍然具有太多及太多样化的模式，那么它们可能还需要进一步进行分割。每个最终的孩子类根据分类方程（8.10）由其自身原型来表征。

对任意分类及其对应的原型，差异定义为过滤器的平均方差：

$$V = \frac{1}{F \cdot K}\sum_{k=1}^{F \cdot K} \omega_k \cdot \sigma_k^2 \tag{8.12}$$

其中 $\omega_k \geqslant 0$ 是第 k 个过滤器分数的相关权值，$\sum_{k=1}^{F \cdot K} \omega_k = 1$。对默认的过滤器定义，$\omega_k$ 递减，3，2 和 1 分别对应均值、梯度和曲率过滤器。而对于用户自定义过滤器，每个过滤器的 ω_k 值必须在过滤器数据文件中指定（图 8.30）：

① $\sigma_k^2 = \frac{1}{c}\sum_{i=1}^{c}(S_k^i - m_k)^2$ 是在 c 次重复中的第 k 个分数值的方差；

②S_k^i 是定义原型的第 k 个过滤器分数中第 i 次重复的分数；

③ $m_k = \frac{1}{c}\sum_{i=1}^{c} S_{k,\,l}^i$ 是 c 重复中第 k 个 分数值的均值。

若带有差异的原型高于阈值（自动计算）或拥有过多的重复次数，便需要进行进一步分割。

这里所提出的两步分割方法允许快速寻找与数据事件最为接近的原型。在具有 3000 个原型（双亲类和孩子类）的实例中，若不使用两步分割，则会在每个节点执行 3000 次距离比较；但若使用两步分割时，便只需考虑 50 个双亲原型，它会执行 50 次比较来寻找最佳双亲原型，然后再进行平均 60 次的比较，在其中寻找最佳的孩子原型，这样平均只需 110 次距离比较即可。

（4）分割方法。

这里给出两种分类方法：交叉分割（Zhang 等，2006）和 K-Mean 聚类分割（Hartigan，1975）。以独立分割为手段，将单独的过滤器分数划分为等频率的区域（bins），由此组成交叉分割［图 8.31（a）］。给出一个 $F \cdot K$ 维的分数空间，如果单个过滤器被分割为 M 个区域（bins）（$2 \leqslant M \leqslant 10$），那么其双亲类总数为 $M^{F \cdot K}$；然而，因为过滤器分数之间的分割是独立的，因此，许多分类不包含有训练模式。图 8.32 显示了在 2-过滤器分数空间中使用所提出的两步方法分割法，将双亲类分割为孩子类的交叉分割结果。

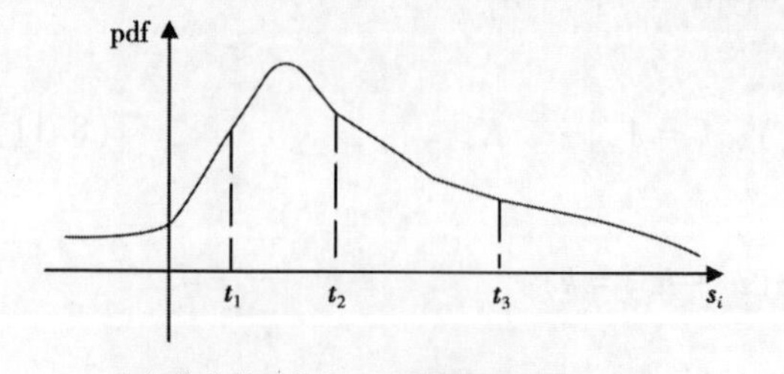

（a）将分数劈分为 4 个等频率区域（bins）

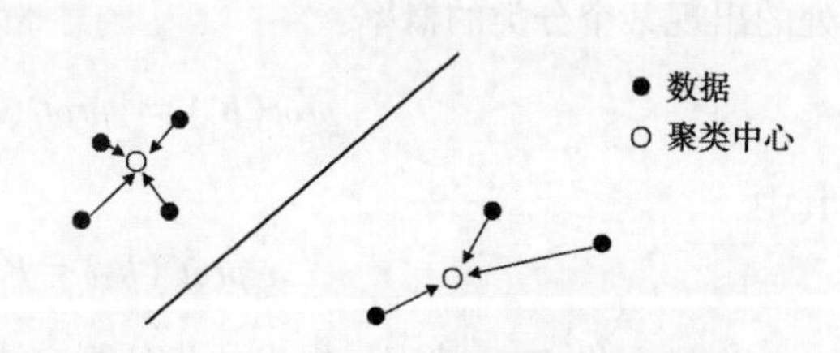

（b）利用 K-Mean 聚类方法将分数划分为两个聚类

图 8.31 两种分类方法

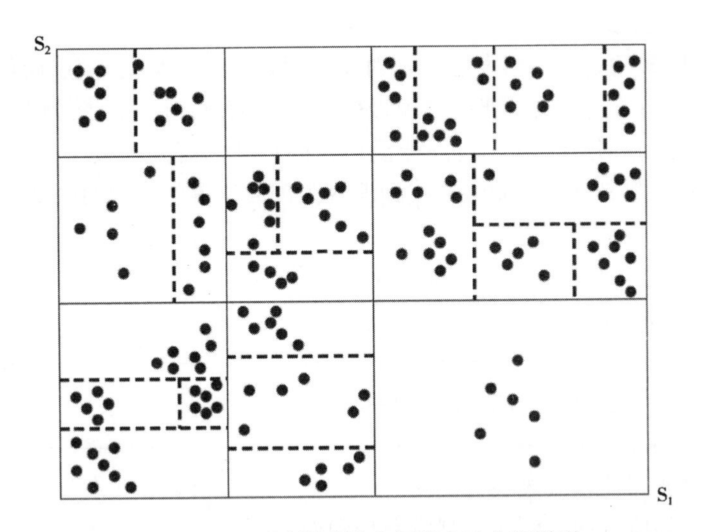

图 8.32　2-过滤器分数空间的交叉分割说明

每个点表示一个局部训练模式；实线表示第一次的双亲分割（$M=3$）；虚线是二次的孩子分割（$M=2$）

交叉分割方法是快速的，但它也是粗略的，可能会导致许多分类只有很少或没有重复次数。

使用 K-MEAN 聚类是一个效果更好、但代价更大的分割方法：给出一个聚类的输入数字，算法会寻找每个聚类的最优中心，并为每个训练模式分配一个由训练模式和聚类中心之间的距离所得到的特定聚类［图 8.31（b）］。K-MEAN 聚类分割是最简单的非监督学习算法之一；它能够更好地产生具有合理重复次数的模式分组，然而它比交叉分割运行更慢。同时，聚类数量会极大地影响 CPU 消耗与最终模拟结果。图 8.33 显示了利用所提出的两步方法在 2-过滤器分数空间中实现 K-MEAN 聚类分割的结果。

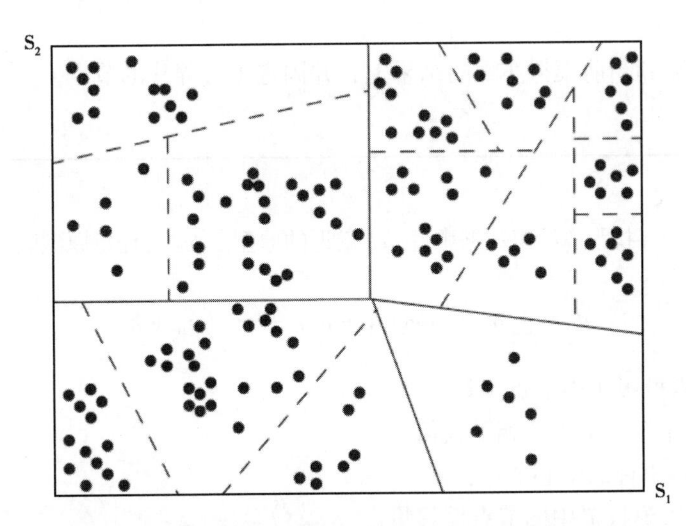

图 8.33　在 2-过滤器分数空间中 K-MEAN 聚类分割的说明

每个点表示一个局部训练模式；实线表示第一次的双亲分割（$M=4$）；虚线是第二次的孩子分割（$M=3$）

（5）单层网格模拟。

由所有训练模式建立原型列表之后（对所有双亲和孩子类），随后便可生成模拟实现。

将3.3.1小节中所定义的经典序贯模拟范式扩展到模式模拟。沿遍历模拟网格 G 的随机路径中每个节点 $\boldsymbol{u}$，使用一个与过滤器模板相同尺寸的搜索模板 T 来提取条件数据事件 dev（$\boldsymbol{u}$）。基于一些距离方程，能够寻找到那些距该数据事件最近的原型。随后从最近的原型分类中能够随机提取下一个模式 pat，并将其粘贴到模拟网格 G 中。所粘贴的模式内部按照硬数据方式固定住，并且不会在当前（多个）网格的模拟中再次访问。这个简单的单层网格 FILTERSIM 方法如算法8.15概述。

[算法8.15] 简单单层网格 FILTERSIM 模拟。

1：根据给出的过滤器建立分数映射
2：将分数空间中的所有训练模式分割成类型和原型
3：将硬条件数据重置到模拟网格 G 上
4：在模拟网格 G 上定义一条随机路径
5：for 随机路径上的每个节点 $\boldsymbol{u}$ do
6：　提取中心位置 $\boldsymbol{u}$ 的条件数据事件 dev
7：　寻找距离 dev 最近的双亲原型 $prot_p$
8：　if $prot_p$ 包含有孩子原型列表，then
9：　　寻找距离 dev 最近的孩子原型 $prot_c$
10：　　从 $prot_c$ 中随机抽取一个模式 pat
11：　else
12：　　从 $prot_p$ 中随机抽取一个模式 pat
13：　end if
14：　将 pat 粘贴到当前模拟实现的结果上，并固定中心碎片的节点
15：end for

（6）距离定义。

距离函数用于寻找距离给定数据事件 dev 最近的原型。dev 与任意原型间的距离定义为：

$$d = \sum_{i=1}^{J} \omega_i \cdot \left| dev(\boldsymbol{u} + \boldsymbol{h}_i) - prot(\boldsymbol{u}_0 + \boldsymbol{h}_i) \right| \tag{8.13}$$

式中　J——搜索模板 T 中节点总数；
ω_i——每个模板节点的相关权值；
$\boldsymbol{u}$——数据事件的中心节点；
$\boldsymbol{h}_i$——搜索模板 T 中的节点偏移量；
$\boldsymbol{u}_0$——原型的中心节点位置。

给出3种不同的数据分类：原始硬数据（$d=1$），作为新硬数据被固定下来的先前模拟值（$d=2$），由模式粘贴所获知的其他值（$d=3$）。上述权值 ω_i 定义为：

$$\omega_i = \begin{cases} W_1/N_1 & \text{硬数据}(d=1) \\ W_2/N_2 & \text{补丁数据}(d=2) \\ W_3/N_3 & \text{其他}(d=3) \end{cases}$$

其中 W_d（d=1，2，3）是数据分类 d 的相关权值，N_d 是数据分类 d 在数据事件 *dev* 中的节点数量。要求 $W_1+W_2+W_3=1$，并且 $W_1 \geqslant W_2 \geqslant W_3$，来强调硬数据以及固定为硬数据的数据（内部碎片值）所带来的影响。权值 W 是由用户所输入的参数，默认值为0.5，0.3 和0.2，分别对应硬、碎片和其他数据分类。

注意数据事件 *dev* 的模板通常不会完全已知，因此，在距离计算中只需要保留那些已知的节点便可。

（7）多层网格模拟。

类似于 SNESIM 算法，多层网格模拟概念（详见 8.2.1 小节）利用较大但粗略的模板 T 来捕获训练图像中的大尺度结构。在第 g 个（$1 \leqslant g \leqslant L$）粗网格中，使用定义于新模板 T^g 上的过滤器来计算模式分数。按照由粗网格到细网格顺序执行序贯模拟。所有在粗网格上所模拟的节点都会在细网格上再次被模拟。

模板如 SNESIM 算法所述（8.2.1 节）进行各向同性扩展。FILTERSIM 多层网格模拟在算法 8.16 中概括。

[算法 8.16] FILTERSIM 的多层网格模拟。

1：repeat
2：　　对第 g 个粗网格，调整其搜索模板、内部碎片模板和过滤器模板的几何尺度
3：　　根据尺度调整后的过滤器生成分数图
4：　　将训练图像分割成类型和所对应的原型
5：　　在粗模拟网格 G^g 上定义一条随机路径
6：　　将硬条件数据重置到当前粗网格 G^g 中
7：　　在当前粗网格 G^g 上执行模拟（算法 8.15）
8：　　如果 $g \neq 1$，从当前粗网格 G^g 上删除硬条件数据
9：until 所有的多层网格都被模拟

（8）基于分数的距离计算。

式（8.13）中定义的距离函数对所有在 2D 网格上的连续和分类模拟都能够起到较好的作用。然而，对于 3D 模拟它会很慢，尤其是多分类变量。对于给定搜索模板中的 N_p 个原型分类和 $J=n_x n_y n_z$ 个节点数量（图 8.29），距离计算的总次数会达到 $\alpha N_p J$。对于一个大型 3D 训练图像，N_p 可能达到 10^4 级别，因此，使用式（8.13）计算 $N_p J$ 次距离将会非常耗时。

一个解决方案是减少数据事件 *dev* 和训练原型 *prot* 的维数，利用预先定义的过滤器将其从 J 降至 $F \cdot K$，其中 F 是过滤器的数量，K 是分类数量（K=1 对应连续变量）。之后式（8.13）的距离公式可修改为：

$$d = \sum_{i=1}^{F \cdot K} \left| S_{dev}^{i}(\boldsymbol{u}) - S_{prot}^{i}(\boldsymbol{u}_0) \right| \tag{8.14}$$

其中 S 是分数值。因为 $F \cdot K \ll J$，据式（8.14）所进行的距离计算比式（8.13）快得多。因此，FILTERSIM 的全部模拟也会因此而显著加速。

然而，为在数据事件 *dev* 应用过滤器，*dev* 必须完全已知。但若在多层网格模拟概念中，任何粗略网格（$g>1$）都只是部分已知的。这里的挑战是如何填充那些未知的位置。因为在 3D 模拟中，超过 85%的时间是在处理最精细网格，因此，可以考虑在填充倒数第二级网格（$g=2$）上的未知位置时使用双重模板概念（Arpat，2004）。双重模板与已扩展的下一级粗网格模板具有相同的空间范围，但需要所有落在这个模板中的精细网格节点都被获知并呈现。例如，图 8.20 中扩展的粗网格模板拥有与最精细网格模板相同的节点数（9）；双重模板与粗网格模板具有相同的范围，但是其中的 25 个节点都已获知。边界节点会得到特殊处理。

算法 8.17 描述了最后（最精细）网格中的 FILTERSIM 模拟。

[算法 8.17]　利用基于分数距离计算的精细网格 FILTERSIM 模拟。

1：完成倒数第二级粗网格的模拟后，用双重模板来填充最精细网格的未知位置
2：用预定义的过滤器生成分数映射
3：将训练图像分割成类型与相应原型
4：对所有的模式原型应用过滤器
5：在最精细模拟网格 G^1 上定义一条随机路径
6：在最精细模拟网格 G^1 中重置硬条件数据
7：for 随机路径上的每个节点 $\boldsymbol{u}$　do
8：　提取以 $\boldsymbol{u}$ 为中心的条件数据事件 *dev*
9：　用相同的预定义过滤器计算 *dev* 分数 S_{dev}
10：　通过式（8.14）寻找距离 *dev* 最近的最佳原型 *prot*
11：　从 *prot* 中随机提取一个模式 *pat*
12：　将 *pat* 粘贴到模拟实现中，固定中心碎片中的节点
13：end for

（9）集成软数据。

FILTERSIM 算法允许用户利用相同模拟网格上所定义的软数据来约束模拟。连续变量模拟时的软数据应当是所建模型属性的一个空间趋势（局部变化均值），因此，所模拟变量单元中只允许存在一组软数据集。对分类训练图像，每个分类都有一个软数据集。每个软数据立方体都是一个表征每个模拟网格节点 $\boldsymbol{u}$ 处存在或不存在相关分类的概率场，因此会有 K 个概率立方体。

①算法 8.18 描述了集成连续变量软数据的步骤。软数据事件 *sdev* 用于填充数据事件 *dev*：在数据事件模板中任意未知位置 $\boldsymbol{u}_j$ 处，在相同位置处将软数据值赋予该处（$dev(\boldsymbol{u}_j)=sdev(\boldsymbol{u}_j)$）。因为这些软数据有助于原型选择，选择所采样的模式会在局部趋势约束下进行。

②对于分类变量，原始训练图像已通过式（8.9）在内部转化为 K 个二进制指示器映

射（分类的概率），这样每个原型结果都为一组 K 个概率模板的集合［式（8.11）］。在每个模拟位置 $\boldsymbol{u}$，距数据事件 *dev* 最近的原型是一个概率向量 $prob(\boldsymbol{u})$。使用相同的搜索模板 T 来检索位置 $\boldsymbol{u}$ 处的软数据事件 $sdev(\boldsymbol{u})$。按照像素策略使用 tau 模型（参见 3.10 节）将搜索模板 T 中每个节点的 $sdev(\boldsymbol{u})$ 与 $prob(\boldsymbol{u})$ 组合成为一个新的概率立方体 dev^*。寻找到距 dev^* 最近的原型，随机提取一个模式并将其粘贴到模拟网格上。集成分类属性的软概率数据过程详见算法 8.19。

［算法 8.18］ 连续变量的数据集成。

1：在随机路径的每个节点 $\boldsymbol{u}$ 上，使用搜索模板 T 将数据事件 *dev* 和从当前模拟实现中提取出来，并将软数据事件 *sdev* 从数据域中提取
2：if　*dev* 为空（没有给定数据），　then
3：　用 *sdev* 替换 *dev*
4：else
5：　对搜索模板 T 中所有未知的中心位置 $\boldsymbol{u}$，将 *sdev* 值填入
6：end if
7：利用 *dev* 寻找最近的原型，执行节点 $\boldsymbol{u}$ 的模拟

［算法 8.19］ 分类变量的数据集成。

1：在随机路径的每个节点 $\boldsymbol{u}$ 上，使用搜索模板 T 将数据事件 *dev* 从当前模拟实现中提取出来，并将软数据事件 *sdev* 从所输入的软数据域中提取
2：if　*dev* 为空（没有给定数据），then
3：用 *sdev* 替换 *dev*，并用新的 *dev* 来寻找最接近的原型
4：else
5：　利用 *dev* 来寻找最接近的原型 prot
6：　利用 tau 模型将原型 prot 和软数据事件 *sdev* 结合成一个新的数据事件 dev^*，作为局部概率映射
7：　寻找距 dev^* 最接近的原型，执行模拟
8：end if

建议 6

在 FILTERSIM 中，目前关于软数据集成的现有算法都是临时的，应当会很快被一些更好的算法所替代，在未来更新的算法中软数据应当能够有更多用处，而不仅仅只是距离的计算。如果用户对软概率立方体（对分类模拟）非常有信心，则可将 τ 值增加到 10 或 15，这会增加软数据的影响。

(10) 处理局部不稳定性。

与 SNESIM 算法中相同的区域概念（参见 8.2.1 小节）会在这里引入，用来处理局部不稳定性。FILTERSIM 模拟能够实现横跨多个区域执行，每个区域都能拥有特定的训练图像和各自的参数设置。更多细节见 8.2.1 小节中 SNESIM 算法的相关内容。

当前 FILTERSIM 算法中并没有包含旋转和缩放概念的代码；然而，这两个概念可以通过区域概念中训练图像的旋转和尺度调节得以实现。Python 脚本将在 10.2.2 小节中介绍，可以用于自动完成该任务。

(11) 参数描述：FILTERSIM_CONT。

连续变量的 FILTERSIM_CONT 模拟可从算法面板上部的 *Simulation→filtersim_cont* 中启动。它的界面有 4 个页面："General""Conditioning""Region"和"Advanced"(图 8.34)。FILTERSIM_CONT 的参数如下所描述。"[ ]"中的文本对应于 FILTERSIM_CONT 参数文件的关键字。

①Simulation Grid Name [GridSelector_Sim]：待模拟的网格名称。

②Property Name Prefix [Property Name_Sim]：待模拟的属性名称。

③#of Realizations [Nb_Realizations]：模拟的实现数量。

④Seed [Seed]：一个较大的奇整数，用于初始化伪随机数生成器。

⑤Training Image | Object [PropertySelector_Training. grid]：包含训练图像的网格名称。

⑥Training Image | Property [PropertySelector_Training. property]：训练图像属性，必须是连续变量。

⑦Search Template Dimension [Scan_Template]：用于定义过滤器的 3D 模板尺寸。模拟时训练模式的检索与数据事件都会使用相同的模板。

⑧Inner Patch Dimension [Patch_Template_ADVANCED]：3D 碎片（patch）尺寸，来自于模拟中固定为硬数据的模拟节点值。

⑨Match Training Image Histogram [Trans_Result]：表示倒数第二粗网格上的模拟结果是否应该进行转换以匹配训练图像统计值的标记。若标记，将会在那些模拟结果上执行内部 TRANS（参见 9.1 节）。默认值为不使用内部 TRANS。

⑩Hard Data | Object [Hard_Data. grid]：包含硬条件数据的网格。这个硬数据对象必须是一个点集。默认输入是"None"，表示不使用硬条件数据。

⑪Hard Data | Property [Hard_Data. property]：硬条件数据的属性，必须为连续变量。

⑫Use Soft Data [Use_SoftField]：表示模拟是否受约束于先前局部概率立方体的标记。若标记，所执行的 FILTERSIM 会约束于软数据。默认值为不使用软数据。

⑬Soft Data Property [SoftData]：选择局部软数据概率。注意，这里只允许有一个软条件属性，会将其视为一个局部变化均值，软数据必须在相同模拟的网格中给出，在第一项中定义。

⑭Use Region [Use_Region]：表示是否使用区域概念的标记。若标记（设置为 1），会在执行 SNESIM 模拟中使用区域概念；否则直接在整个网格上执行 FILTERSIM 模拟。

⑮Property with Region Code [Region_Indicator_Prop]：包含区域索引编码的属性，必须在与①中所定义的相同模拟网格上给出。区域编码范围从 0 至 N_R-1，其中 N_R 是区域总数。

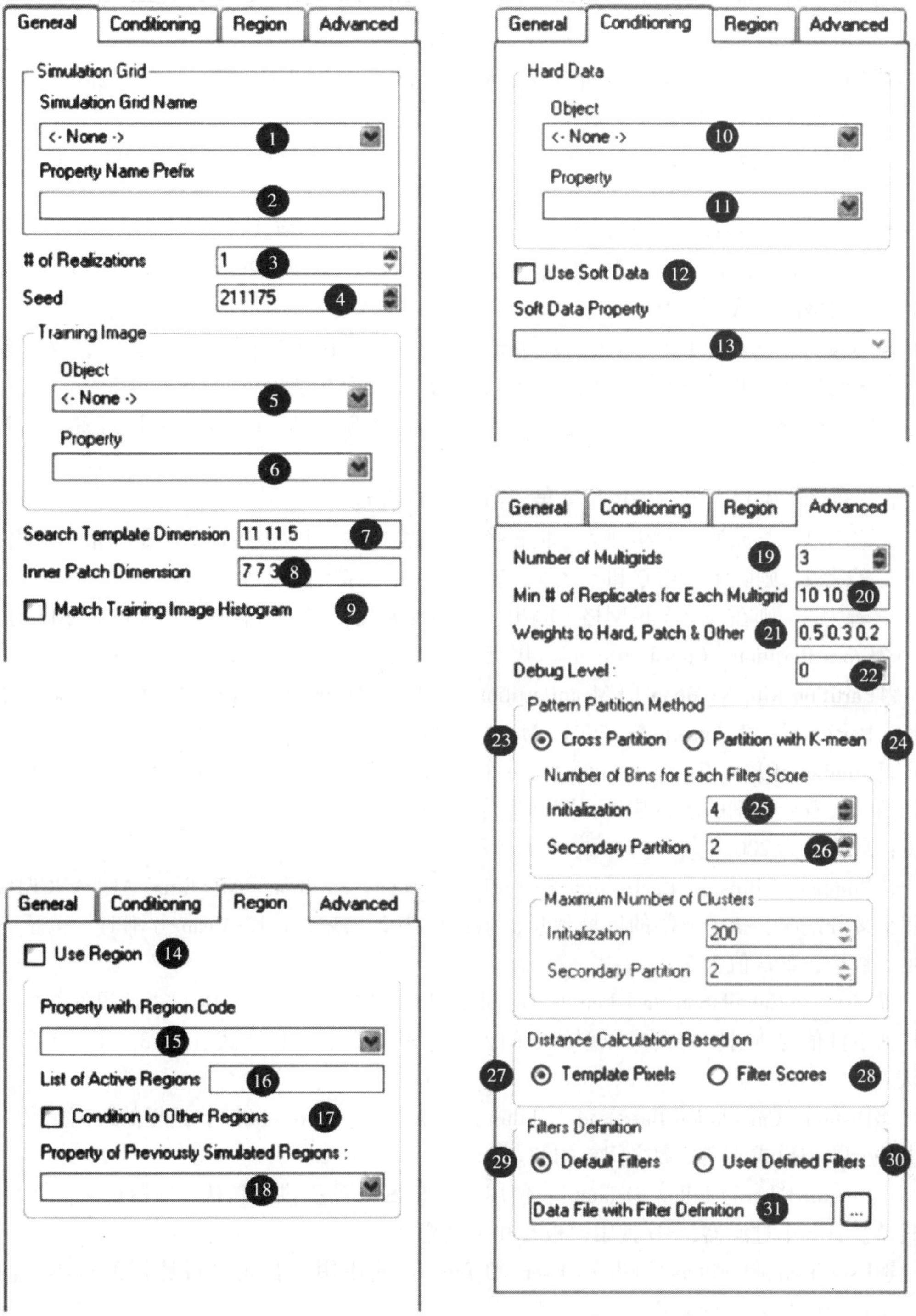

图 8.34　FILTERSIM_CONT 界面

⑯List of Active Regions [Active_Region_Code]：输入待模拟区域的索引，或列出要进行同时模拟的区域。如果是多区域模拟，则输入的区域条目（编码）应该由空格分开。

⑰Condition to Other Regions [Use_Previous_Simulation]：以其他区域数据作为条件数据来执行区域模拟的选项。

⑱Property of Previously Simulated Regions [Previous_Simulation_Pro]：其他区域模拟的属性。这个属性在不同区域中可以不同。参见 8.2.1 小节。

⑲# of Multigrids [Nb_Multigrids_ADVANCED]：多层网格模拟中所处理的多个网格数量。默认值为 3。

⑳Min # of Replicates for Each Grid [Cmin_Replicates]：模式原型的拆分准则。只有那些多于 Cmin_Replicates 的原型可以进一步拆分。为每个粗网格输入 Cmin_Replicates 值。每个多层网格的默认值为 10。

㉑Weights to Hard, Patch & Other [Data_Weights]：不同数据分类（硬数据，碎片数据和所有其他数据）相关的权值。权值总和必须为 1。默认值为 0.5，0.3 和 0.2。

㉒Debug Level [Debug_Level]：控制模拟网格中输出的标记。debug level 越大，FILTERSIM 模拟的输出越多：

a. 若为 0，则只有最终的模拟结果输出（默认值）；

b. 若为 1，与原始细网格搜索模板相关的过滤器分数图也会在训练图像网格中输出；

c. 若为 2，则除了选项 0 和 1 之外，粗网格上的模拟结果也会输出；

d. 若为 3，则在训练图像网格上输出一个附加属性，它是所有双亲原型的指示映射。

㉓Cross Partition [CrossPartition]：用交叉分割方法执行模式分类（默认选项）。

㉔Partition with K-Mean [KMeanPartition]：用 K-Mean 聚类方法执行模式分类。注意‘Cross Partition’和‘Partition with K-Mean’两者只能二选一。

㉕Number of Bins for Each Filter Score | Initialization [Nb_Bins_ADVANCED]：使用交叉分割时，双亲分割的区域数量；默认值为 4。或使用 K-Mean 分割时，双亲分割的聚类数量；默认值为 200。

㉖Number of Bins for Each Filter Score | Secondary Partition [Nb_Bins_ADVANCED2]：使用交叉分割时，孩子分割的区域数量；默认值为 2。或使用 K-Mean 分割时，孩子分割的聚类数量；默认值为 2。

㉗Distance Calculation Based on | Template Pixels [Use_Normal_Dist]：这里的距离定义为数据事件值与所对应的模式原型值之间差在像素策略下的和［式（8.13）］。该选项为默认。

㉘Distance Calculation Based on | Filter Scores [Use_Score_Dist]：这里的距离定义为数据事件分数与模式原型分数之间差的和。

㉙Default Filters [Filter_Default]：使用 FILTERSIM 所提供的默认过滤器选项：针对 2D 搜索模板有 6 个过滤器，3D 搜索模板有 9 个过滤器。

㉚User Defined Filters [Filter_User_Define]：使用用户自定义过滤器的选项。注意‘Default’和‘User Defined’二者只能二选一。

㉛The Data File with Filter Definition [User_Def_Filter_File]：输入一个定义过滤器的数据文件（图 8.30）。若 Filter_User_Define 设置为 0，则忽略该参数。

（12）参数描述：FILTERSIM_ CATE。

分类变量模拟的 FILTERSIM_ CATE 算法由算法面板上部的 *Simulation→filtersim _cate* 调用。它的界面中有 4 个页面："General""Conditioning""Region"和"Advanced"（图 8.35 给出前两个页面，图 8.34 给出后两个页面）。由于 FILTERSIM_ CATE 的大多数参数与 FILTERSIM_ CONT 相似，因此，仅下面描述 FILTERSIM_ CATE 独有的一些参数（第⑥、第⑨、第⑪和⑬项）。对于其他参数，可参考 FILTERSIM_ CONT。"[ ]"中的文本对应于 FILTERSIM_ CONT 参数文件的关键字。

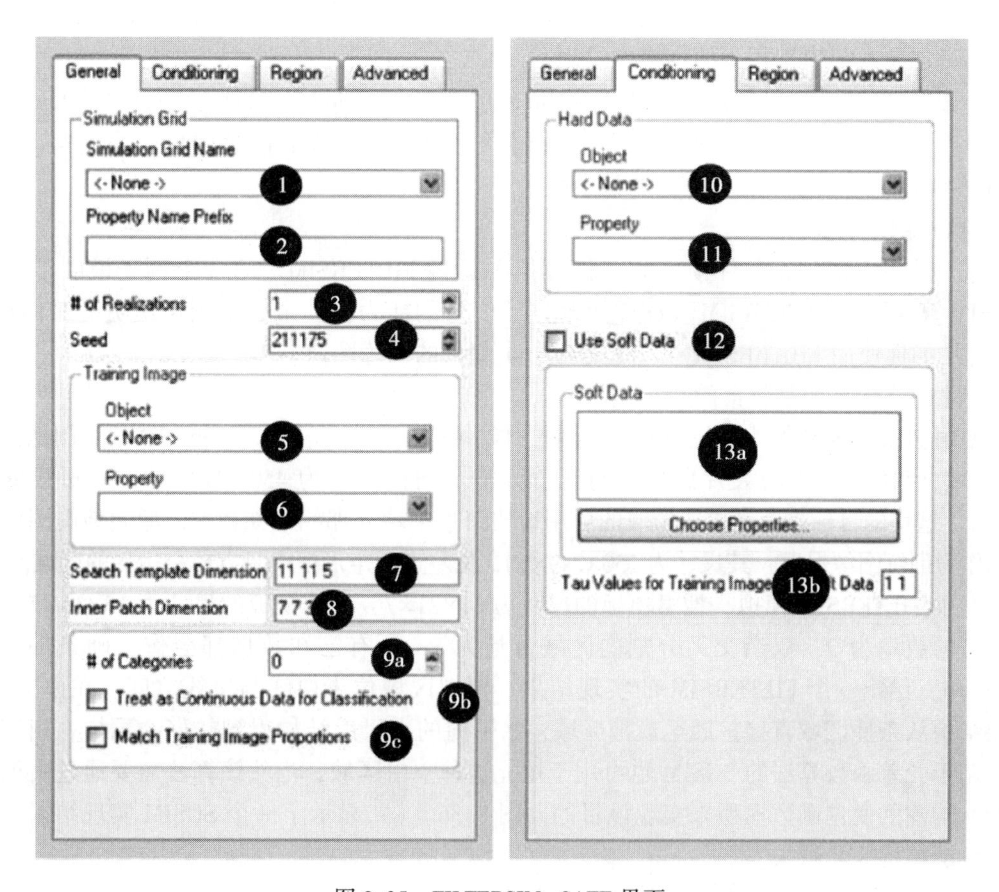

图 8.35　FILTERSIM_ CATE 界面

界面⑥Training Image｜Property [PropertySelector_ Training. property]：训练图像的属性，必须为分类变量，取值范围在 0 至 $K-1$ 间，其中 K 是分类数量。

界面⑨a# of Categories [Nb_ Facies]：使用分类变量工作时的分类总数。这个数字必须与训练图像中的分类数一致。

界面⑨b Treat as Continuous Data for Classification [Treat_ Cate_ As_ Cont]：把分类训练图像当作连续训练图像来进行模式分类的标记（但模拟是仍根据分类变量来执行）。通过这个选项，训练图像直接使用 F 个过滤器，不用将分类变量数值编码转换为 K 组二进制指示器，因此结果得到的分数空间是 F 维，而不是 $F \cdot K$ 维，这样速度更快。注意训练图像的特定分类编码会影响模结果。

界面⑨c Match Training Image Proportions [Trans_Result]：表示从下一个到最后一个的网格模拟结果是否需要进行转换以匹配训练图像统计结果的标记。如果标记，会在那些模拟结果中执行 TRANSCAT（9.2 节）。默认是不使用 TRANSCAT。

界面⑪Hard Data | Property [Hard_Data.property]：硬条件数据的属性，必须是一个取值范围在 0 至 $K-1$ 之间的分类变量。如果没有选择硬条件数据则可忽略该参数。

界面⑬a Soft Data | Choose Properties [SoftData_properties]：选择局部软条件数据。对于分类变量，为每个分类仅选择一个属性。属性顺序对模拟结果起到关键作用：第 k 个属性对应 k 分类。若 Use_ProbField 设置为 0，则忽略该参数。注意如项 1 中所定义的一样，软数据必须要在与模拟相同的网格中给出。

界面⑬b Tau Values for Training Image and Soft Data [TauModelObject]：输入两个 tau 参数值：第一个用于训练图像，第二个用于软条件数据。默认的 tau 值是“11”。若 Use_SoftField（第 12 项）设置为 0，则忽略该参数。

（13）例子。

这一节里，将在无条件模拟和条件模拟中运行 FILTERSIM。第一个例子说明了 FILTERSIM 算法通过 FILTERSIM_CONT 处理连续变量的能力；其余 3 个例子说明了 FILTERSIM 算法如何使用 FILTERSIM_CATE 处理分类变量的训练图像。

[**例 1**]　连续地震数据的 3D 模拟。

使用 FILTERSIM 算法补充一个 3D 地震图像。图 8.36（a）显示了一幅 3D 地震图像，因为阴影效应使其中心的大片区域信息未知。整个网格尺寸为 450×249×50，未知数据占 24.3%。这里的目标是通过扩展领域的可用地质信息来填充那些未知数据。原始地震图像的北部作为训练图像保留，其尺寸为 150×249×50，见左边的矩形框中具有白色边界的区域。

对于 FILTERSIM 模拟，搜索模板的尺寸为 21×21×7，碎片模板的尺寸为 15×15×5，多层网格的数量为 3，双亲交叉分割的区域数量为 3。所有已知数据都会作为硬条件。图 8.36（b）给出一个 FILTERSIM 的实现结果。模拟区域位于白线与黑线之间。在模拟中，分层结构从条件区域直接扩展至模拟区域，水平向的大尺度结构得到较好的重构。相比之下，基于变差函数算法的 SGSIM 也可用于填充这种空白区域，当然该算法需要通过由训练图像所构建的变差函数模型来实现该目的。图 8.36（c）显示了一个 SGSIM 实现结果，但其中分层结构完全缺失。

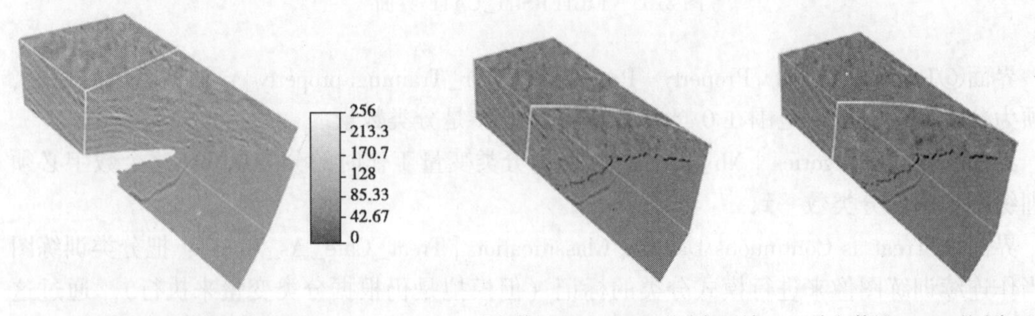

（a）带有条件数据的模拟网格　（b）使用 FILTERSIM 的未知区域　（c）使用 SGSIM 的未知区域

图 8.36　[例 1] 使用 FILTERSIM 和 SGSIM 填充 3D 地震模型中的未知区域

[**例 2**]　2D 无条件模拟。

这个例子涉及 4 种沉积相的无条件模拟，使用图 8.25（a）作为训练图像。搜索模板的尺寸为 23×23×1，碎片模板的尺寸为 15×15×1。多层网格的数量为 3，每个多层网格的重复次数最小值为 10。双亲分类的交叉分割区域为 4 个，孩子分类则为 2 个。图 8.37 显示了两个 FILTERSIM 实现结果，展示出了较好的训练模式重构结果。这两个实现的相比例在表 8.2 中给出。比较图 8.25（b）的 SNESIM 模拟，FILTERSIM 算法能够更好地获取大规模的河道结构。

表 8.2　SNESIM 和 FILTERSIM 模拟的沉积相比例

项目	泥岩相	河道砂	天然提	决口扇
训练图像	0.45	0.20	0.20	0.15
SNESIM 结果	0.44	0.19	0.20	0.17
FILTERSIM 结果 1	0.51	0.20	0.17	0.12
FILTERSIM 结果 2	0.53	0.18	0.18	0.11

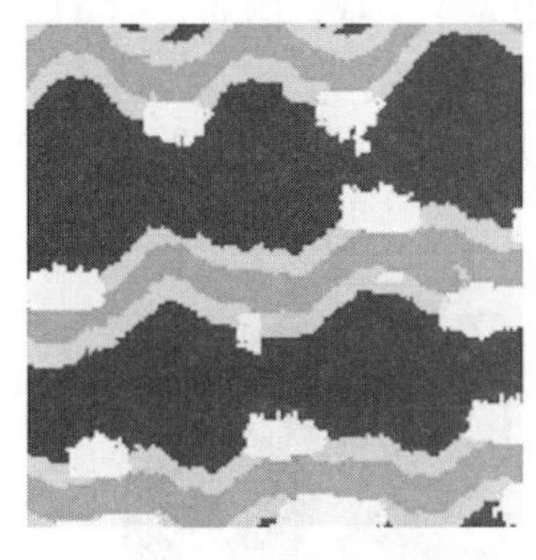
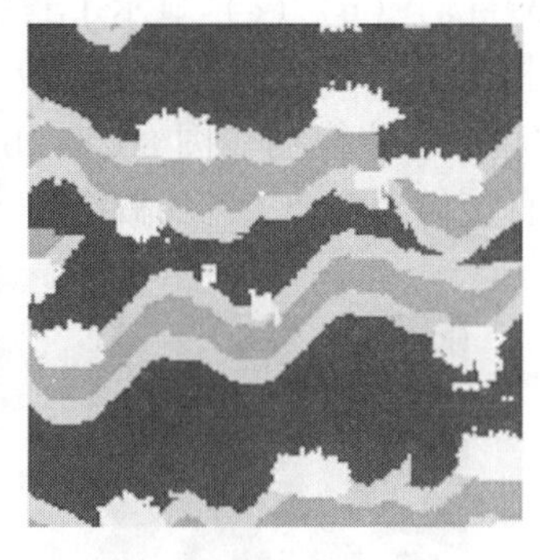

图 8.37 [例 2] 以图 8.25（a）作为训练图像的两个 FILTERSIM 结果
黑色：泥岩相；深灰：河道；浅灰：天然提；白色：决口扇

[**例 3**]　2D 加入缩放与旋转的无条件模拟。

在这个例子中，区域概念用于处理局部不稳定性。与 SNESIM 算法的第 3 个例子相同 [图 8.27(a)]，模拟区域尺寸为 100×130×1。图 8.27(c) 中给出 2D 训练图像。图 8.27(a) 中给出缩放区域，而图 8.27（b）中则是旋转区域。区域的设置与 SNESIM 的第 3 个例子完全相同。

执行 FILTERSIM 的搜索模板尺寸为 11×11×1，碎片模板尺寸为 7×7×1，3 个多层网格，双亲分割区域为 4 个，孩子分割区域为 2 个。图 8.38（a）显示了一个仅使用缩放区域的 FILTERSIM 模拟结果；它反映了河道宽度从北到南减少，区域边界上没有明显的不连续现象。图 8.38（b）显示了一个仅使用旋转区域的 FILTERSIM 模拟结果。同样，河道在跨区域边界上保留了良好的连续性。

[**例 4**]　在井数据和软数据条件下的 2D 模拟。

在软条件数据约束下执行 2D 及 3 个相的 FILTERSIM 模拟。问题设置与 SNESIM 的第 4 个例子中的完全相同（图 8.28）：从图 8.26（c）（d）（e）中的最后一层中取得工区概

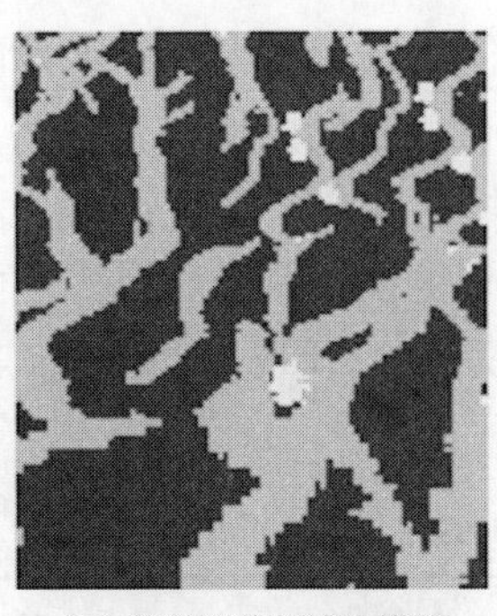

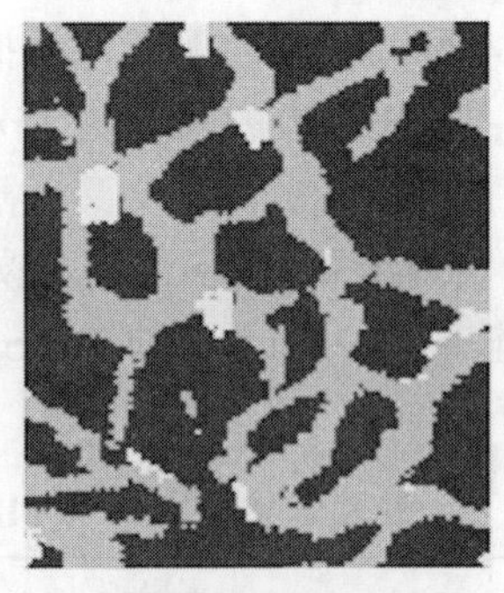

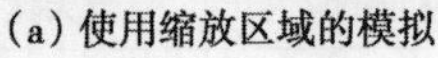

(a) 使用缩放区域的模拟　　(b) 使用旋转区域的模拟

图 8.38 ［例 3］缩放区域和旋转区域的 FILTERSIM 模拟（使用图 8.27（c）作为训练图像）

黑色：泥岩相；灰色：河道砂；白色：决口扇

率；训练图像在图 8.27（c）中给出。运行 FILTERSIM 得到 100 个实现，搜索模板尺寸为 11×11×1，碎片模板尺寸为 7×7×1，3 个多层网格，双亲类分割为 4 个区域，孩子类分割为 2 个区域。图 8.39（a）（b）（c）显示了其中 3 个实现，图 8.39（d）给出由 100 模拟实现所计算的泥岩相概率。可以看出，图 8.39（d）与图 8.28（a）基本一致，但是较 SNESIM 模拟泥岩概率稍微有些模糊［图 8.28（b）］，这是由于 FILTERSIM 中软数据仅用于计算距离，而不是直接作为整个工区的概率。

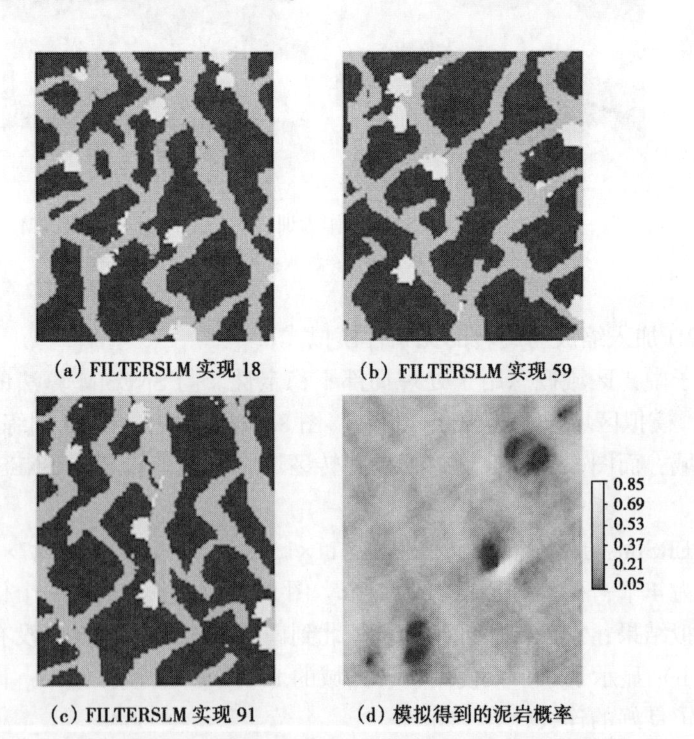

(a) FILTERSLM 实现 18　　(b) FILTERSLM 实现 59

(c) FILTERSLM 实现 91　　(d) 模拟得到的泥岩概率

图 8.39　［例 4］3 个 FILTERSIM 实现结果

黑色：泥岩相；灰色：河道砂；白色：决口扇和 100 个 FILTERSIM 模拟结果得到的泥岩相概率（图 8.27（c）为训练图像）

9 应用程序

本章介绍了在很多地质统计学研究中起到辅助作用的服务算法。第一个算法是直方分布变换（程序）TRANS。在9.1节中，程序TRANS可通过匹配不同直方分布的分位数，实现它们间的相互转换。第二个算法（参见9.2节）是一个适应于分类变量的比例变换。程序TRANSCAT不仅能够匹配目标比例，并且还能够保留图像结构。第三个算法是POST-KRIGING（参见9.3节），它能够从克里金或指示克里金图提取有用信息。程序PSOTSIM（参见9.4节）也用来完成了相同的任务，差别在于PSOTSIM基于一组来自于第8章中任意模拟算法所得到的随机实现。9.5节介绍了与nu-tau模型相关的NU-TAU MODEL算法（参见3.10节），该算法能够使以属性模式方式所保存的不同概率结合起来。9.6节展示了应用程序BCOVAR，它能够使用户估计任意点或块之间的协方差图和协方差值。9.7节介绍了IMAGE PROCESSING，可用于实现笛卡儿网格的缩放和旋转，这些操作在准备训练图像过程中格外有用。在9.8节中，MOVING WINDOW可估计局部统计结果，如移动平均、移动方差，默认的FILTERSIM过滤器中有：高斯低通过滤器以及用于边缘检测的Sobel过滤器；它同时还可接受用户自定义过滤器。最后，在9.9节介绍了训练图像生成器TIGEN-ERATOR。

9.1 TRANS：连续直方分布变换

算法TRANS使得用户能够将连续属性的任意直方分布变换为另一个。例如，8.1.2小节和8.1.3小节中所介绍的高斯模拟算法（SGSIM和COSGSIM），使用高斯变量。如果目标属性无法表现出高斯直方分布，则可将该属性变换为高斯分布，随后可在再变换过后的变量上继续工作。算法9.1为直方分布变换的详细过程。

[算法9.1] 连续直方分布变换。

1：for 每个要进行Rank变换的值 z_k do
2：　从与 z_k，$p_k = Fz(z_k)$ 相关的源直方分布中获得分位数
3：　从与 P_k，$y_k = F_Y^{-1}(p_k)$ 相关的目标分布中获取 y_k 值
4：　if 使用加权变换 then
5：　　对该变换使用加权操作
6：　end if
7：end for

算法TRANS将遵循源分布的属性变换为遵循目标分布的新变量。将遵循源cdf F_Z 的变

量 Z 变换为遵循目标 cdf F_Y 的变量 Y，可以使用以下方法（Deutsch 和 Journel，1998）：

$$Y = F_Y^{-1}[F_Z(Z)] \tag{9.1}$$

如果用于构建源分布的数据包含有相同值，则可能使得目标分布无法被匹配。在这种情况下，可在创建无参分布函数时，使用“break ties”选项，参见 6.8 节。

注意：将源分布变换为高斯分布时无法保证新变量 Y 具有多元高斯性，它仅具一元高斯性。因此，在执行高斯模拟前，需要检查变量 Y 是否满足多元（或至少二元）高斯的假设前提。若该假设不成立，则可直接采用其他无需高斯条件的算法，例如，直接序贯模拟（DSSIM）或序贯指示模拟（SISIM）。

（1）通过条件数据实现直方分布变换。

应用一个加权因子能够控制每个所需变换的特定源值数量（Deutsch 和 Journel，1998，p. 228）：

$$y = z - \omega\{z - F_Y^{-1}[F_Z(Z)]\} \tag{9.2}$$

当 $\omega=0$，则 $y=z$，无变换；当 $\omega=1$，$y=F_Y^{-1}[F_Z(Z)]$，为一个标准 Rank 变换，见式(9.1)。权值 ω 与变差函数也可设置为等于使用一个单位基台值的简单克里金所提供的标准克里金方差。Z 向数据的克里金方差为零，因此 Z 向数据不能变换且基准值恒定：$y=z$。克里金方差随与数据位置的距离增加而增加，同时也会允许更大的变换。该选项用于边缘分布的微调。若使用权值 ω，则变换不再是保秩的，且目标分布只能被近似匹配。

算法 9.1 给出直方分布变换算法。

（2）参数说明。

通过算法面板中的 Utilities→trans，激活 TRANS 算法。TRANS 界面包含 3 个页面：“Date”“Source”和“Target”（图 9.1）。“[ ]”中的文本对应于 TRANS 参数文件的关键字。

①Object Name [grid]：选择需要变换的含属性网格。

②Properties [props]：要进行变换的属性。

③Suffix for output [out_suffix]：每个输出属性的名称由原名加上后缀组成。

④Local Conditioning [is_cond]：允许使用权值来进行直方分布变换。这使得变换随着距离数据越来越远，呈现逐级性。

⑤Weight Property [cond_prop]：用于以直方分布变换数据为条件的带权属性，见式(9.2)。标准克里金方差是一个很好的加权选择。该参数仅当 Local Conditioning [is_cond] 被选择时才需要输入。

⑥Control Parameter [weight_factor]：其值介于 0 与 1 之间，用于调节权值。该参数仅当 Local Conditioning [is_cond] 被选择时才需要输入。

⑦Source histogram [ref_type_source]：定义一个源直方分布的类型：无参的、高斯的、对数正态分布的或均一的（见第⑧至第⑪项）。

⑧No Parametric：无参分布在 [nonParamCdf_source] 中输入，输入格式见 6.8 节。

⑨Gaussian parameters：均值由 Mean [G_mean_source] 给出，而方差则由 Variance [G_variance_source] 给出。

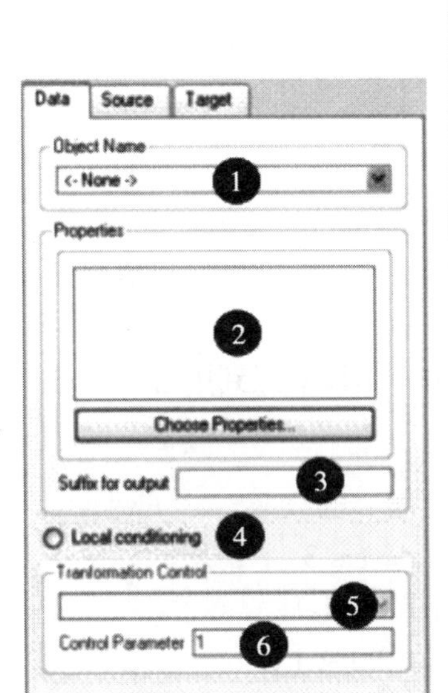

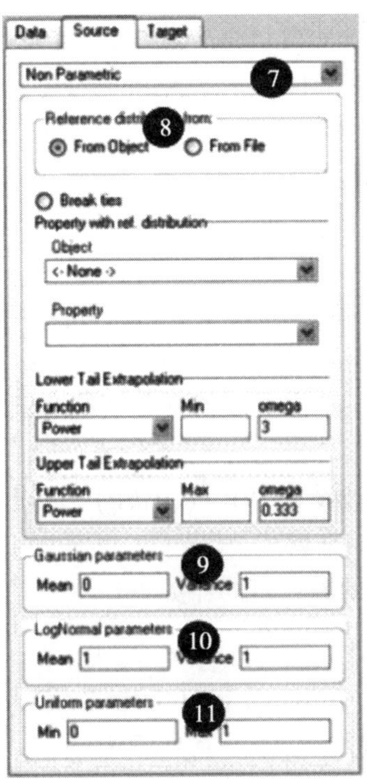

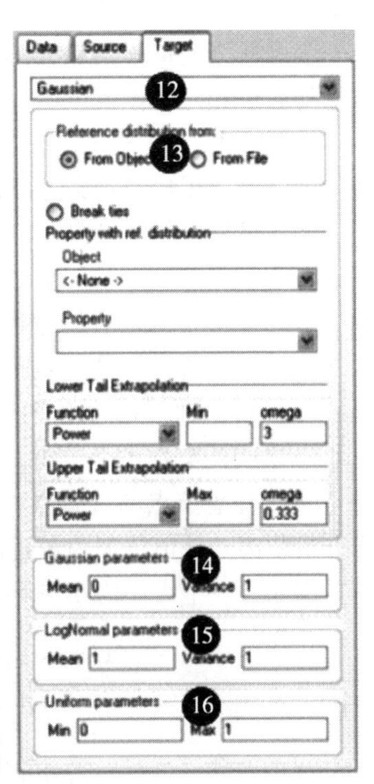

图 9.1　TRANS 用户界面

⑩LogNormal parameters：均值由 Mean [LN_ mean_ source] 给出，而方差则由 Variance [LN_ variance_ source] 给出。

⑪Uniform parameters：最小值由 Min [Unif_ min_ source] 给出，而最大值则由 Max [Unif_ max_ source] 给出。

⑫Target histogram [ref_ type_ target]：定义目标直方分布的分类：无参的、高斯的、对数正态、或均一的（见第⑬至第⑯项）。

⑬Non Parametric：无参分布由 [nonParamCdf_ target] 输入，其格式见 6.8 节。

⑭Gaussian parameters：均值由 Mean [G_ mean_ target] 给出，而方差则由 Variance [G_ variance_ target] 给出。

⑮LogNormal parameters：均值由 Mean [LN_ mean_ target] 给出，而方差则由 Variance [LN_ variance_ target] 给出。

⑯Uniform parameters：最小值由 Min [Unif_ min_ target] 给出，而最大值则由 Max [Unif _ max_ target] 给出。

9.2　TRANSCAT：类别直方分布变换

TRANS 算法在连续变量中表现良好。而开发 TRANSCAT 程序则是为了处理分类变量问题，它的目的是在保留目标结构与模式的条件下，匹配目标比例。

TRANSCAT 使用过滤器 F（定义见后文），用于从中心节点 $\boldsymbol{u}$ 的模式中检索局部统计结果，然后再使用过滤器来更新中心节点处的分类值（Deutsch，2002）。局部模式被定义为一个尺寸为 $n_x n_y n_z$ 的长方形滑动窗口 W，其中，n_x，n_y 和 n_z 是正奇整数。每个 W 中的节点都通过相对于该窗口矩心的偏移量 $\boldsymbol{h}_j(j=1,\cdots,J=n_x n_y n_z)$ 来识别。

类似于 FILTERSIM 算法（参见 8.2.2 小节），TRANSCAT 能够接受两种过滤器定义：默认过滤器或用户自定义过滤器。

默认过滤器的滑动窗口 W 具有相同几何结构 $\{\boldsymbol{h}_j: j=1,\cdots,J\}$，而其滤波权值 f_{hj} 定义如下：

（1）中心节点的过滤器值为 $V_c=\max\{n_x, n_y, n_z\}$；

（2）所有外部环绕节点都具有单位滤波值；

（3）沿主轴（x，y 和 z）的节点滤波值基于其绝对偏移量 $|\boldsymbol{h}_j|$ 进行线性插值得到介于 1 到 V_c 之间的整数；

（4）任意节点的过滤器均被设置为 $V_c/(1+dist)$，其中 $dist$ 是该节点到中心节点之间的均方根距离。该值近似为最近的整数。

例如，一个大小为 5×5×5 的默认过滤器如下：

Layers 1, 5	layers 2, 4	layers 3
1 1 1 1 1	1 1 1 1 1	1 1 1 1 1
1 1 1 1 1	1 2 2 2 1	1 2 3 2 1
1 1 1 1 1	1 2 3 2 1	1 3 5 3 1
1 1 1 1 1	1 2 2 2 1	1 2 3 2 1
1 1 1 1 1	1 1 1 1 1	1 1 1 1 1

用户也可以设计自己的过滤器并将其作为数据文件输入。用户自定义过滤器数据文件必须具有与 FILTERISIM 相同的定义和格式，见 8.2.2 小节以及图 8.30。注意过滤器的数量（过滤器数据文件的第一行）必须确定为 1，而过滤器权值可以为任何实数。

给定一个 K-分类变量 Z 及其当前比例 $p_k^c(k=1,\cdots,K)$，一个 J-节点的过滤器 $F=\{(\boldsymbol{h}_j, f_{hj}), j=1,\cdots,J\}$，目标比例为 p_k^t 为 $(k=1,\cdots,K)$，TRANSCAT 算法过程如下：

（1）对网格中每个要处理的节点，提取滑动窗口 W 中的局部模式 $pat(\boldsymbol{u})$。

（2）计算模式 $pat(\boldsymbol{u})$ 中的局部分类伪比例 $P_k(\boldsymbol{u})$，$k=1,\cdots,K$

$$p_k(\boldsymbol{u})=\frac{1}{N_W}\sum_{j=\{N_W^k\}}\omega\cdot f_{hj} \tag{9.3}$$

其中：$\{N_W^k\}$ 是窗口 W 中已知为 k 分类的一组结点，$N_W=\sum_{k=1}^{k}|N_W^k|\leqslant J$ 是模式 $pat(\boldsymbol{u})$ 中的已知节点总数，如果节点 $(\boldsymbol{u}+\boldsymbol{h}_j)$ 不是一个硬数据点，则 $\omega=1$；否则 $\omega=f_0$。在这里，f_0 是一个输入控制参数，可给予硬数据点位以更大权重。默认值为 $f_0=10$。

（3）计算相关分类的伪比例。

$$p_k^r(\boldsymbol{u})=p_k(\boldsymbol{u})\cdot\left(\frac{p_k^t}{p_k^c}\right)^{f_k}\quad k=1,\cdots,K \tag{9.4}$$

其中，$f_k\geqslant1$ 是一个关于类别 k 的输入因子。f_k 越大，目标比例 p_k^t 重构所占的重要性就越大。

（4）找到一个类别 k^F，使 p_k^r 最大。

（5）更新位置 $\boldsymbol{u}$ 的属性，使 $Z^{new}(\boldsymbol{u})=k^F$。

注意，使用默认过滤器 $f_k=1(k=1, \cdots, K)$，TRANSCAT 能够作为一个去噪程序来对基于像素图像进行清理（Schnetzler，1994）。

通过算法面板中的 *Utilities→transcat*，激活 TRANSCAT 算法。TRANSCAT 界面如图 9.2 所示，“[ ]”中的文本参数对应于 TRANS 参数文件中的关键字。参数说明：

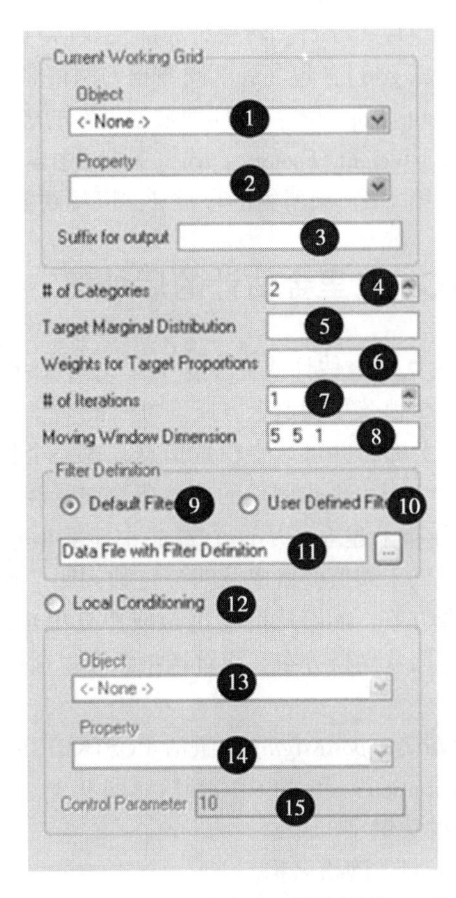

图 9.2　TRANSCAT 用户界面

（1）Object [Working_Grid_grid]：选择需要变换的网格。

（2）Property [Working_Grid.property]：要进行变换的属性。

（3）Suffix for output [Out_suffix]：每个输出属性的名称由原名加上后缀组成。

（4）# of Categories [Nb_Categories]：当前工作属性中所包含的类别数 K（第 2 项）。

（5）Target Marginal Distribution [Marginal_Pdf]：目标分类比例必须从类别 0 到 Nb_categories-1 依次给予。所有目标比例之和必须为 1。

（6）Factors for Target Proportions [marginal_Pdf_factor]：检索式（9.4）中与每个类别的相关系数。相关系数越大，对比例调整的控制越大。输入权重的总数为 Nb_categories。

（7）# of Iterations ［Nb_ Iterations］进行 TRANSCAT 算法的迭代次数，默认值为 1。

（8）Moving Window Dimension ［Moving_ Window］：检索局部图像模式的 3D 模板大小。输入的 3 个数字必须是正奇整数，并用空格分隔。该模板常用于检索所需的用户自定义滤波值。

（9）Default Filter ［Filter_ Default］：使用 TRANSCAT 所提供的默认过滤器选项。

（10）User Defined filter ［Filter_ User_ Define］：使用用户过滤器定义的选项。注意，'Default' 和 'User Defined' 只能二选其一。

（11）Date File with Filter Definition ［User_ Def_ Filter_ File］：与 FILTERSIM 相同，输入定义过滤器的数据文件（图 8.30）。若 Filter_ User_ Define 项设为 0，则忽略该参数。

（12）Local Conditioning ［Is_ Cond］：转换为局部硬数据。

（13）Object ［Cond_ Data. grid］：包含局部硬数据的网格名称。

（14）Property ［Con_ Data. Property］：局部硬数据属性的名称。

（15）Control Parameter ［Weight_ Factor］：式（9.3）中定义的相关权重 f_0，并可用于硬条件数据；该值必须大于第（6）项所给的权重 f_k，以使硬数据影响具有优先性。

9.3 POSTKRIGING：克里金估计的后处理

在某些应用中，需要除克里金估计或克里金方差之外的更多结果（displays）。比如，有时候我们可能会想知道某个值落于阈值上方或下方的概率。POSTKRICINC 算法为未知信息在每个位置建立一个概率分布，并可从中检索信息。在一个指示克里金实例中，一个无参 ccdf（互补累积分布函数）可由低于阈值的估计概率向量和在 6.8 节中所示由用户使用 SGeMS 参数所定义的尾部分布来建立。从这个 ccdf 中能够检索条件均值、方差还有分位数；此外，还能检索高于或低于阈值的概率及四分位数间距。通过高斯分布的均值与方差来识别克里金估计和克里金方差，能够从的克里金或协克里金结果中检索出同样的信息。如果没有任何理由相信变量服从高斯分布，应首选指示克里金估计来检索概率型信息。

（1）参数说明。

通过算法面板中的 *Utilities→postKriging*，激活 POSTKRIGING 算法。POSTKRIGING 主界面包含两个页面："Distribution" 和 "Statistics"（图 9.3）。"［ ］" 中的文本对应于 POSTKRIGING 参数文件中的关键字。

①Grid Name ［Grid_ name］：网格名称。

②Distribution type：选择无参分布 ［is_ non_ param_ cdf］ 或高斯分布 ［is_ Gaussian］。

③Properties with Probabilities ［props］：包含低于所给阈值概率的属性。从 INDICATOR KRIGING 的结果可直接生成该属性。

④Thresholds ［marginals］：每个属性的相关阈值。

⑤Lower tail extrapolation ［lowerTailCdf］：低尾部的参数。

⑥Upper tail extrapolation ［upperTailCdf］：高尾部的参数。

⑦Gaussian Mean ［Gaussian_ mean_ prop］：包含高斯分布局部均值的属性，例如从克里金中获得。

⑧Gaussian Variance ［Gaussian_ var_ prop］：包含高斯分布局部方差的属性，例如从克里金中获得。

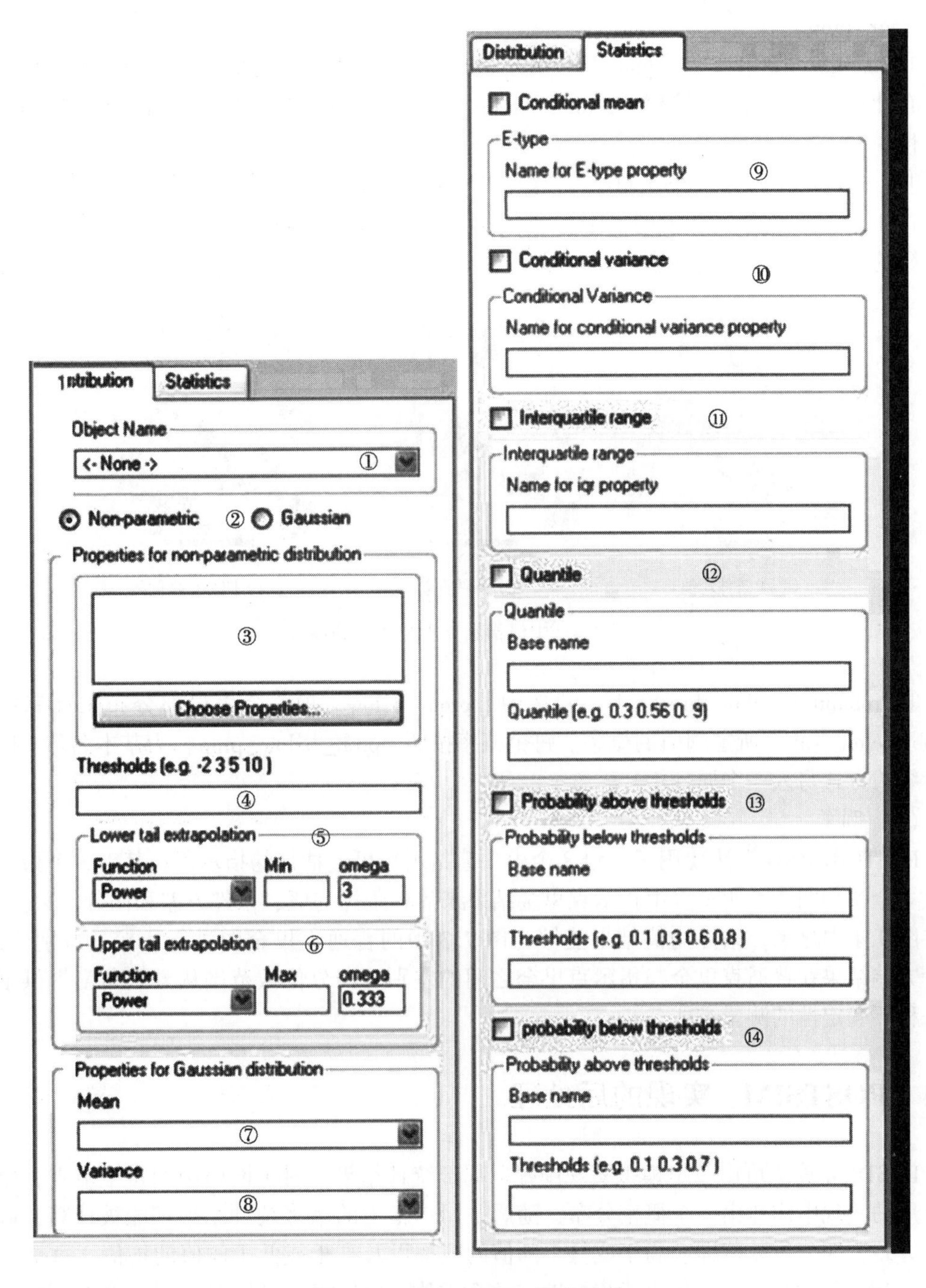

图 9.3　POSTKRIGING 用户界面

⑨Mean：如果选中［mean］项，则条件均值由局部分布在本地计算，并由属性项［mean_prop］输出。

⑩Variance：如果选中［cond_var］项，则条件方差由局部分布进行本地计算，并输出到属性［cond_var_prop］中。

⑪Interquartile range：如果选中［iqr］项，则计算四分位数间距（$q_{75}-q_{25}$），并输出到属性［iqr_prop］中。

⑫Quantile：如果选中［quantile］项，［quantile_vals］中特定概率值的分位数便可由局部分布计算。每个分位数按照［quantile_prop］为基本名称、分位数值为后缀的方式写入一个属性中。

⑬Probability above thresholds：若选中［prob_above］项，会由局部分布来计算高于［prob_above_vals］所定阈值的概率。每个概率按照［prob_above_prop］为基本名称、阈值为后缀的方式写入一个属性中。

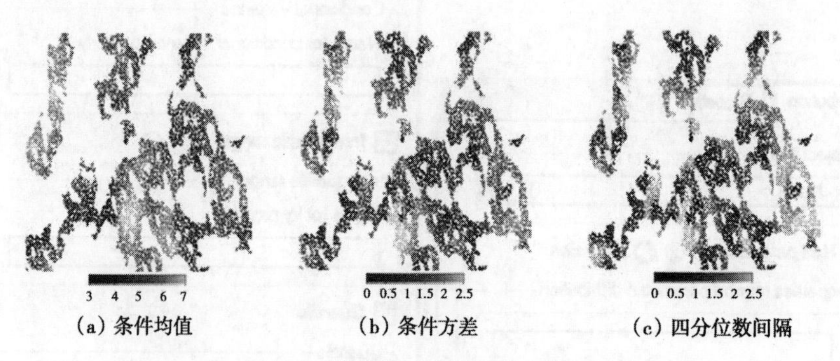

(a) 条件均值　(b) 条件方差　(c) 四分位数间隔

图 9.4　中值指示克里金的后处理

⑭Probability below thresholds：若选中［prob_below］项，会由局部分布来计算低于［prob_below_vals］所定阈值的概率。每个概率按照［prob_below_prop］为基本名称、阈值为后缀的方式写入一个属性中。

（2）例子。

POSTKRIGING 算法使用了一组 8 个由中值指示克里金估计的指示器；其中 3 个指示器的克里金图如图 7.5 所示。由指示克里金结果来计算条件均值、条件方差和四分位数范围，并在图 9.4 中显示。条件均值结果能够与图 7.3 中的普通克里金图进行比较。特别注意，估计方差结果在普通克里金与指示克里金之间的差别。四分位数范围从方差角度提供了另外一种不确定性的测量方式。

9.4　POSTSIM：实现的后处理

POSTSIM 算法可由一组模拟实现中提取局部统计结果。对于网格中的每个节点，能够从可用的实现中构建出一个概率分布，随后，用户指定的诸多统计结果都能被计算，如均值、方差、四分位数范围、高于或低于阈值的概率以及高于或低于阈值的均值。每个（模拟）实现都可取得一个结构上准确的图，这个重构了空间模式的图隐含了由变差函数模型或者训练图像中所提取的信息。点策略平均的多个等概率实现可提供所谓的一元 E 型图，其局部精度与相应的克里金图近似。

（1）参数说明。

由算法面板中，*Utilities→postSim*，激活 POSTSIM 算法。“［］”中的文本参数对应于 POSTSIM 参数文件中的关键字。其用户界面如图 9.5 所示。

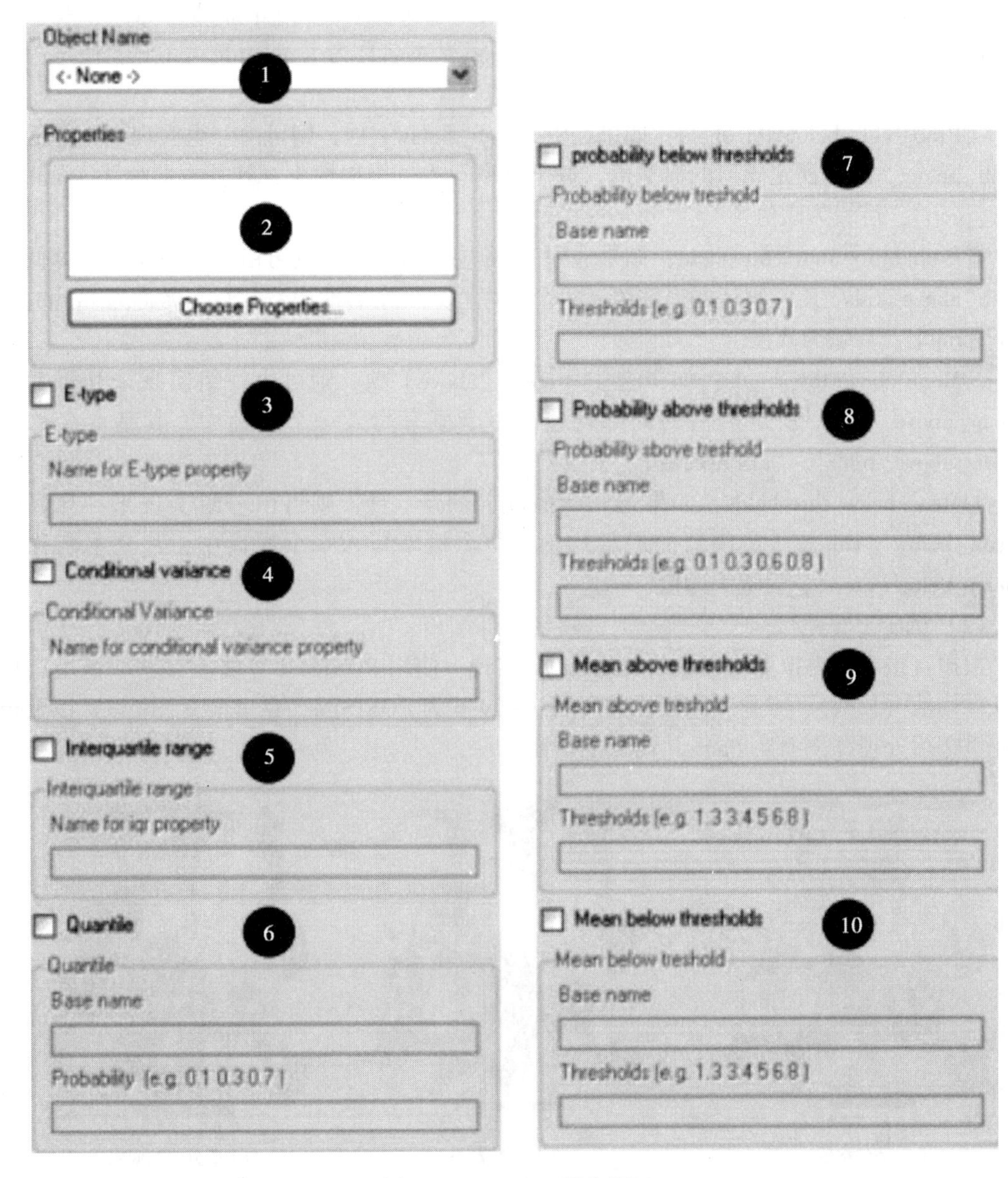

图 9.5　POSTSIM 用户界面

①Object Name [Grid_Name]：运行中的笛卡儿网格或点集名称。

②Properties [props]：所处理的实现。

③E-type：如果选中 [mean] 项，则可由一组实现来计算局部条件均值，并输入到属性 [mean_prop] 中。

④Variance：如果选中 [cond_var] 项，则可由一组实现来计算局部条件方差，并输出到属性 [cond_var_prop] 中。

⑤Interquartile range：如果选中 [iqr] 项，则可由一组实现来计算局部四分位数范围，

并输出到属性［iqr_prop］中。

⑥Quantile：如果选中［quantile］项，则可由一组实现来计算［quantile_vals］所指定数值的局部分位数；每个分位数写入一个属性中，其基本名称为［quantile_prop］，后缀为分位数值。

⑦Probability below threshold：如果选中［prob_below］项，则可由一组实现来计算低于［prob_below_vals］所定阈值的概率值。每个概率写入一个属性中，其基本名称为［prob_below_prop］，后缀为阈值。

⑧Probability above threshold：如果选中［prob_above］项，则可由一组实现来计算低于［prob_above_vals］所定阈值的概率值。每个概率写入一个属性中，其基本名称为［prob_above_prop］，后缀为阈值。

⑨Mean above thresholds：如果选中［mean_above］项，则可由一组实现来计算高于［mean_above_vals］所定阈值的局部均值。每个概率写入一个属性中，其基本名称为［mean_above_prop］，后缀为阈值。

⑩Mean below thresholds：如果选中［mean_below］项，则可由一组实现来计算高于［mean_below_vals］所定阈值的局部均值。每个概率写入一个属性中，其基本名称为［mean_below_prop］，后缀为阈值。

（2）例子。

根据直接序贯模拟算法生成的一组50个实现，使用POSTSIM算法能够获取该组实现的条件均值（E型）、方差和四分位数间隔。图9.6为POSTSIM、克里金（图7.3）以及指示克里金后处理［图9.4（a）］结果的对比。

（a）条件均值　（b）条件方差　（c）四分位数间隔

图9.6　50个DSSIM实现的后处理

9.5　NU-TAU MODEL：混合条件概率

3.10节所介绍nu/tau模型可用于混合信息源。nu/tau模型能够将N个基础概率合并为一个一元后验概率，作为所有联合考虑数据事件的条件参数，其中每个基础概率都以一个一元基准事件（datum event）为条件。nu/tau模型参数能够描述这些数据事件中的信息冗余。

SGeMS所执行的NU-TAU MODEL，允许以tau（τ）或nu（v）作为参数来输入一个冗余。由此可见，v和τ之间的转换是依赖于数据的。

N 个 v 参数可以集成为一个一元结果，即参数 v_0。默认 v_0 设置为 1，它对应为无数据冗余。SGeMS 提供 3 种方式来输入冗余校正：（1）选项 1，输入一个一元 v_0 值；（2）选项 2，为每个信息源输入一个 v 或 τ；（3）选项 3，每个位置输入一个包含 v_0 值的属性，或选择一个包含 τ_i 值的属性向量。选项 1 和选项 2 相当于假定所有位置具有相同的冗余。选择 3 则会定义一个随位置变化的冗余模型。由此可见 v_i 和 v_0 值必须为正。

不论什么情况下，一旦出现相互矛盾的信息，例如，某个信息源取得概率为 1，同时，另一信息源取得概率为 0，则将该位置设置为未知，并发出一条警告信息。

通过算法面板中的 *Utilities→nutauModel*，激活 NU-TAU MODEL 算法。“[ ]”中的文本参数对应于 NU-TAU MODEL 参数文件中的关键字。图 9.7 是其用户界面。参数说明：

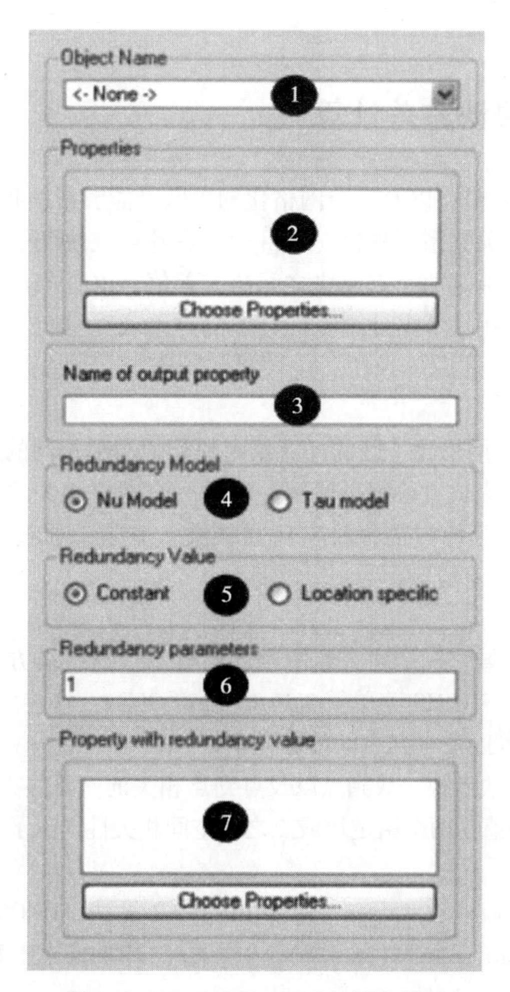

图 9.7　NU-TAU MODEL 的用户界面

（1）Object Name [Grid]：网格的名称。

（2）Properties [props]：含有一元事件条件概率的属性。必须选择多个（一个以上）属性。

（3）Properties [nu_prop]：输出属性的名称，混合条件概率。

(4) Redundancy Model：模型选择：tau 模型选择 [is_tau]，nu 模型则选择 [is_nu]。

(5) Redundancy Value：若 v 或 τ 为常数，(即选择 [redun_constant]) 或指定具体位置 (即选择 [redun_specific])。前一种情况下，用户可以将一元值 v_0 或一个 v 值输入到每个概率图中。而后一种情况下，v_0 被存储在一个属性中。仅当 [is_nu] 被选时才需要。

(6) Redundancy parameters [redun_input]：仅当 [redun_constant] 被选时才需要。τ 或 ν 值会被输入到 [props] 所选的每个属性中。对于 nu 模型，只要输入一个一元值，那么便可以看作是 v_0。

(7) Redundancy property [redun_prop]：仅当 [redun_specific] 被选时才需要。当 [is_nu] 被选时，为网格中的每个位置选择一个包含 v_0 值的属性，或当 [is_tau] 被选时，选择一个带有 τ_j 的向量属性。未知节点会被跳过。

9.6 BCOVAR：块协方差计算

给定一个方差/协方差模型以及一个网格化的工区，能够帮助我们实现工区内任意点或块与其余点之间的空间相关关系可视化；该目标由点到点或块到点协方差图实现。它也同样有助于计算与显示任意给定两个点或块之间协方差值。BCOVAR 是一个能够实现这些目标的应用程序。它能够利用块数据计算多种类型协方差或克里金方程所需的协方差图，参见 3.6.3 小节和式 (7.10)。

(1) 块到点协方差图。

在 BCOVAR 程序中，网格化工区的任意给定块均值与节点间的协方差均可被计算。无论传统的集成方法或混合集成方法都可使用。生成一个网格相关的属性图或立方体，用于保存所计算的协方差值；这种图很容易实现可视化。并且，通过 SGEMS 菜单：*Objects | Save Object*，可将这些协方差值保存为一个文件。

(2) 点到点协方差图。

任意节点和网格化区域之间的协方差图都能被计算。这些协方差值被存储在用于可视化的一个属性图中。通过 SGEMS 菜单：*Objects | Save Object*，这些可被保存到一个文件中。

(3) 块到块、块到点以及点到点的协方差值。

BCOVAR 能够计算出块到块、块到点以及点到点相关的一元协方差值。一个弹出窗口中会显示这个值。该协方差值为两个给定块或点之间空间相关性提出了一个定量化的测量值。

(4) 参数说明。

通过算法面板中的 *Utilities→bcovar*，激活 BCOVAR 算法。BCOVAR 的主界面包含两个页面："General" 和 "Variogram" (图 9.8)。"[ ]" 中的文本参数对应于 BCOVAR 参数文件中的关键字。

①Grid Name [Grid_Name]：模拟网格的名称。

②Block Covariance Computation Approach [Block_Cov_Approach]：选择计算块协方差的方法 FFT with Covariance-Table 或 Integration with Covariance-Table。

③Covariance Calculation Type [Cov_Cal_Type]：选择所计算的协方差类型 Block-to-Point Cov. Map, Point-to-Point Cov. Map, Block-to-Block Cov. Value, Block-to-Point Cov.

Value 以及 Point-to-Point Cov. Value.

④Block-to-Point Cov. Map Parameters：仅当 Covariance Calculation Type [Cov_ Cal_ Type] 设为 Block-to-Point Cov. Map，此项才会被激活。所使用块根据其块 ID 通过参数 Block index value [Block_ Index_ for_ Map] 输入。在块数据文件中，所有块都在内部被分配给一个块 ID，ID 值从 0 至 $N-1$，根据其位置进行分配，其中 N 是块的数量。输出的块协方差图/体属性名称可由 Output map/cube name [Block_ Cov_ output_ Prop_ Name] 指定。

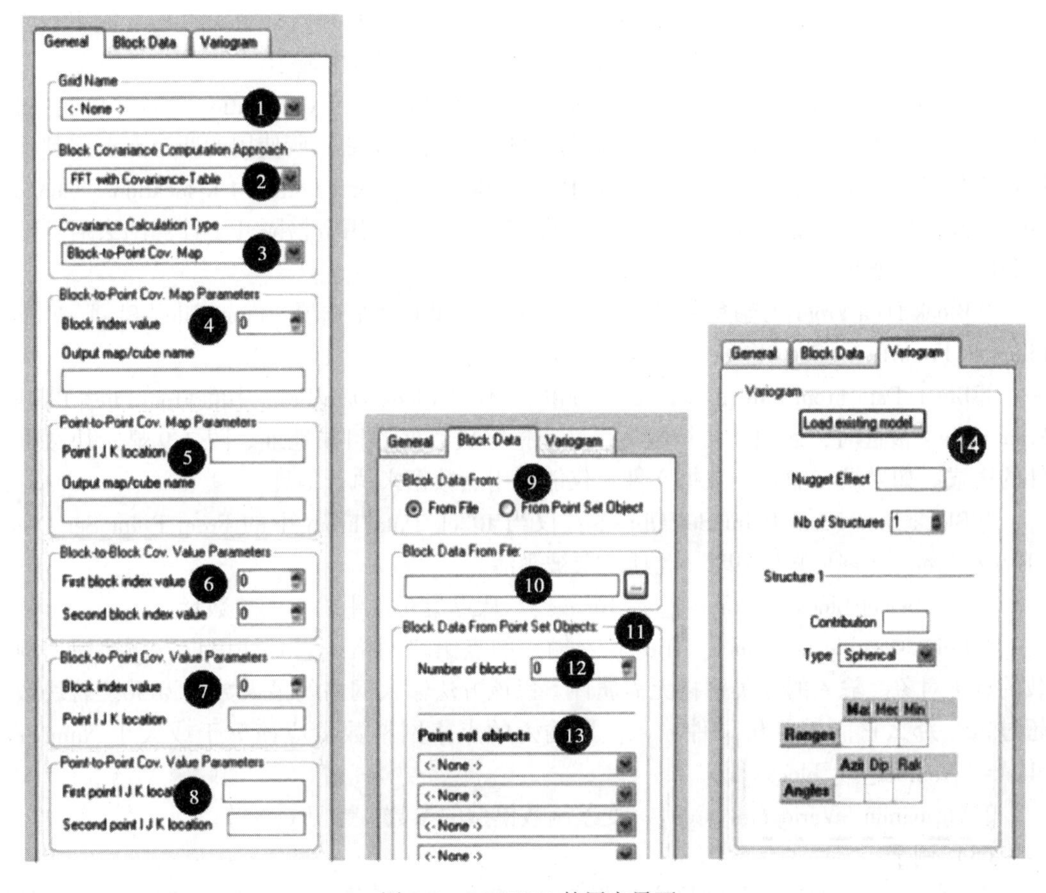

图 9.8　BCOVAR 的用户界面

⑤Point-to-Point Cov. Map Parameters：仅当 Covariance Calculation type [Cov_ cal_ Type] 设置为 Point-to-Point Cov. Map 时，此项才会被激活。所使用的点根据其 $i\ j\ k$ 索引通过参数 Point I J K location [Point_ IJK_ for_ Point_ Cov_ Map] 输入。所输入的 $i\ j\ k$ 值用空格隔开。输出的点协方差图/体属性名称可由 Output map/cube name [Point_ Cov_ Output_ Prop_ Name] 指定。

⑥Block-to-Block Cov. Value Parameters：仅当 Covariance Calculation Type [Cov_ cal_ Type] 设置为 Block-to-Block Cov. Value 时，此项才会被激活。所使用的两个块根据其索引通过参数 First block index value [First_ Block_ Index] 和 Second block index value [Second_

Block_ Index] 输入。注意：在块数据文件中，所有块都在内部被分配给一个块索引，该索引基于它们的输入顺序从 0 至 N-1 分配，其中 N 是块的总数量。计算结束后，计算得到的协方差值将会在一个弹出窗口中显示。

⑦Block-to-Point Cov. Value Parameters：仅当 Covariance Calculation type [Cov_cal_Type] 设置为 Block-to-Point Cov. Map 时，此项才会被激活。所使用的块根据其索引通过参数 Block index value [Block_Index_for_BP_Cov] 输入，而其所使用点根据点的索引 i j k 通过参数 Point I J K location [Point_IJK_for_Point _Cov_Map] 输入。注意：在块数据文件中，所有块都在内部被分配给一个块索引，该索引根据它们在块数据文件中的输入次序从 0 至 N-1 分配，其中 N 是块的总数量。所有点索引同样从 0 开始，输入的 i j k 值用空格隔开。计算结束后，计算得到的协方差值将会在一个弹出窗口中显示。

⑧Point-to-Point Cov. Value Parameters：仅当 Covariance Calculation Type [Cov_cal_Type] 设置为 Point-to-Point Cov. Value 时，此项才会被激活。所使用的两个点根据其检索通过参数 First Point I J K location [First_Point_IJK] 和 Second Point I J K location [Second_Point_IJK] 输入。注意：所有索引从 0 开始。输入的 i j k 用空格隔开。计算结束后，计算得到的协方差值将会在一个弹出窗口中显示。

⑨Block Data From：选择寻找块数据的位置，这里有两个选项：From File [Block_From_File] 和 From Point Set Object [Block_From_Pset]。

⑩Block Data From File [Block_Data_File]：仅当 Block Data From 中的 From File [Block_From_File] 被选时，此项才会被激活。必须指定块数据的目录地址。图 7.9 显示块数据文件的格式。如果没有输入块数据文件，仅能使用点数据来执行估计。

⑪Block Data From Point Set Objects：仅当 Block Data From 中的 From Point Set Object [Block_From_Pset] 被选中时，此项才会被激活。

⑫Number of blocks [Number_of_Blocks]：从点集对象中输入的块数量。

⑬Point set objects [Block_Grid_i]：输入的点集块网格。它允许用户方便地使用预加载的点集对象。输入的点集网格无需属性。以该方法输入网格的最大数量为 50。若块数量超过 50，那么它们需要从文件输入。所输入的点集网格数量应该等于或大于 Number of blocks [Number_of_blocks]。

⑭Variogram [Variogram_Cov]：变差函数模型的参数，参见 6.5 节。

(5) 例子。

在一个 40×40 的笛卡儿网格中运行 BCOVAR，每个网格的尺寸为 0.025×0.025。使用变差函数模型（参见 7.11 节）。

如图 9.9 (b)，生成该块 [它的几何形状由图 9.9 (a) 给出] 的块到点协方差图。协方差值随与块位置距离的减少而增大，并随距离增大而减小。

如图 9.9 (d)，生成一个点 (15，25，0,) [如图 9.9 (c) 所示位置] 的协方差图。在该点当前位置处的协方差值为 1，随着距该点的距离增加，其值不断减小。这点表现出输入变差函数模型所具有的各向异性特征。该块与点之间的协方差值 [图 9.9 (e)] 得以计算，其结果显示于弹出窗口 [图 9.9 (f)] 中。

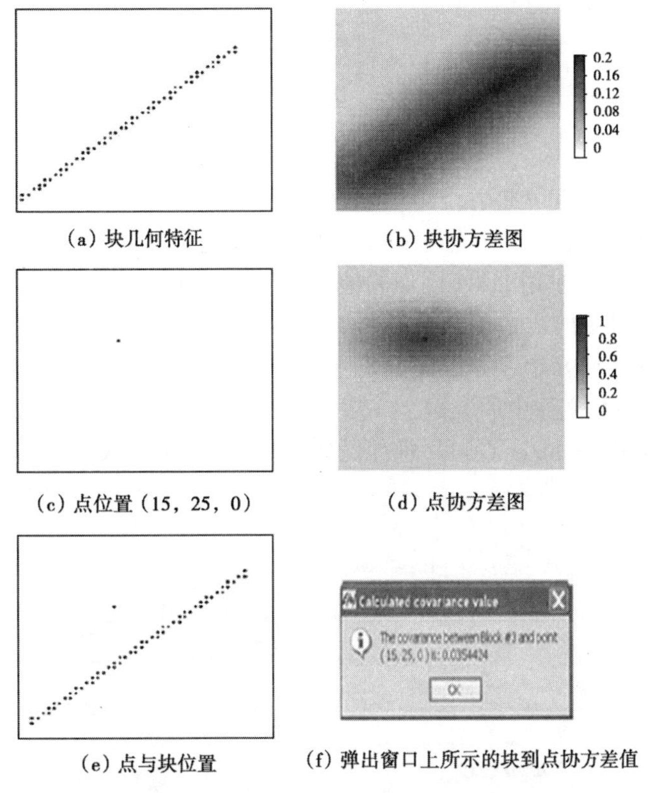

(a) 块几何特征　(b) 块协方差图

(c) 点位置 (15, 25, 0)　(d) 点协方差图

(e) 点与块位置　(f) 弹出窗口上所示的块到点协方差值

图 9.9　BCOVAR 得到的协方差图或值

9.7　IMAGE PROCESSING：图像处理

IMAGEP ROCESSING 算法允许在笛卡儿网格中，对一个属性进行旋转和缩放。这对于多点模拟来说，不论是 SNESIM 或是 FILTERSIM，都尤为重要。例如，从训练图像得到的地质结构可能并不具有预期的厚度或方向。IMAGE PROCESSING 能够帮助处理不理想的训练图像，为多点统计学模拟算法提供更有意义的结构信息。IMAGE PROCESSING 程序能够更改地质体的方向与大小，但不能更改其拓扑结构。

给定原训练图像的中心位置 $\boldsymbol{u}_0^s$（源），新训练图像的中心位置 $\boldsymbol{u}_0^t$（目标），三个旋转角度 α，β，θ，以及三个缩放因子 f_x，f_y，f_z。在新的训练图像(Ti^{new})中，每个节点 $\boldsymbol{u}^t$ 与原训练图像(Ti^{old})中的节点 $\boldsymbol{u}^s$ 具有相同的值。这里 $\boldsymbol{u}=(x, y, z)'$。$\boldsymbol{u}^t$ 与 $\boldsymbol{u}^s$ 之间的关系由下式给出：

$$\boldsymbol{u}^t = \boldsymbol{T} \cdot \boldsymbol{\Lambda} \cdot (\boldsymbol{u}^s - \boldsymbol{u}_0^s) + \boldsymbol{u}_0^t \tag{9.5}$$

其中，旋转矩阵 $\boldsymbol{T}$ 定义为：

$$\boldsymbol{T} = \begin{bmatrix} \cos\theta & 0 & -\sin\theta \\ 0 & 1 & 0 \\ \sin\theta & 0 & \cos\theta \end{bmatrix} \begin{bmatrix} 1 & 0 & 0 \\ 0 & \cos\beta & \sin\beta \\ 0 & -\sin\beta & \cos\beta \end{bmatrix} \begin{bmatrix} \cos\alpha & \sin\alpha & 0 \\ -\sin\alpha & \cos\alpha & 0 \\ 0 & 0 & 1 \end{bmatrix}$$

而缩放矩阵 $\boldsymbol{\Lambda}$ 被定义为：

$$\boldsymbol{\Lambda}=\begin{bmatrix} f_x & 0 & 0 \\ 0 & f_y & 0 \\ 0 & 0 & f_z \end{bmatrix}$$

3 个旋转角度 α，β 和 θ 是方位角、倾角以及斜角，参见第 2.5 节。

请注意，旋转顺序很重要，先绕 z 轴旋转，然后绕 x 轴旋转，最后绕 y 轴旋转。此外输入的缩放因子越大，则输出训练图像的地质体尺寸就越大。

通过算法面板中的 *Utilities*→*ImageProcess*，激活 IMAGE PROCESSING 算法。IMAGE PROCESSING 界面如图 9.10 所示，参数将在后面介绍。“［ ］”中的文本参数对应于 IMAGEPROCESSING 参数文件中的关键字。参数说明：

（1）Source Grid［Source_Grid］拥有要被更改训练图像的对象。它必须是一个笛卡儿网格。

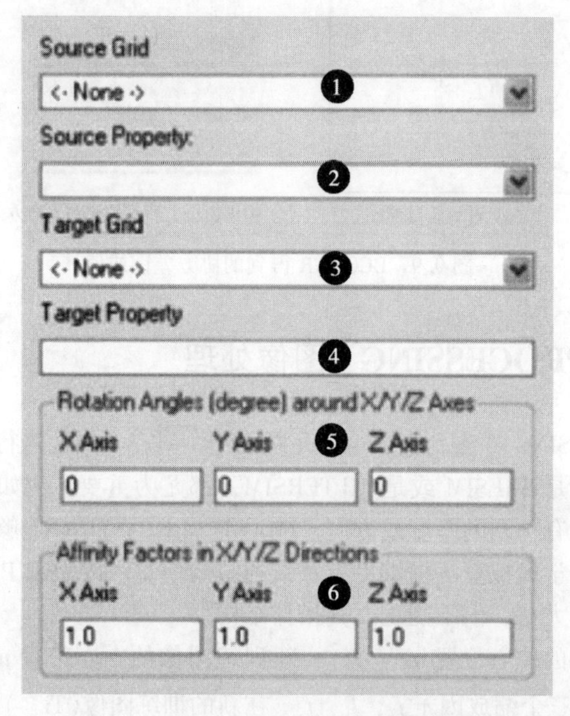

图 9.10　IMAGE PROCESSING 的用户界面

（2）Source Property［Source_Property］：要被更改的原训练图像属性。

（3）Target Grid［Target_Grid］：拥有更改训练图像属性的对象，必须为笛卡儿网格。

（4）Target Property［Target_Property］：更改后的新训练图像属性名称。

（5）Rotation Angles（degree）around X/Y/Z Axes：输入绕 $x/y/z$ 轴的旋转角度；这些角度必须以度为单位，如图 2.5 所示的旋转角度。3 个关键词分别为：［Angle0］，［Angle1］和［Angle2］。

（6） Affinity Factors X/Y/Z Directions：输入沿 $x/y/z$ 方向的缩放因子，这些比例因子必须为正值。输入缩放因子越大，输出属性中的结构就越大。3 个关键词分别为：[Factor0]，[Factor1] 和 [Factor2]。

9.8 MOVING WINDOW：滑动窗口统计

MOVING WINDOW 算法通过滑动窗口同时处理笛卡儿网格与点集网格。沿网格的每一个位置，可以计算出窗口中各类值的相关统计结果，并被分配到窗口的中心点。当根据此类过滤器所定义的分数来进行模式分类时，FILTERSIM 算法会使用移动加权线性平均或过滤器。滑动窗口统计在勘探数据分析中作用很大，能够探测趋势或探测网格中的非稳态区域。

MOVING WINDOW 中可用的过滤器如下：

（1） Moving Average 计算邻域的线性平均。

（2） Gaussian low pass 加权线性平均的权重由一个高斯函数给出，该函数在中心像素拥有最大值，而随着距中心点距离增加而减小。该权重为：

$$\lambda(\boldsymbol{h}) = \frac{1}{\sigma}\exp\left(\frac{-\ \|h\|^2}{\sigma}\right)$$

其中，σ 是用户自定义的参数，用于控制权值随距离 $\|\boldsymbol{h}\|$ 减小的比率。

（3） Moving variance 计算邻域方差。

（4） Default filtersim filters 这些过滤器与 8.2.2 小节所描述的 FILTERSIM 算法中所使用的一样。

（5） Sobel filters 边缘检测过滤器；边缘的强度和方向也同样可以被恢复。这是一个应用到 3D 网格中的 2D 过滤器；它将以每次一个层或一个剖面方式来处理整个体数据。用户可具体指定应用 Sobel 过滤器的计划（xy，xz 或 yz）。

$$G_x = \begin{bmatrix} -1 & 0 & 1 \\ -2 & 0 & 2 \\ -1 & 0 & 1 \end{bmatrix} \qquad G_y = \begin{bmatrix} 1 & 2 & 1 \\ 0 & 0 & 0 \\ -1 & -2 & -1 \end{bmatrix}$$

从 Sobel 过滤器的输出来看，边缘 G 的强度为 $G=\sqrt{G_x^2+G_y^2}$，其方向为 $\theta=\tan^{-1}(G_y/G_x)$。

（6） User-defined filters 过滤器的权重和形状完全由用户来定义。它们与 FILTERSIM 有相同的定义和格式，可参见 8.2.2 小节和图 8.30。

除 Sobel 过滤器外，所有过滤器都是 3D 的，并且由用户来指定窗口的尺寸。网格边缘的像素无法处理，会被置为未知。

提示 2：Canny 分割

Canny 分割法（Canny，1986）是一个边缘检测技术，其广泛应用于图像处理，可以在 SGeMS 中很容易地得到执行。它首先采用高斯低通过滤器，随后应用 Sobel 过滤器。

提示 3：分类变量

上面所定义的过滤器是为连续属性所设计的，但仍然也可以应用于二进制变量中。在分类属性中，建议将这些分类变量转成一组指示变量，以便于应用这些过滤器。

通过算法面板中的 *Utilities→MovingWindow*，激活 MOVING WINDOW 算法。MOVING WINDOW 界面如图 9.11 所示，参数将在后面介绍。“[ ]”中的文本参数对应于 MOVING WINDOW 参数文件中的关键字。参数说明：

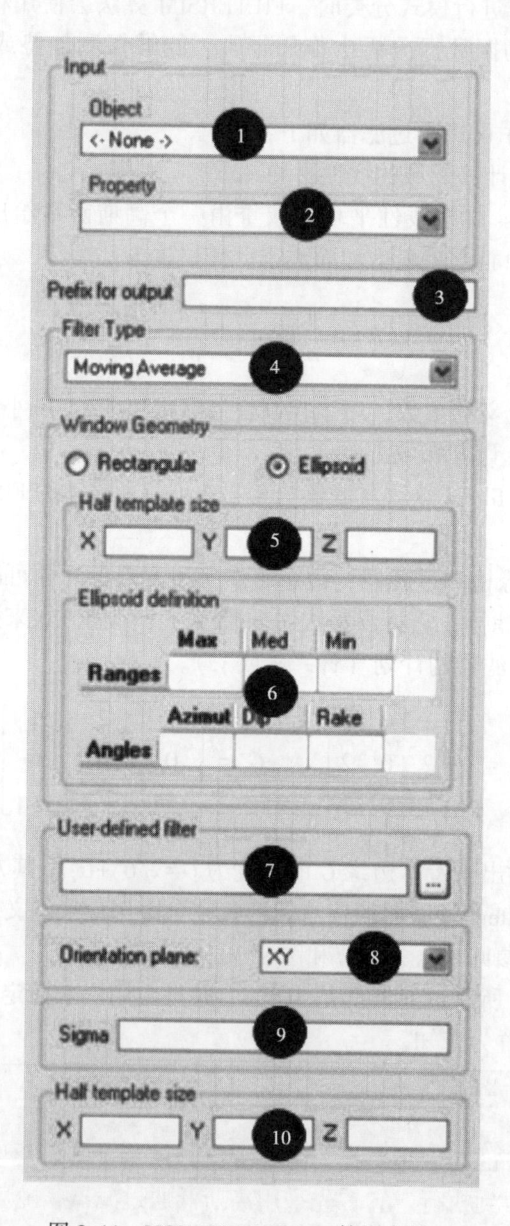

图 9.11 MOVING WINDOW 的用户界面

（1）Input-Object [Input_data. grid]：包含要被处理属性的网格。

（2）Input-Property [Input_data. property]：要被处理的属性。

（3）Prefix [Prefix]：加到输入属性名称之前，用以识别输出属性的前缀。

（4）Filter Type [filter_type]：过滤器的选择，选项有：移动平均、移动方差、默认的 FILTERSIM 过滤器、高斯低通过滤器、Sobel 边缘检测过滤器或用户自定义选项。

（5）Half template size：该项输入为一个矩形滑动窗口的参数。如果 [grid] 是一个笛卡儿网格，[size_x] [size_y] 和 [size_z] 则对应于中心像素的每个边上模板像素数量（例如，x 边的总像素大小为 2× [size_x] +1）。一个笛卡儿网格要求参数为整数值。如果 [grid] 是一个点集，则该项输入对应于一个椭球的半径。

（6）Ellipsoid definition：该项输入为一个椭球滑动窗口的参数。

（7）User-defined filter [filter_filename]：加载与 FILTERSIM 具有一样格式的用户自定义过滤器，参见 8. 30 节。

（8）Plane for the Sobel filter：Sobel 过滤器仅是 2D 的，通过分别选择 [plan_xy]，[plan_xz] 或 [plan_yz] 将其应用到平面 xy、平面 xz 或平面 yz 上。

（9）Sigma [sigma]：高斯过滤器的方差，仅当“Gaussian low pass”项被选时，才可用，详见第（4）项。

（10）Half template size：FILTERSIM 过滤器的尺寸，参见 8. 30 节。

9. 9 TIGENERATOR：训练图像生成器

多点模拟算法 SNESIM 和 FILTERSIM 要求训练图像（Ti）作为输入结构模型，Ti 是地质非均质性认知的一种数值描述。这里的训练图像是油田或储层所表现出的一类认知结构的概念化表现。用于无条件实现的基于对象算法，如 *fluvsim*（Deutsch 和 Tran，2002）和 *ellipsim*（Deutsch 和 Journel，1998）已分别被用于生成河道以及椭球几何体的 Ti 训练图像。然而，由于缺乏一个通用接口，不同目标的交互性建模只能局限于所生成目标体的简单重叠上。

TIGENERATOR 使用非迭代、无条件布尔模拟，提供了一个生成不同参数形状的程序。此外，通过指定某个无参形状的具体光栅模板，任何该形状都可被模拟。TIGENEATOR 模拟速度较快，因为它是无条件的；同时，它也非常灵活，因为它能够通过可用的形状和约束来建立多样化沉积环境的模式分布模型。各种物体的几何参数和方位能够以常量或遵循预先所定义的概率分布设置。通过指定的侵蚀及重叠规则，实现对象之间的交互关系。

[算法 9. 2] 训练图像生成器。

1：初始化地质体列表与它们的输入比例
2：for 列表中每个地体质 i do
3：　定义一个随机路径，访问网格的每个节点
4：　for 沿路径的每个节点 $\boldsymbol{u}$ do
5：　　绘制地质体 i

6:　　更新地质体 i 的比例
7:　　　if 模拟比例≥地质体 i 的目标比例　then
8:　　　　跳出循环
9:　　　end if
10:　　end for
11: end if
12: 重复另一个实现

目前的实现提供了 4 个参数形状：正弦曲线、椭圆体、半椭圆体、长方体。

（1）Sinusoid。水平面上的正弦曲线由振幅和波长组成其参数［图 9.12（a）］。其垂直截面是一个半椭圆面的下半部分，可由宽度和厚度来描述［图 9.12（b）］。正弦曲线对象仅允许在水平面旋转。

（2）Ellipsoid。椭球体由最大轴，中轴和最小轴来描述，像 2.5 节中的搜索椭球体。它同样仅允许在水平面上旋转。

（3）Half-ellipsoid。一个完整椭球体在垂向上的上部或下部。它同样仅允许在水平面上旋转。

（4）Cuboid。一个直角平行六面形可由 x 向、y 向和 z 向的尺寸来描述。它在水平面与垂直面上都允许进行旋转。

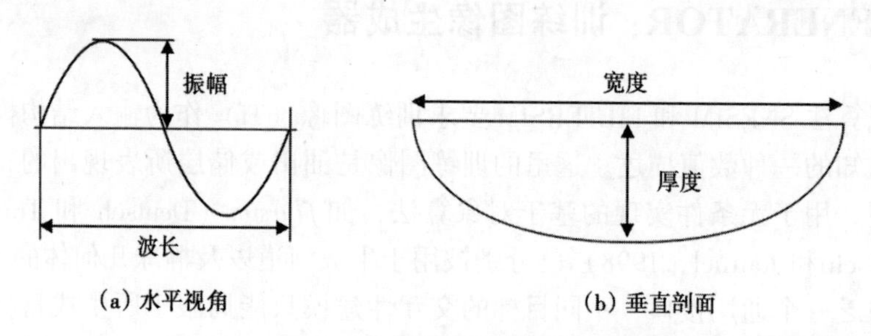

图 9.12　正弦曲线的水平和垂直角度

对象的几何形状和方向参数遵循以下 3 种分类的独立分布：Dirac 分布、均匀分布或三角分布。

（1）Constant value or Dirac distribution。由一元参数［Mean］来完全定义；通常输入常数参数。

（2）Uniform distribution。均匀分布由［Min］和［Max］组成其参数，代表分布的下限和上限。

（3）Triangular distribution。一个三角形分布由［Min］，［Mode］和［Max］组成其参数，分别代表分布的下限、模式和上限的参数。

（1）对象的交互。

训练图像不仅可描绘每个对象，还可描绘这些对象在空间上的相互关系。地质事件使对象相互之间发生重叠与侵蚀。在 TIGENERATOR 中，通过用户指定的侵蚀和重叠规则，能够模拟对象之间的这种空间关系。

侵蚀规则：在模拟之前，一个地质体和所有地质体之间的侵蚀规则必须指定。一个地质体既可以侵蚀（代码 1）或者被之前所模拟的地质体所侵蚀（代码 0）。

重叠的规则：这些有助于约束两个地质体之间的体积重叠比例。重叠受两个参数控制，即最小重叠和最大重叠，其范围为［0，1］。对于每个地质体，必须由用户指定先前所有地质体的重叠规则。若要两个地质体之间具有相同的体积重叠，那么，最小重叠和最大重叠应设为一样的。

举一个实例来说明一些末端成员的重叠情况，其中包含背景、椭球体和长方形 3 个相的训练图像，并以其作为模拟次序。在模拟地质体前，所有的网格节点需要设置为背景相。首先，模拟出椭球体。因为它是模拟次序中的第一个，所以椭球体对象无需指定侵蚀和重叠规则。下一步（第二）模拟出长方体对象，设置其对椭球体发生侵蚀。并考虑下面这 4 种长方形与椭球体之间的重叠情况：对于长方体对象，若最小重叠和最大重叠两个参数都设为 0，也就是 0 的体积覆盖，那么，两个地质体不会发生接触［图 9.13（a）］。另外，如果最小重叠和最大重叠两个参数都设为 1，那么长方形将完全被椭球体所包裹［图 9.13（b）］。设置最小重叠为 0.01 将确保长方体与椭球体体积重叠至少 1%［图 9.13（c）］。如果两个地质体之间重叠关系不明确，则设最小重叠为 0 且最大重叠为 1，其结果将会产生一个随机重叠［图 9.13（d）］。

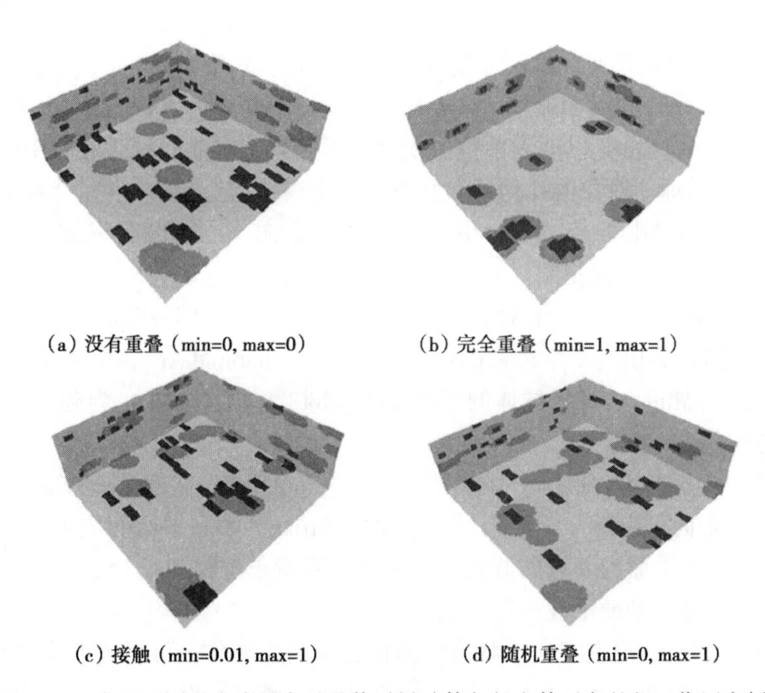

图 9.13 应用不同最小或最大重叠值时椭球体与长方体对象的相互作用实例

指定的值是针对于长方体的

警告：用户有责任来确保不同重叠规则间的一致性。如果由重叠策略所产生的不一致性而导致的一个或多个地质体无法模拟，则可点击 progress dialog 中的“Abort”来停止模拟。

（2）参数说明。

通过算法面板中的 *Utilities→TiGenerator*，激活 TIGENERATOR 算法。TIGENERTATOR 的

界面如图 9.14 所示。“[ ]”中的文本参数对应于 TIGENERATOR 参数文件中的关键字。

①Simulation Grid Name [ti_grid]：模拟网格的名称。

②Property Name Prefix [ti_prop_name]：模拟输出的前缀。以 suffix __real#格式添加到每个实现中。

③Nb of realizations [nb_realizations]：所生成的模拟个数。

④Seed [seed_rand]：随机数生成器的种子（应当为一个较大的奇整数）。

⑤Nb of geobodies [nb_geobodies]：所模拟的不同地质体个数。最小参数值为 1（至少有要模拟一个地质体）。训练图像中的相总数等于各地质体个数加背景相（索引 0）。

⑥Geobody information：使用地质体选择器 [geobodySelector] 可收集地质体的信息。每个地质体都需要以下输入：索引 [gbIndex]、地质体分类 [gbType]、地质体参数、比例 [gbProp] 以及所有先前所模拟地质体的交互规则。注意：地质体按其指定的顺序进行模拟；那么，地质体索引应该是连续的（1，2，3 等）。从下拉菜单中选择地质体分类，并点击相邻的按钮来唤醒相应的地质体对话框。地质体参数既可以设为常量，也可按照均值或三角分布给定。所有尺寸都应指定为单元格数量。除长方体外，所有地质体均限于水平面旋转，通常使用 3D 搜索椭球体，参见 2.5 节。而长方体对象则能够在水平（方位角）和垂直（倾角）两面旋转。TIGENERATOR 算法中可用的地质体类型与它们各自的地质体描述如下：

a. Sinusoid。一个正弦曲线的尺寸由 3 个参数确定：长度 [sinLen]、宽度 [sinWid] 和厚度 [sinThk]。水平弯曲度由振幅 [sinAmp] 和波长 [sinWvl] 来给定。正弦曲线 [sinRot] 的水平走向按顺时针测量并以度为单位。无旋转意味着正弦曲线轴为北—南向。

b. Ellipsoid。椭球体对象的几何形状由 3 个半径来确定：最大半径 [ellipMaxr]、中值半径 [ellipMedr] 和最小半径 [ellipMinr]。椭球体走向 [ellipRot] 以北（y 轴）为起点、(°) 为单位、按顺时针方向指定。

c. Half-ellipsoid。半椭球体对象，既可是下半部分 [lhellip]，也可以是上部分 [uhellip]。其几何形状由 3 个半径来确定：最大半径 [hellipMaxr]、中值半径 [hellipMedr] 和最小半径 [hellipMinr]。半椭球体的走向 [ellipRot] 以北（y 轴）为起点、(°) 为单位、按顺时针旋方向指定。

d. Cuboid。长方体对象拥有 3 个参数：长度 [cubLen]、宽度 [cubWid] 和高度 [cubHgt]。长方体的走向可由两个角度指定：[cubRotStrike] 为水平面上按顺时针旋转的角度，[cubRotDip] 是以水平面为起点的倾角旋转角度，测量单位都为 (°)。[cubRotStrike] 可设置为 0，此时长方体长轴便沿北—南向展布。

e. User-defined。用户自定义形状指定为任意栅格化形状，可通过文本文件 [filename] 由用户提供。该文件应包括 3 列与多行，行数等于光栅中的点数。每行由空格分隔，并包含光栅中点相对于中心位置（0，0，0）的 i，j，k 坐标。该形状无需对称。走向 [udefRot] 以度为单位、按顺时针沿水平面旋转。通过 x，y 和 z 向上的缩放因子，用户自定义形状可实现缩放；这些因子应大于零。

对于任何给定的地质体，与先前地质体之间的相互作用必须通过唤醒图 9.14 中的交互对话框指定。需要 3 种类型的交互规则。

⑦Erosion rules with previous geobodies：通过由空格分隔的 0 和 1 字符串，指定侵蚀规

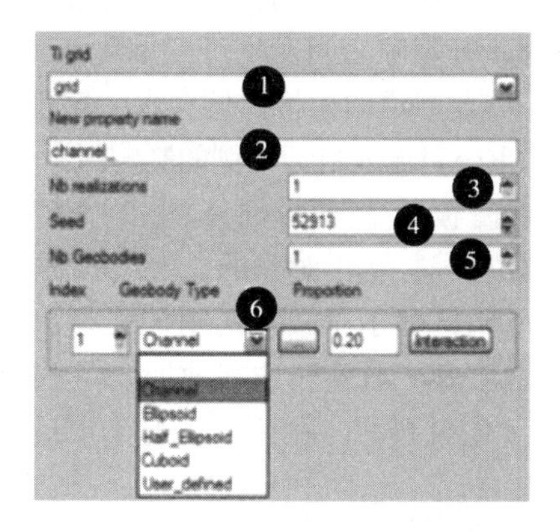

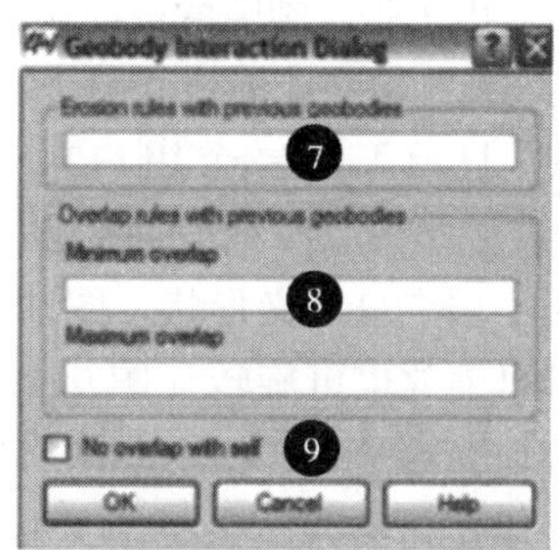

图 9.14　TIGENERATOR 用户界面

则。若当前地质体侵蚀先前地质体，则侵蚀值为 1，否则为 0。对于第一个地质体，由于无先前模拟地质体，则该区域留为空白。

⑧Overlap with previous geobodies：重叠规则控制两个地质体的体积重叠比例。由重叠的最小值 [min] 和最大值 [max] 来给定，其值属于 [0，1]。对于第一地质体，由于无先前模拟地质体，则该区域留为空白。详见本节“对象的交互”部分。

⑨No overlap with self：先前地质体的重叠的模拟是通过最小和最大重叠规则实现的。若相同类型（例如，相同索引）的地质体间不发生重叠，那么需要选中这个框。

（3）例子。

本部分列举了一些训练图像与其相应参数的实例。图 9.15 和图 9.16 中的每个模拟网格都包含 100×100×30 的网格块。

（a）由裂缝所切割的河道

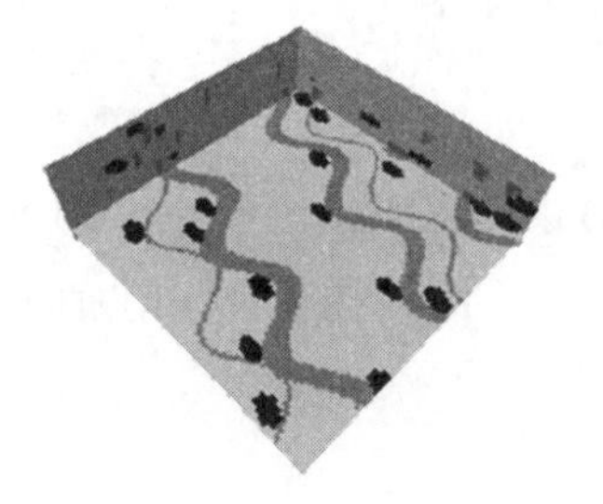

（b）像冲积扇一样的河道

图 9.15　应用 TIGENERATOR 产生的参数形状例子

图 9.15（a）显示了河道的训练图像。河道模型可以通过正弦曲线对象来建立，它们的所有参数均为常量。水平河道走向为北偏东 15°并被走向正北与倾角 45°的裂缝切割。通过建立细长的长方体可以建立裂缝模型，它们可以侵蚀河道。输入的河道比例为 0.10；图 9.15（a）中的所模拟比例为 0.09。注意，由于其他对象的侵蚀作用以及河道对象的离散分布，因此，所输入地质体比例值可能无法准确匹配。

图 9.15（b）描绘了背景、河道和张开裂隙的三相 Ti，模拟也按照该次序进行。通过正弦曲线，可建立河道模型，走向为北偏东 15°且它们参数恒为常量。张开裂隙的模型由

走向为北偏东 15°的小椭球体对象来建立。通过将张开裂隙与河道的最小重叠设置为 0.01，来强制使两个相接触。此外，为了防止河道与张开裂隙之间发生过度重叠，因此，将其最大重叠设定为 0.02。由于张开裂隙的侵蚀作用，因此河道的模拟比例会在一定程度上小于目标比例。通过一些实践，用户能够将此类侵蚀和重叠对输入目标比例的影响因素考虑在内。

图 9.16（a）显示了由一个用户自定义模板所生成的训练图像。其特征表现出了 TIGENERATOR 在此类形状生成方面的强大功能。本节“对象的交互”所描述的所有交互规则也同样适用于用户自定义形状。图 9.16（b）显示了接触河道的无参张开裂隙。用户自定义的形状既可缩放也可旋转（图 9.17）。注意：当旋转或缩放时，一些形状可能无法保持其原有的特征，这是由于笛卡儿网格离散化引起的。在这种情况下，最好能够提供一个旋转或缩放光栅作为输入形状。

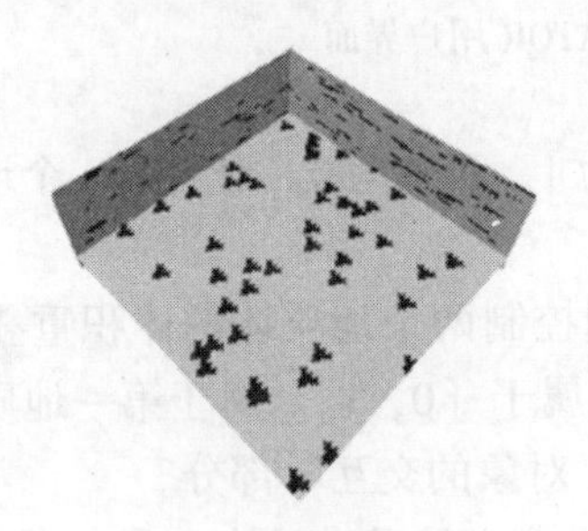
（a）用户自定义形状

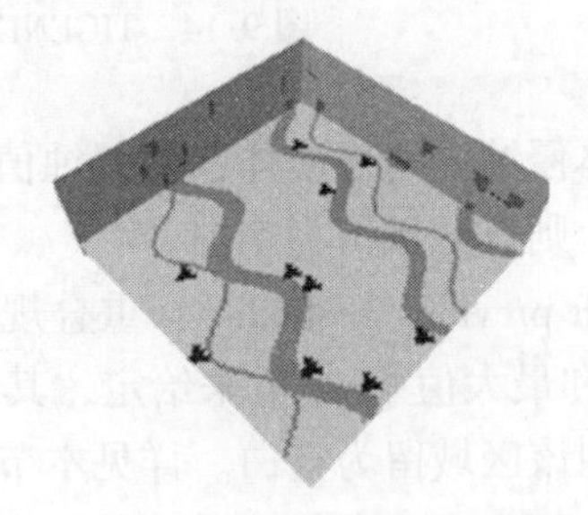
（b）河道与像冲积扇一样的相体接触

图 9.16 包含参数输入与用户自定义的训练图像例子

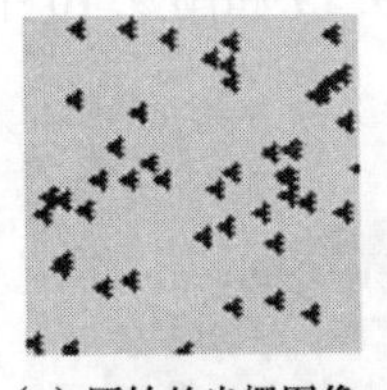
（a）原始的光栅图像

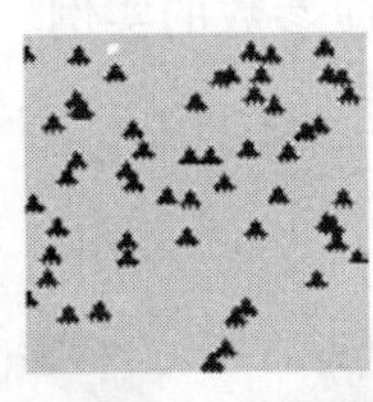
（b）90° 旋转

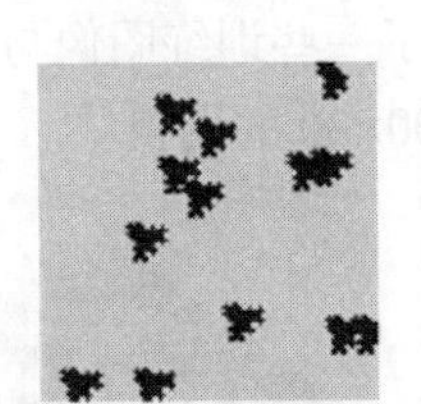
（c）45°旋转以及0.5的缩放

图 9.17 用户自定义类型的旋转和缩放

10　脚本、命令及插件

相似的任务的重复往往是必要的，例如，研究一个输入参数的敏感性算法。如果仅使用图形界面，通过手动编辑字段与点击来完成该任务，将会使这个敏感性分析变得非常乏味。SGeMS 提供了两种方法来实现任务的自动执行：命令和 Python 脚本。

10.1　命令

在 SGeMS 中，大多数任务都使用图形界面来执行，如创建一个新的笛卡儿网格，或执行一个地质统计学算法。当然也可由命令来执行。一个命令由命令名称，例如，NewCartesianGrid，随后是一个由“::”分隔的参数列表。例如，下面的命令：

NewCartesianGrid mygrid::100::100::10

创建一个新的笛卡儿网格，叫做 mygrid，其尺寸为 100×100×10。在命令面板中将这行代码输入到命令行编辑器中（图 10.1），然后按 Enter 键以执行此命令。如果命令面板是不可见的（默认情况下是隐藏的），从“*View*”菜单中，选择“*Commands Panel*”项。

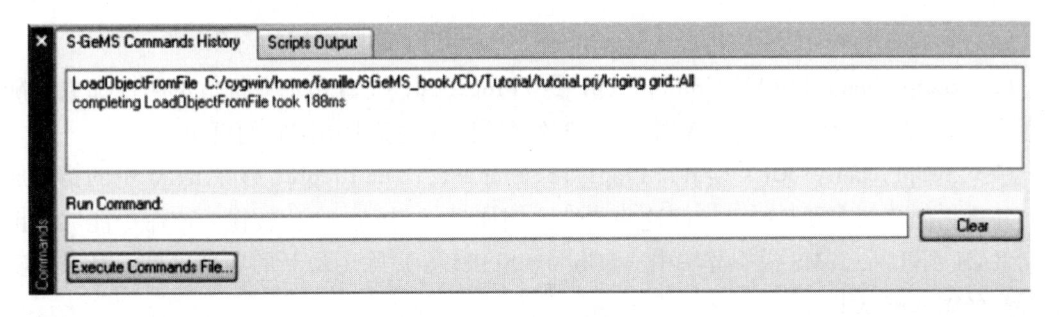

图 10.1　SGeMS 命令面板

SGeMS 的“*Commands History*”标签中记录了无论图形界面还是命令行所执行的所有的命令日志。执行过的命令显示为黑色。而其他信息，比如执行命令所花费的时间，则显示为蓝色，警告或错误，显示为红色。命令可以从“*Command History*”中复制、粘贴、编辑和执行。

SGeMS 中所有所执行的命令也会保存在一个叫做 sgems_history.log 的日志数据文件中。这个文件创建于 SGeMS 的运行目录中，包含从开始到 SGeMS 退出为止，在运行过程中所有的执行命令。注意，当 SGeMS 开始下一次运行时，一个的新 sgems_history.log 将被创建，并覆盖具有相同名称的现存日志文件。

这些日志文件可以便利地记录和重复一组动作：单击 Execute Commands File 按钮并选择命令文件，将会执行文件所包含的所有命令。命令文件中每行包含有一个命令，且以#开头，需要忽略。

10.1.1 命令列表

SGeMS 可接受很多命令，要记住它们的名称和所需参数可能并不容易。想要回溯一个命令名称最简单的方法，是直接在图形界面中执行对应的任务，然后从历史菜单或“Sgems_history.log”文件中拷贝命令。

另一种选择是使用“Help”命令（只需在命令行中输入 Help）。帮助菜单将列出所有可用的命令，并简要介绍它们的语法。下面是一个包含所有 SGeMS 命令及其输入参数的命令列表。方括号中的参数是可选的。

（1）Help 菜单项列出在 SGeMS 中的所有可用命令。

（2）ClearPropertyValueIf Grid :: Prop :: Min :: Max 设置网格 Grid 中属性 Prop 的所有未知值范围为［Min，Max］。

（3）CopyProperty GridSource :: PropSource :: GridTarget :: Prop Target［:: Overwrite :: isHardData］将某个对象（点集或笛卡儿网格）的一个属性复制到另外一个对象中。PropSource 是要复制的对象，从 GridSource 源对象中复制到目标对象 GridTarget 中。复制后的属性被称为 PropTarget。如果可选参数 Overwrite 等于 1，则复制值将会覆盖已有的 PropTarget 值。若 isHardData = 1，则参数 isHardData 会使所复制的值变为硬数据。默认情况下，Overwrite = 0 并且 isHardData = 0。

（4）DeleteObjectProperties Grid :: Prop1［:: Prop2: : . . . :: PropN］从 Grid 中删除所有指定的属性。

（5）DeleteObjects Grid1 中［:: Grid2: : . . . :: GridN］删除指定的对象。

（6）SwapPropertyToRAM Grid :: Prop1［:: Prop2: : . . . :: PropN］将指定属性加载到随机存取器（RAM）中。操作 RAM 中所加载的属性比从硬盘中访问它们更快。

（7）SwapPropertyToDisk Grid :: Prop1［:: Prop2: : . . . :: PropN］移除 RAM 中的指定属性，并将它们存储在硬盘中。访问这些属性，例如显示它们，会比较慢。该命令能够帮助控制 RAM 消耗。SGeMS 模拟算法中（SGSIM、SISIM 等）除了最新的实现之外，其余的实现都会存储在硬盘上。

（8）LoadProject ProjectName 加载指定的项目。ProjectName 必须给出文件夹的绝对路径，例如 D：/user/test2d.prj/。

（9）SaveGeostatGrid Grid :: Filename :: Filter 将指定的网格保存为文件。Filename 必须为绝对路径。Filter 指定数据格式：ASCⅡ，GSLIB 或二进制 sgems。

（10）LoadObjectFromFile 从指定文件加载一个对象。Filename 必须为目录的绝对路径。

（11）NewCartesianGrid Name :: Nx :: Ny :: Nz ::［SizeX :: SizeY :: SizeZ］［:: Ox :: Oy :: Oz］创建一个指定几何形状的新笛卡儿网格。默认的尺寸值［SizeX，SizeY，SizeZ］为 1，而原点［Ox，Oy，Oz］则默认为 0。

（12）RotateCamera x :: y :: z :: angle 旋转镜头：（x，y，z）定义其旋转轴，旋转以弧度为单位，并沿顺时针测量。

（13）SaveCameraSettings 将镜头位置保存到 Filename 中。Filename 必须是目录的绝对路径。

（14） LoadCameraSettings 从 Filename 提取镜头的位置。Filename 必须是目录的绝对路径。

（15） ResizeCameraWindow Width : : Height 将镜头的宽度和高度设置为 Width 和 Height。

（16） ShowHistogram Grid : : Prop ［: : NumberBins : : LogScale］显示指定属性的直方图。直条数（bin）由 NumberBins 项输入；默认值是 20。通过设置 LogScale 为 ture（其值为 1），可将 x 轴变为对数刻度。

（17） SaveHistogram Grid : : Prop : : Filename ［: : Format］［: : NumberBins］［: : LogScale］［: : ShowStats］［: : ShowGrid］将指定的直方图以指定格式 Format 保存到 Filename 中。可用的文件格式有 PNG 和 BMP。默认格式为 PNG。若 ShowStats 设置为 true（值为 1），则会将统计结果保存进文件中，ShowGrid 添加一个网格到直方图中。Filename 必须为目录的绝对路径。

（18） SaveQQplot Grid : : Prop1 : : Prop2 : : Filename ［: : Format］［: : ShowStats］［: : ShowGrid］将 Prop1 和 Prop2 之间的 QQ 截图保存到 filename 中。可用的文件格式有 PNG 和 BMP。默认格式为 PNG。若 ShowStats 设置为 true（值为 1），则会将统计结果保存进文件中，ShowGrid 添加一个网格到 QQ 截图。Filename 必须是目录的绝对路径。

（19） SaveScatterplot Grid : : Prop1 : : Prop2 : : Filename ［: : Format］［: : ShowStats］［: : ShowGrid］［: : YLogScale : : XLogScale］将 Prop1 和 Prop2 之间的散点图保存到 Filename 中。可用的文件格式有 PNG 和 BMP。默认格式为 PNG。若 ShowStats 设置为 true（值为 1），则会将统计结果保存进文件中，ShowGrid 添加一个网格的散点图。Filename 必须是目录的绝对路径。

（20） DisplayObject Grid ［: : Format］在视窗中显示 Prop。若没有指定 Prop，则仅显示网格几何形状。

（21） HideObject Grid 从视窗中移除 Grid。

（22） TakeSnapshot Filename ［: : Format］给当前视图窗口拍照，并把它保存到 Filename。可用的文件格式有 PNG，BMP 和 PPM。默认格式为 PNG。Filename 必须是一个完整的目录路径。

（23） RunGeostatAlgorithm Algorithm Name : : ParametersHandler : : AlgorithmParameters 运行 AlgorithmName 所指定的算法，ParametersHandler 告诉 SGeMS 如何分析参数语法。除非你很清楚你在做什么，否则还是直接采用由一个 XML 字符串所提供的/GeostatParamUtils/XML 算法参数，这个参数与保存算法参数的文件格式相同（唯一的区别是所有的参数必须在一行上）。

10.1.2 执行命令文件

如前述，直接创建一个包含要被执行命令列表的文件是可能的。通过单击一个 *Execute Commands File*…按钮，然后浏览文件位置，就能够执行该文件的命令行。SGeMS 会按照它们出现的顺序，自动执行所有命令。脚本文件中的每个命令必须在一个新行中开始，且只能在一个行上；若行以#开始则忽略。图 10.2 给出了加载一个 SGeMS 工程的简单例子，创建了一个笛卡儿网格，并在该网格上运行 SGSIM 算法，最后以 *gslib* 格式保存网格里的所有属性。注意，为了保证格式化的目标，RunGeostatAlgorithm 命令的参数可跨越多行。但在实际的命令文件中，所有这些参数应该是在一个行上。

```
# Load a SGeMS project, run sgsim and save data in gslib format
LoadObjectFromFile D: /program/test. prj/TI : : s-gems NewCartesianGrid
grid : : 250: : 250: : 1: : 1. 0: : 1. 0: : 1. 0: : 0: : 0: : 0 RunGeostatAlgorithm
sgsim : : /GeostatParamUtils/XML : : <parameters>
  <algorithm name = " sgsim"  />
  <Grid_ Name value = " grid"  />
  <Property_ Name value = " sgsim"  />
  <Nb_ Realizations value = "1"  />
  <Seed value = "14071789"  />
  <Kriging_ Type value = " Simple Kriging (SK) "  />
  <Trend value = "0 0000000 0"  /> <Local_ Mean_ Property value = " "  />
  <Assign_ Hard_ Data value = "1"  /> <Hard_ Data grid = " "  property = " " />
  <Max_ Conditioning_ Data value = " 20"  />
  <Search_ Ellipsoid value = " 40 40 1 0 0 0"  />
  <Use_ Target_ Histogram value = " 0"  />
  <nonParamCdf ref_ on_ file  = " 0"  ref_ on_ grid  = " 1"
   filename  = " " grid  = " "   property  = " " > <LTI_ type function  = " Power"
   extreme  = " 0"  omega  = " 3"  /> <UTI_ type function  = " Power"  extreme
   = " 0"  omega = " 0. 333"  />
  </nonParamCdf>
  <Variogram nugget = " 0. 1"  structures_ count = " 1"  >
  <structure_ 1 contribution = " 0. 9"  type = " Spherical"  >
   <ranges max = " 30"  medium = " 30"  min = " 1"  />
   <angles x = " 0"  y = " 0"  z = " 0"  />
  </structure_ 1>
 </Variogram>
</parameters>
SaveGeostatGrid grid : : D: /program/sgsim. out : : gslib
```

图 10.2　命令脚本文件的例子

命令文件是 SGeMS 中自动执行任务的一个简单方式。然而其灵活性却不足：因为其确实并不支持控制结构，比如循环或测试。因此若想执行 20 次运行给定算法，每次改变一个参数，会需要将 20 次相应的命令写入命令文件中。为了满足对此类更强大脚本能力的需要，SGeMS 还能够支持其他的自动化机制：Python 脚本。

10.2　Python 脚本

Python 是一个流行的脚本语言，它可提供现代程序语言所需的所有功能，例如，变量定义、函数定义或面向对象的编程。更多 Python 资源请参考 www. python. org，包括教程和扩展库。通过嵌入一个 Python 解释器，SGeMS 可提供一个强大的手段用于执行重复工作，甚至可扩展其功能。

10.2.1　SGeMS Python 组件

Python 通过 3 个 sgems 模块所定义的函数能够实现与 SGeMS 的交互。

（1）execute（'Command'）执行 SGeMS 命令 Command。这可达到与在命令行编辑器输入命令 Command 一样的结果（参见 10.1 节）。这个功能对于程序化控制 SGeMS 非常有用：能够实现多个地质统计学算法的运行，包括动态设置参数、结果显示、保存屏幕截图和绘制直方图等，都可以随之实现。

（2）get_property（GridName，PropertyName）返回一个数组（实际上是 Python 语法中的一个列表 list），其中包含对象 GridName 的属性值 PropertyName。

（3）set_property（GridName，PropertyName，Data）将对象 GridName 的属性值 PropertyName 设置为列表 list Data 的值。如果对象 GridName 不包含有名称为 PropertyName 的属性，那么会自动创建一个新属性。

10.2.2 执行 Python 脚本

从 Scripts 菜单中选择 Run Script…并浏览脚本的位置，便可执行 Python 脚本文件。SGeMS 同样也提供了一个基本的脚本编辑器来通过其 Run 按钮或按 F5 键来直接执行脚本。命令面板的 Scripts Output 栏中会显示脚本所生成的输出结果，例如信息、警告、错误，若使用脚本编辑器，则该结果会显示在编辑器的 Script Output 部分中。

图 10.3 是一个脚本的实例，计算 Grid 网格中 samples 属性的对数值。然后，将对数计算结果写入一个新属性 log_samples，在 3D 视窗显示这个属性并保存 PNG 格式的快照。

若要提供 Python 的介绍会超出本章的范畴，这里建议读者在 http：//docs. python. org/tut/tut. html 中参阅其指导。不过，图 10.3 的脚本足够简单，希望初学者可以理解下面每一行的解释。

```
1  import sgems
2  from math import *
3
4  data = sgems. get_property（' grid'，' samples'）
5
6  for i in range（len（data））：
7    if data [i] >0 :
8      data [i] =log（data [i]）
9    else：
10     data [i] =-9966699
11
12 sgems. set_property（' grid'，' log_samples'，data）
13 sgems. execute（' DisplayObject grid : : log_samples'）
14 sgems. execute（' TakeSnapshot log_samples. png : : PNG'）
```

图 10.3 Python 脚本例子

第一行 与 SGeMS 交互的 Python 脚本始终从此行开始：它能够使 SGeMS 的特定功能（参见 10.2.1 小节）对 Python 可用。

第二行 加载标准 math 库（组件）定义的所有功能。

第四行 将网格 Grid 的属性 samples 值复制到列表 data 中。

第六至第十行 迭代访问 data 中的所有值。如果当前值 data [i] 严格为正，则求取其对数值，否则，设置该值默认为无-数据-值：-9966699。目前，列表 data 已经包含了属性

samples 的对数值。

第十二行　将该对数值写入网格的一个新属性，称为 log_ samples。函数 set_ property 是由 sgems 组件所定义的一个函数。注意，若对象 grid 已存在有名为 log_ samples 的属性，那么它将被覆盖。

第十三行　使用由 sgems 组件所定义的 execute 函数来运行 SGeMS 的命令 DisplayObject（参见 10. 1. 1 小节所描述的 SGeMS 命令）。

第十四行　使用 execute 函数来运行 SGeMS 命令 TakeSnapshot。

图 10. 4 显示另一个 Python 脚本，用来计算 COSISIM 中 Markov-Bayes 模型所需的标定系数（参见 8. 1. 6 小节）。一个原始的 Ely 点集数据，包含有主数据和次数据（参见 4. 1. 1 小节），在第四行以给定阈值变换成指示变量（图 10. 4）。

许多库能够扩展 Python 功能，例如，若要执行系统命令（os 包），图形显示（matplotlib 包，http：//matplotlib. sourceforge. net），简易图形界面生成（wxPython 包，http：//www. wxpython. org）或快速傅里叶变换运算（ SciPy 包，http：//www. scipy. org）。

```
1  import sgems # import sgems modulus
2
3  # thresholds  $ z_k $ s
4  tr = [3.5, 4, 4.5, 5, 5.5, 6, 6.5, 7, 7.5, 8]
5
6  for t in tr: # for each threshold
7     m0 = 0 # $ m^0 (Z) $
8     m1 = 0 # $ m^1 (Z) $
9     cnt_p = 0 # nb of data when $ I (u; z_k) $ =1
10
11    # get the secondary data
12    sec = sgems.get_property ('Ely1_pset','Secondary_soft_' +str (t) )
13    # get the primary data
14    prim = sgems.get_property ('Ely1_pset','Primary_id' +str (t) )
15
16    for p, s, in zip (prim, sec): # for each data pair
17       cnt_p += p # p value is either 1 or 0
18       if p == 1: # when I (u; z) = 1
19          m1 += s # add secondary data vale
20       else: # when I (u; z) = 0
21          m0 += s
22
23   # output B (z) value
24   print m1/cnt_p - m0/ (len (prim) -cnt_p)
```

图 10. 4　用于计算 COSISIM 中 Markov-Bayes 模型所需校准系数的 Python 脚本

注意；SGeMS 仅提供 Python 的最小化安装。如果您想要安装 Python 及其扩展库，一定要删除 Python 包含在 SGeMS 分配中的动态库（Windows 系统上的 python. dll，并需要将其安装到与 sgems 执行所用的相同目录中）

10.3 插件

SGeMS 的目标之一就是提供一个灵活的平台，通过一个用户友好的界面，使新想法能够方便执行并保证其可用性。将 Python 脚本语言整合到 SGeMS 是对于该需要的第一个答案。Python 能够使 SGeMS 中现有工具所利用的算法快速实现标准化，例如一个历史拟合迭代算法，能够根据一个流线模拟器的输出来迭代生成工区内渗透率的随机实现。然而，Python 脚本有两个主要限制：该脚本无法通过 SGeMS 的图形界面来收集用户的输入参数；此外，Python 没有权限访问 SGeMS 的底层功能。例如，SGeMS 编码中很多算法用于搜索网格（笛卡儿网格或点集）中的邻域数据，但网格却无法被 Python 脚本所访问。

这些限制可通过使用 SGeMS plug-in 插件机制得以减轻。插件是一种软件片段，无法自动运行，需进行自动重组并由 SGeMS 执行。插件可用来添加新的地质统计学算法（新的算法如同标准 SGeMS 地质统计学工具一般显示在算法列表中）或添加支持更多格式数据的输入/输出过滤器。插件甚至可以进行扩展以支持超出笛卡儿网格和点集之外的网格类型。与 Python 脚本不同，插件可以使用完整的 SGeMS API（即 SGeMS 定义的所有 C++对象和方法），可执行更快速与更具鲁棒性的新算法。如邻域检索或一个分布的 Monte Carlo 采样这类正常操作中的常规测试，都可轻易实现并且不必须被重新执行。

由于 SGeMS 的目的在于成为新地质学统计学想法的开发平台，因此，对由插件所定义的新算法都特别感兴趣。这些通常由两个文件组成：(1) 动态库文件（在微软 Windows 中通常被称为的 dll），包含所有已编译的算法代码；(2) 一个扩展文本文件 .ui，用于描述图形界面（输入用户的参数）。在微软 Windows 系统中，将这两个文件放置到 SGeMS 的 plugins/Geostat 目录中，即可实现算法插件的安装。若 SGeMS 安装在 C：Program Files/SGeMS 中，则这些文件应当放置在 C：/Program Files/SGeMS/plugins/Geostat 中。当 SGeMS 启动时，它会自动识别新的插件。

如何编写插件已经超出了这本书介绍的范围。感兴趣的读者请参考 SGeMS 网站（sgems. sourceforge. net）教程和参考文献。

为实现新算法的开发并添加到 SGeMS 中，插件是一个有效的解决方案。

参考文献

Alabert, F. G. 1987, The practice of fast condition simulations through the LU decomposition of the covariance-matrix, *Mathematical Geology* 19 (5), 396-386.

Almeida, A. S. and Journel, A. G. 1994, Joint simulation of multiple variables with a Markov-type coregionalization model, *Mathematical Geology* 26 (5), 565-588.

Anderson, T. W. 2003, *An Introduction to Multivariate Statistical Analysis*, 3rd edn, New Uork, John Wiley & Sons.

Armstrong, M., Galli, A. G., Le Loc'h G., Geffroy, F. and Eschard, R. 2003, *Plurigaussian Simulations in Geosciences*, Berlin, Springer.

Arpat, B. 2004, *Sequential simulation with patterns*, Ph. D thesis, Stanford University, Stanford, CA.

Barnes, R. and Johnson, T. 1984, Positive kriging, in G. Verly *et al.* (eds.), *Geostatistics for Natural Resouces Characterization*, Vol. 1, Dordrecht, Holland, Reidel, pp. 231-244.

Benediktsson, J. A. and Swain, P. H. 1992, Consensus theoretic classification methods, *IEEE Transactions on System*, Man and Cybernetics 22 (4), 688-704.

Bordley, R. F. 1982, A multiplicative formula for aggregating probability assessments, *Management Science* 28 (10), 1137-1148.

Boucher, A. Kyriakidis, P. C. 2006, Super-resolution land cover mapping with indicator geostatistics, *Remote Sensing of Environment* 104 (3), 264-282.

Bourgault, G. 1997, Using non-Gaussian distributions in geostatistiacal simulations, Mathematical Geology 29 (3), 315-334.

Caers, J. 2005, *Petroleum Geostatistics*, Society of Petroleum Engineers.

Caers, J. and Hoffman, T. 2006, The probability perturbation method: a new look at Bayesian inverse modeling, *Mathematical Geology* 38 (1), 81-100.

Canny, J. 1986, A computational approach to edge detection, *IEEE Transactions on Pattern Analysis and Machine Intelligence* 8 (6), 679-698.

Castro, A. 2007, *A Probabilistic Approach to Jointly Integrate 3D/4D Seismic, Production Data and Geological Information for Building Reservoir Model*, Ph. D. thesis, Stanford University, Stanford, CA.

Chauvet, P. 1982, The variogram cloud, in T. Johnson and R. Barnes (eds.), *Proceedings of the 17th APCOM International Symposium, Golden, Colorado*, Society of Mining Engineers, New York, pp. 757-764.

Chilés, J. and Delfiner, P. 1999, *Geostatistics: Modeling Spatial Uncertainty*, New York, John Wiley & Sons.

Christakos, G. 1984, On the problem of permissible covariance and variogrammodels, *Water Resources Research* 20 (2), 251-265.

Cressie, N. 1993, *Statistics for Spatial Data*, New York, John Wiley & Sons.

Daly, C. and Verly, G. W. 1994, Geostatistics and data integration, in R. Dimitrakopoulos (ed), *Geostatistics for the Next Century*, Kluwer, pp. 94-107.

David, M. 1997, *Geostatistical Ore Reserve Ore Reserve Estimation*, Amsterdam, Elsevier.

Davis, M. 1987, production of conditional simulations via the LU decomposition of the covariance matrix, *Mathematical Geology* 19 (2), 91-98.

Deutsch, C. V. 1994, Algorithmically-defined random function model, in Dimitrakopoulos (ed.), *Geostatistics for the Next Century*, Dordrecht, Holland, Kluwer, pp. 422-435.

Deutsch, C. V, 1996, Constrained modeling of histograms and cross plots with simulated annealing, *Technometrics* 38 (3), 266-274.

Deutsch, C. V. 2002, *Geostatistical Reservoir Modling*, New York, Oxford University Press.

Deutsch, C. V. and Journel, A. G 1998, *GSLIB: Geostatistical Software Library and User's Guide*, 2nd edn, New York, Oxford University Press.

Deutsch, C. V. and Tran, T. T. 2002, Fluvsim: a program for object-based stochastic modeling of fluvial depositional system, *Computers & Geosciences* 28 (4), 525-535.

Dietrich, C. R. and Newsam, G. N. 1993, A fast and exact method for multidimensional Gaussian stochastic simulation, *water Resource Research* 29 (8), 2861-2869.

Dimitrakopoulos, R. and Luo, X. 2004, Generalized sequential Gaussian simulation, *Mathematical Geology* 36, 567-591.

Dubrule, O. 1994, Estimating or choosing a geostatistical model?, in R. Dimitrakopoulos (ed.), *Geostatistics for the Next Century*, Kluwer, pp. 3-14.

Farmer, C. 1992, Numerical rocks, in P. King (ed.), *The Mathematical Generation of Reservoir Geology*, Oxford, Clarendon Press.

Frigo, M. and Johnson, S. G. 2005, The design and implementation of FFTW3, *Proceedings of the IEEE* 93 (2), 216-231.

Gloaguen, E., Marcotte, D., Chouteau, M. and perroud, H. 2005, Borehole radar velocity inversion using cokriging and cosimulation, *Journal of Applied Geophysics* 57, 242-259.

Goldberger, A. 1962, Best linear unbiased prediction in the generalized linear regression model, *Journal of the American Statistical Association* 57, 369-375.

Gmez-Herndez, J. J. and Cassiraga, E. F. 1994, Theory and practice of sequential simulation, in M. Armstrong and P. Dowd (eds), *Geostatistical Simulation* s, Dordrecht, Holland, Kluwer Academic Publishers, pp. 111-124.

Gmez-Herndez, J. J. and Journel, A. G. 1993, Joint sequential simulation of multiGaussian fields, in A. Soares (ed.), *Geostatistics-Troia*, Vo1. 1, Dordrecht, Kluwer Academic Publishers, pp. 85-94.

Gmez-Herndez, J. J., Froidevaux, R. and Viver, P. 2005, Exact conditioning to linear *Geostatistics Banff* 2004, Vo1. 2, Springer, pp. 999-1005.

Goovaerts, P. 1997, *Geostatistics for Natural Resources Evaluation*, New York, Oxford University Press.

Guardiano, F. and Sribastava, R. M. 1993, Multivariate geostatistics: beyond bivariate moments, in A. Soares (ed.), *Geostatistics-Troia*, Vol. 1, Dordrecht, Kluwer Academic Publishers, pp. 133-144.

Haldorsen, H. H. Damsleth, E. 1990, Stochastic modeling, *Journal of Petroleum Technology*, pp. 402-412.

Hansen, T. M., Journel, A. G., Tarantola, A. and Mosegaard, K. 2006, Linear inverse Gaussian theory and geostatistics, *Geophysics* 71 (6), R101-R111.

Hartigan, J. A. 1975, *Clustering Algorithms*, New York, John Wiley & Sons Inc.

Hu, L. Y., Blanc, G. and Neotiginger, B. 2001, Gradual deformation and iterative calibration of sequential stochastic simulations, *Mathematical Geology* 33 (4), 475-489.

Isaaks, E. H. 2005, The kriging oxymoron: a conditionally unbiased and accurate predictor (2nd edn), in O. Leuangthong and C. V. Deutsch (eds.), *Geostatistics Banff* 2004, Vol. 1, Springer, pp. 363-374.

Isaaks, E. h. and Srivastava, R. M. 1989, *An Instroduction to Applied Geostatistics*, New York, Oxford University Press.

Jensen, J. L., Lake, L. W., Patrick, W. C. and Geoggin, D. J. 1997, Statistics for Petroleum *Engineers and Geoscientists*, New Jersey, Prentice Hall.

Johnson, M. 1987, *Multivariate Statistical Simulation*, New York, John Wiley &Sons.

Jolliffe, I. T. 1986, *Principal Component Analysis*, New York, Springer-Verlag.

Journel, A. G. 1980, The lognormal approach to predicting local distribution of selective mining unit grades, Mathematical *Geology* 12 (4), 285-303.

Journel, A. G. 1986, Geostatistics: models and tools for the earth sciences, *Mathematical Geology* 18 (1), 119-140.

Journel, A. G. 1989, *Fundamentals of Geostatistics in Five Lessons*, Vol. 8, Short Course in Geology, Washington, D. C., American Geophysical Union.

Journel, A. G. 1993, Geostatiscitcs: roadblocks and challenges, in A, Soares (ed.). Journel, A. G. 1994, Modeling uncertainty; some conceptual thoughts, in R. Dimitrakopoulos (ed.), *Geostatistics for the Next Century*, Kluwer, pp. 30-43.

Journel, A. G. 1999, Markov models for cross covariances, *Mathematical Geology* 31 (8), 955-964.

Journel, A. G. 2002, Combining knowledge from diverse sources: An alternative to traditional data independence hypotheses, *Mathematical Geology* 34 (5), 573-596.

Journel, A. G. and Alabert, F. G. 1989, Non-Gaussian data expansion in the earth sciences, *Terra Nova* 1, 123-134.

Journel, A. G. and Deutsch, C. 1993, Entropy and spatial disorder, *Mathematical Geology* 23 (3), 329-355.

Journel, A. G. and Froidevaux, R. 1982, Anisotropic hole-effect modeling, *Mathematical Geology* 14 (3), 217-239.

Journel, A. G. and Huijbregts, C. J. 1978, *Mining Geostatistics*, New York, Academic Press.

Journel, A. G. and Kyriakidis, P. C. 2004, *Evaluation of Mineral Reserves*: A Simulation Approach, New York, Oxford University Press.

Journel, A. G and Possi, M. E. 1989, When do we need a trend model?, *Mathematical Geology* 21 (7), 715-739.

Journel, A. G. and Xu, W/1994, Posterior identification of histograms conditional to local data, *Mathematical Geology* 26, 323-359.

Journel, A. G. and Zhang, T. 2006, The necessity of a multiple-point prior model, *Mathematical Geology* 38 (5), 519-610.

Kokch, G. S. and Link, R. F. 1970, *Statistical Analysis of Geological Data*, John Wiley and Son Inc.

Oz, B. Deutsch, C. V., Tran, T. T, and Xie, Y. L. 2003, DSSIM-HR: A FORTRAN 90 program for direct sequential simulation with histogram reproduction, *Computer & Geosciences* 29 (1), 39-51.

Polyakova, E. and Journal, A, G. in press, The nu expression for probabilistic data integration, *Mathematical Geology*.

Rao, S. and Journel, A, G. 1996, Deriving conditional distributions from ordinary kriging, in E. Baffi and N. Shofield (eds.), *Fifth International Geostatistics Congress*, Wollongong, Kluwer Academic Publishers.

Remy, N. 2001, Post-processing a diary image using a training image, *Report 14 of Stanford Center for Reservoir Forecasting*, Stanford University, Stanford, CA.

Rendu, J.-M. M. 1979, Normal and lognormal estimation, *Mathematical Geology* 11 (4), 407-422.

Rivoirard, J. 2004, On some simplifications of cokriging neighborhood, *Mathematical Geology* 36 (8), 899-915.

Rosenblatt, M. 1952, Remarks on a multivariate transformation, Annals of *Mathematical Statistics* 23 (3), 470-472.

Schneiderman, H. and Kanade, T. 2004, Object detection using the statistics of parts, *International Journal of Computer Vision* 56 (3), 151-177.

Schnetzeler, E. 1994, *Visualization and cleaning of pixel-based images*, M. S. thesis, Stanford University, Stanford, CA.

Soares, A. 2001, Direct sequential simulation and cosimulation, *Mathematical Geology* 33 (8), 911-926.

Srivastava, R. M. 1987, Minimum variance or maximum profitability? *CIM Bulletin* 80 (901), 63-68.

Srivastava, R. M. 1994, The visualization of spatial uncertainty, in J. Yarus and R. Chambers (eds.), *Stochastic Modeling and Geostatistics: Principles*, Methods and Case Studies, Vol. 3, AAPG, PP. 339-345.

Stoyan, D., Kendall, W. S. and Mecke, J. 1987, *Stochastic Geometry and its Applications*, New York, John Wiley & Sons.

Strebelle, S. 2000, *Sequential simulation drawing structures from training images*, Ph. D. thesis,

Stanford University, Stanford, CA.

Strebelle, S. 2002, Conditional simulation of complex geological structures using multiples-point statistics, *Mathematical Geology* 34 (1), 1-21.

Tarantola, A. 2005, *Inverse Problem Theory and Methods for Model Parameter Estimation*, Philadelphia, Society for Industrial and Applied Mathematics.

Tran, T. T. 1994, Improving variogram reproduction on dense simulation grids, *Computers & Geosciences* 20 (7), 1161-1168.

Vargas-Guzman, J. A. and Dimitrakopoulos, R. 2003, Computational properties of min/max autocorrelation factors, *Computers & Geosciences* 29 (6), 715-723.

Wackernagel, H. 1995, *Multivariate Statistics*, Berlin, Springer-Verlag.

Walker, R. 1984, General introduction: Facies, facies sequences, and facies model, in R. Walker (ed.), *Facies Models*, 2nd edn, Geoscience Canada Reprint Series 1, Toronto, Geological Association of Canada, pp. 1-9.

Wu, J., Boucher, A. and Zhang, T. in press, A sgems code for pattern simulation of continuous and categorical variables: Filtersim, *Computers & Geosciences*.

Yao, T. T. and Journel, A. G. 1998, Automatic modeling of (cross) covariance tables using fast Fourier transform, *Mathematical Geology* 30 (6), 589-615.

Zhang, T. 2006, *Filter-based Training Pattern Classification for Spatial Pattern Simulation*, Ph. D. thesis, Stanford University, Stanford, CA.

Krige, D. G. 1951, *A statistical approach to some mine valuations and allied problems at the Witwtersrand*, M. S. thesis, University of Witwatersrand, South Africa.

Krish, S. 2004, *Combining diverse and partially redundant information in the earth sciences*, Ph. D. thesis, Stanford University, Stanford, CA.

Krishnan, S., Boucher, A. and Journel, A. G. 2005, Evaluating information redundancy through the tau model, in O. Leuangthong and C. V. Deutsch (eds.), *Geostatistics Banff* 2004, Vol. 2, Springer, pp. 1037-1046.

Kyriakidis, P. C. and Yoo, E. H. 2005, Geostatistical prediction and simulation of point values from areal data, *Geographical Analysis* 37 (2), 124-151.

Kyriakidis, P. C., Schneider, P. and Goodchild, M. F. 2005, Fast geostatistical areal interpolation, *7th International Conference on Geocomputation*, Ann Arbor, Michigan.

Landtujoul, C. 2002, *Geostatistical Simulation: Models and Algorithms*, Berlin, Germany, Springer-Verlag.

Liu, Y. 2007, *Geostatistical Integration of Coarse-scale Data and Fine-scale Data*, Ph. D. thesis, Stanford University, Stanford, CA.

Liu, Y. and Journel, A. G. 2005, Average data integration (implementation and case study), *Report 18 of Stanford Center for reservoir forecasting*, Stanford, CA.

Liu, Y., Jiang, Y. and Kyriakidis, P. 2006a, Calculation of average covariance using Fast Fourier Transform (fft), *Report 19 of Stanford Center for Reservoir Forecasting*, Stanford, CA.

Liu, Y., Journel, A. G. and Mukerji, T. 2006b, Geostatistical cosimulation and downscaling conditioned to block data: Application to integrating vsp, travel-time tomography, and well data, *SEG Technical Program Expanded Abstracts*, *pp*. 3320-3324.

Luenberger, D. G. 1969, *Optimization by Vector Space Methods*, New York, John Wiley & Sons.

Maharaja, A. 2004, *Hierarchical simulation of multiple facies reservoir using multi-point geostatistics*, M. S. thesis, Stanford University, Stanford, CA.

Mallet, J. L. 2002, *Geomodeling*, New York, Oxford University Press.

Matheron, G. 1962, Traité de géostatistique appliquée, tome ii, Vol. 1, ed. Technip, Paris.

Matheron, G. 1963, Traité de géostatistique applique, tome ii, Vol. 2, ed. Technip, Paris.

Matheron, G. 1970, La théorie des variables rgionalisées, et ses applications. Les cahiers du Centre de Morphologie Mathématique de Fontainebleau, Fascicule 5.

Matheron, G. 1973, The intrinsic random functions and their applications, *Advances in Applied Probability* 5, 439-468.

Matheron, G. 1978, Estimer et choisir, Technical report, Fascicules n7, Les cahiers du Centre de Morphologie Mathématique de Fontainebleau, Ecole des Mines de Paris.

Myers, D. E. 1982, Matrix formulation of co-kriging, *Mathematical Geology* 14 (3), 249-257.

Nowak, W., Tenkleve, S. and Cirpka, O. A. 2003, Efficient computation of linearized cross-covariance and auto-covariance matrices of interdependent quantities, *Mathematical Geology* 35, 53-66.

Olea, R. A. 1999, *Geostatistics for Engineers and Earth Scientists*, Kluwer Academic Publishers.

Oliver, D. S. 1995, Moving averages for Gaussian simulation in two and three dimensions, *Mathematical Geology* 27 (8), 930-960.

Zhang, T., Journel, A. G. and Switzer, P. 2006, Filter-based classification of training image patterns for spatial simulation, *Mathematical Geology* 38 (1), 63-80.

Zhu, H. and Jornel, A. G. 1993, Formatting and interpreting soft data: stochastic via the Markov-Bayes algorithm, in A. Soares (ed.), *Geostatistics-Troia*, Vol. 1, Dordecht, Kluwer Academic Publisher, pp. 1-12.